松辽流域水资源保护系列丛书（八）

松辽流域典型区水环境评价与智能预测

刘冰峰　谢国俊　曹广丽　郑国臣 等　著

科学出版社

北京

内 容 简 介

本书构建了完整的松辽流域水环境评价体系，通过松辽流域重要水功能区监测断面布设，开展重要断面地表水水环境评价、地下水资源评价、水生态评价、重要入河排污口调查等工作，分析松花江流域重要断面浮游生物的群落结构特征，重点研究辽河流域水资源保护、治理与利用情况；分析水库富营养化状况及制定营养物标准；进而提出人工智能技术的应用思路。

本书可供水资源管理、环境科学与工程、生态和水利等相关领域的科研人员参阅。

图书在版编目（CIP）数据

松辽流域典型区水环境评价与智能预测 / 刘冰峰等著. —北京：科学出版社，2022.10

（松辽流域水资源保护系列丛书；八）

ISBN 978-7-03-071553-1

Ⅰ. ①松… Ⅱ. ①刘… Ⅲ. ①松花江－流域－水环境质量评价 ②辽河流域－水环境质量评价 Ⅳ. ①X824

中国版本图书馆 CIP 数据核字（2022）第 029874 号

责任编辑：孟莹莹 程雷星 / 责任校对：樊雅琼 郝璐璐
责任印制：吴兆东 / 封面设计：无极书装

科学出版社出版
北京东黄城根北街 16 号
邮政编码：100717
http://www.sciencep.com
北京捷迅佳彩印刷有限公司 印刷
科学出版社发行 各地新华书店经销
*
2022 年 10 月第 一 版 开本：720 × 1000 1/16
2023 年 2 月第二次印刷 印张：17
字数：343 000

定价：119.00 元

（如有印装质量问题，我社负责调换）

作者委员会名单

主　任：

刘冰峰　（哈尔滨工业大学环境学院）

谢国俊　（哈尔滨工业大学环境学院）

副主任：

曹广丽　（哈尔滨工业大学环境学院）

郑国臣　（河北环境工程学院）

刘金德　（黑龙江省水文水资源中心）

参与撰写人员：

邵志国　（中国石油集团安全环保技术研究院有限公司）

李　聪　（松辽水利委员会水文局嫩江水文水资源中心）

赵　微　（黑龙江省水利科学研究院）

丁元芳　（水利部松辽水利委员会）

魏逸衡　（浙江大学环境与资源学院）

王林瑞　（中南大学自动化学院）

谷际岐　（中国农业大学资源与环境学院）

前　　言

我国正处于新型工业化、信息化、城镇化和农业现代化快速发展阶段，流域水资源保护工作任务繁重艰巨。虽然我国从中央到地方大规模开展了流域水体污染防治工作，并取得了一些成效，但总体来看，我国水资源保护与管理仍将是今后相当长时期内影响经济社会可持续发展的关键因素，水资源保护需要从顶层设计及管理方面着力加强。国务院印发的《水污染防治行动计划》中要求，到2020年松花江、辽河在轻度污染基础上进一步改善。要建立水资源、水环境承载能力监测评价体系，实行承载能力监测预警，已超过承载能力的地区要实施水污染物削减方案，加快调整发展规划和产业结构。

松辽流域位于我国东北部，泛指松花江、辽河、沿黄渤海诸河和跨界河流流域，地理位置为115°32′E～135°06′E、38°43′N～53°34′N。西北部邻接蒙古人民共和国及我国内蒙古自治区锡林郭勒盟，西南部与河北滦河流域毗连，北部和东北部以额尔古纳河、黑龙江干流和乌苏里江与俄罗斯分界，东部隔图们江、鸭绿江与朝鲜相望，南濒渤海和黄海。

松辽流域地貌的基本特征是西、北、东三面环山，南濒渤海和黄海，中部、南部形成宽阔的辽河平原、松嫩平原，东北部为三江平原，东部为长白山系，西南部为七老图山和努鲁儿虎山，大小兴安岭屏峙于流域的西北部和东北部，中部为松花江和辽河分水岭的低丘岗地。山地与平原之间存在丘陵过渡带。松辽流域是我国东北地区的主要水体，主要包括松花江和辽河，它们是东北地区的母亲河。中国重要的东北老工业基地就位于该流域内。然而，重工业比重过大、产业结构失调，以及粗放型的经济增长方式等导致老工业基地普遍存在资源匮乏、经济滞后和严重的环境污染等问题。松辽流域干流沿岸应严格控制石油加工、化学原料和化学制品制造、医药制造、有色金属冶炼、纺织印染等环境风险较高的行业，合理布局生产装置及危险化学品仓储等设施，加强松辽流域水功能区监督管理，从严核定水域纳污能力。因此，亟待建立完整的松辽流域水资源保护监控体系，为松辽流域水资源保护工作的科学化、规范化、信息化建设提供强有力的支撑和保障。

近年来，松辽流域水资源保护工作取得了显著成绩。松辽流域上下游各级政府、各部门之间要加强协调配合、定期会商，实施联合监测、应急联动、信息共享；建立严格的水资源保护管理制度，明确各类水体水质保护目标，逐一排查达标状况。松辽流域的各地区有关部门要切实处理好经济社会发展和生态文明建设的关系，按照地方履行属地责任、部门强化行业管理的要求，明确执法主体和责任主体，确保松辽流域水资源保护目标如期实现，并形成跨部门、区域、流域水资源保护议事协调机制，发挥流域水资源保护机构作用，探索建立松辽流域水资源保护高效运行机制。

本书共 11 章，由刘冰峰、谢国俊统稿，曹广丽、郑国臣、刘金德主笔。

每章的内容和分工如下：第 1 章基本概况由刘冰峰、谢国俊撰写；第 2 章重要水功能区监测断面布设与评价由曹广丽、刘金德撰写；第 3 章松花江重要断面冰封期水环境评价由刘冰峰、谢国俊撰写；第 4 章松花江重要断面浮游生物的群落结构特征由刘冰峰、曹广丽撰写；第 5 章辽河流域水资源保护、治理与利用研究由丁元芳、王林瑞撰写；第 6 章松辽流域重要入河排污口调查评价由郑国臣、刘金德、邵志国撰写；第 7 章松辽流域地下水评价由赵微、刘金德、李聪撰写；第 8 章水库富营养化状况分析及营养物标准制定由谢国俊、魏逸衡撰写；第 9 章松辽流域重要水库水环境调查由赵微、丁元芳、李聪撰写；第 10 章拉林河流域水生生态调查评价由郑国臣、魏逸衡撰写；第 11 章人工智能技术在流域水环境管理方面的应用由谷际岐、王林瑞、邵志国撰写。

感谢东北电力大学建筑工程学院郭静波老师，哈尔滨工业大学城市水资源与水环境国家重点实验室殷天名、谭馨博士研究生，东北林业大学林学院吴晓婷、东北师范大学封毓春、哈尔滨商业大学宋金萍和魏念鹏硕士研究生，河北环境工程学院李梓涵、马嘉、王亚楠、李佳伟、崔硕、冯兴鹏、张语涵、田悦雨、郎梓岚等同学在本书完成过程中做出的大量而烦琐的工作。

本书在收集大量相关的学术著作、期刊文献、报告年鉴等资料的基础上，从国内外水资源保护实践及经验中得到启示，梳理了松辽流域典型区水环境调查与评价工作中亟待解决的问题，在开展技术研究的过程中，结合实地调研和智能预测等进行可行性分析。本书是近年来作者与相关单位开展的有关项目成果的集成与融合，各章有大量的调研与实测结果，包括对技术要点的论证和阐释，也包括应用研究成果的展示。本书得到哈尔滨工业大学城市水资源与水环境国家重点实验室自主课题基金“基于 AR 技术和微生物群落特征解析黑龙江省湖库富营养化机制”（2020DX06）的支持。

由于时间仓促，书中疏漏之处在所难免，恳请读者批评指正。

作　者

2021 年 11 月

目　录

第1章 基本概况

1.1 流域概况

松辽流域泛指东北地区，行政区划包括辽宁、吉林、黑龙江三省和内蒙古自治区东部的四盟（市）赤峰市、呼伦贝尔市、通辽市、兴安盟及河北省承德市的一部分。松辽流域总面积 124.92 万 km^2。西、北、东三面环山，南部濒临渤海和黄海，中、南部形成宽阔的辽河平原、松嫩平原，东北部为三江平原。

松辽流域处于北纬高空盛行西风带，具有较多的西风带天气和气候特色，东北地区有明显的大陆性气候特点，为温带大陆性季风气候区。冬季严寒漫长，夏季温湿而多雨，部分地区属寒温带气候。

松辽流域主要河流有辽河、松花江、黑龙江、乌苏里江、绥芬河、图们江、鸭绿江以及独流入海河流等。其中，黑龙江、乌苏里江、绥芬河、图们江、鸭绿江为国际河流。松辽流域水资源总量约为 1990 亿 m^3，其中，地表水 1704 亿 m^3，地下水 680.8 亿 m^3，地表水与地下水不重复量为 286.3 亿 m^3。地表水可利用量为 711.07 亿 m^3，平原区地下水可开采量 298.7 亿 m^3。

松辽流域分为松花江、辽河两大水系。松花江北源嫩江长 1370km，南源西流松花江长 958km，两江汇合后称为松花江干流，长 939km。辽河全长 1345km，包括东辽河、西辽河，辽河干流，浑河、太子河水系。

松花江：中国七大河之一，黑龙江在中国境内的最大支流。松花江在隋代称为难河，唐代称为那水，辽金两代称为鸭子河、混同江，清代称为混同江、松花江。松花江流经吉林、黑龙江两省；流域面积 55.72 万 km^2，涵盖黑龙江、吉林、辽宁、内蒙古四省（自治区）；年径流量 762 亿 m^3（毛民治，2002）。

嫩江：嫩江发源于大兴安岭伊勒呼里山的中段南侧，正源称为南瓮河（又称为南北河）。嫩江干流流经黑龙江省的嫩江镇、齐齐哈尔市、内蒙古自治区的莫力达瓦达斡尔族自治旗与吉林省的大安市大赉乡，最后在吉林省三岔河与西流松花江汇合，嫩江全长 1370km，流域面积为 29.7 万 km^2。

西流松花江：西流松花江在下两江口以上也分为两支，一条叫头道江，一条叫二道江，历史上以河流的长度及流域面积的大小确定以二道江为西流松花江上游的干流。

松花江干流：松花江是指嫩江和西流松花江在三岔河汇合后，折向东流至同江镇河口这段河道，也称为松花江干流。全长939km。

黑龙江：黑龙江，是流经蒙古、中国、俄罗斯的亚洲大河之一，位于亚洲东北部。中国古称羽水、黑水、浴水、望建河、石里罕水等。黑龙江流域广阔，流域包括中国、俄罗斯、蒙古、朝鲜四国，15个一级行政区，河源地区是蒙古草原地带，中下游大部位于大小兴安岭林区的低山和平原地带。流域内水力资源丰富，航运条件较好。

乌苏里江：乌苏里江是中国黑龙江支流，中国与俄罗斯的界河。上游由乌拉河和道比河汇合而成。两河均发源于锡霍特山脉西南坡，东北流到哈巴罗夫斯克（伯力）与黑龙江汇合。长909km，流域面积187000km^2。江面宽阔，水流缓慢。主要支流有松阿察河、穆棱河、挠力河等。

绥芬河：绥芬河，独流入日本东海河流。河源在中国吉林省延边朝鲜族自治州珲春市、汪清县交界。从汪清县东部，流经东宁市的辖区内流入俄罗斯境内，在海参崴汇入日本东海。绥芬河全长443km，其中在中国境内为258km。俄罗斯境内河段长185km（其中有界河2km）。

图们江：图们江，亚洲东北部河流，发源于中朝边境长白山山脉主峰东麓，江水由南向北流经中国的和龙市、龙井市、图们市、珲春市四市，朝鲜两江道、咸镜北道，俄罗斯滨海边疆区的哈桑区，在俄朝边界处注入日本海。干流总长525km，中朝界河段长510km，俄朝界河15km。总流域面积33168km^2。

辽河：辽河是我国七大江河之一，发源于河北省承德地区七老图山脉的光头山（海拔1490m），流经河北、内蒙古、吉林、辽宁四省（自治区），在辽宁省盘锦市入渤海，全长1345km（尤志芳，1999）。

大辽河：大辽河系指浑河、太子河合流后由三岔河至营口入海口的河段。1958年前大辽河是辽河干流下游的入海水道，1958年春在外辽河上口进行堵截后，仅宣泄浑河、太子河水，从此，大辽河单独作为浑河、太子河的入海水道。河道全长94km，流域面积1926km^2。

西辽河：老哈河与西拉木伦河在海流图相汇后称为西辽河，又称为西辽河干流。在历史文献中曾与西拉木伦河合称为潢水、辽水或大辽河。西辽河从海流图起，流经开鲁、通辽、郑家屯至辽宁省昌图县福德店附近与东辽河汇合止，全长403km，流域面积13.6万km^2，河道平均比降1/2500，落差186m。

东辽河：东辽河是辽河干流上游地区东侧的大支流，发源于吉林省辽源市东辽县的萨哈陵五座庙福安屯附近，源区的海拔360m。自河源向西，河流穿过深谷，经杨木嘴子转向西北流，再经二龙山穿越中长铁路河流逐渐流入平原。过城子尚河道流向逐渐转西南，并在此形成一弓形弯曲，过三江口河道向南泻而下，最终在辽宁省昌图县的福德店与西辽河汇合。

鸭绿江：鸭绿江发源于吉林省长白山南麓，上游旧称为建川沟，流向在源头阶段先向南，经长白朝鲜族自治县后转向西北，再经临江市转向西南。干流流经吉林和辽宁两省，并在辽宁省丹东市东港市附近流入黄海北部的西朝鲜湾。鸭绿江全长795km，流域面积6.19万km^2（中国境内流域面积3.25万km^2），年径流量327.6亿m^3，拥有浑江、虚川江、秃鲁江等多条支流。

浑河：浑河在汉唐以前称为辽水、小辽水，辽代以后称为浑河，是辽宁省的主要河流之一，流域内有沈阳、抚顺等城市。浑河上源又名纳噜水，或称为红河，沈阳市附近河段又名沈水，下游蒲河汇入后又称为蛤蜊河。

太子河：太子河汉朝以前称为“衍水”，辽、金时代又称为“梁水”或“大梁水”“东梁水”，明代称为“代子河”或“太资河”，相传战国时燕太子丹逃匿于此河，因而此河得名“太子河”。

1.1.1 气候

松辽流域地处北纬高空盛行西风带，具有较多的西风带天气和气候特色。东部有地势较高的长白山屏障，使海洋气候不易深入东北地区大陆；西部大兴安岭平缓，与内蒙古高原相连接，西伯利亚的大陆气候系统较易伸入腹地。故东北地区有明显的大陆性气候特点，为温带大陆性季风气候区，冬季严寒而漫长，夏季温湿而多雨，部分属寒温带气候。流域内南北纬度相差可达15℃，且有海拔1500～2700m的山脉屹立其中，故气候上既有纬度的变化，又有垂直高度的变化。

流域内多年平均气温为–4～10℃，年最高气温出现在7月，年最低气温出现在1月，气温由西北部向东南部递增，南北相差较大，极端最高气温为42.5℃（赤峰），极端最低气温为–56.5℃（洛古河）。

松辽流域的年降水量及其季节分配主要由季风环流、水汽来源及地形等因素控制。多年平均降水量在300～1000mm，在地区分布上差别较大，东部较多，西部较稀少，由东向西递减。辽东地区年降水量高达1000mm以上，西北部的内蒙古草原则为300mm。降水年际变化流量系数（Cv值）为0.15～0.3，降水年内分配不均，6～9月占全年的70%～85%（何孟常和林春野，2015）。

松辽流域蒸发量大部分在500～1200mm，由西南向东北呈递减状态。西辽河上游老哈河等地，蒸发量最高达到1200mm以上；中部松辽平原地区，蒸发量在800～1000mm；东部山区蒸发量在800mm以下。在干湿度分布上，东部山区多为湿润区，丘陵多为半湿润区，平原多为半干旱区，西部为干旱区（松辽水系保护领导小组办公室，2003）。

1.1.2 水文

松辽流域径流的主要特点与降水分配相一致，地区分布不均，年内分配悬殊，集中于汛期，中小河流冬季枯水期多有断流现象。降水年际变化很大，且有连续丰枯交替发生。半干旱、干旱的西部地区年径流极值比大于比较湿润的东部地区。

径流的地区分布很不均匀，总的趋势是从东部、北部和南部向中部和西部逐渐减少。流域的东南部，由于近海，降水多，多年平均径流深达600mm左右。松辽流域径流年内变化主要受降水的季节变化支配，季节变化非常剧烈，并兼有融雪水补给影响，每年有春、夏两次汛期。春汛短且量小，夏汛长且量大，一般汛期6～9月径流量占年径流量的60%～80%。而汛期径流量又集中在7月、8月两月，7月、8月径流量一般占年径流量的50%～60%。枯水期径流量很小，11月～次年3月径流量仅占年径流量的10%左右。此外，也有以地下水补给为主的河流，季节分配比较均匀，6～9月径流量占全年径流量的50%左右（陈建敏，2009）。

平原地区的中小河流，绝大部分属于间歇性河流，雨期产水，全年水量几乎全部集中在汛期，6～9月径流量占全年径流量的比重高达90%（朱宇等，2019）。

1.2 流域水资源质量现状

2017年，松辽流域河流水质评价总体为中，全年评价河长22721.6km，Ⅰ～Ⅲ类、Ⅳ～Ⅴ类和劣Ⅴ类水河长分别占66.0%、24.9%和9.1%。42座大中型水库全年水质达到Ⅰ～Ⅲ类、Ⅳ～Ⅴ类的水库分别占85.7%、14.3%。对564个重要江河湖泊水功能区进行了水功能区限制纳污红线主要控制项目达标评价，达标水功能区358个，达标比例为63.5%。省（自治区）界及其他重要水体42条河流的81个断面中Ⅰ～Ⅲ类、Ⅳ～Ⅴ类和劣Ⅴ类水质断面比例分别为72.8%、17.3%和9.9%。54个集中式饮用水水源地水质状况评价，合格率超过80%的水源地有42个。

1.2.1 河流水质状况

2017年对松辽流域94条河流水质状况进行了评价，水质总体为中。全年评价河长22721.6km，Ⅰ～Ⅲ类、Ⅳ～Ⅴ类和劣Ⅴ类水河长分别占66.0%、24.9%和9.1%。全年主要超标项目为高锰酸盐指数、氨氮和化学需氧量。

与2016年相比，全年Ⅰ～Ⅲ类水河长比例上升1.9%，Ⅳ～Ⅴ类水河长比例下降0.4%，劣Ⅴ类水河长比例下降1.5%。

松花江区：2017年水质总体为中，全年评价河长16780.4km，Ⅰ～Ⅲ类、Ⅳ～Ⅴ类和劣Ⅴ类水河长分别占66.8%、24.6%和8.6%。全年主要超标项目为高锰酸盐指数、化学需氧量和氨氮。与2016年相比，全年Ⅰ～Ⅲ类水河长比例上升0.1%，Ⅳ～Ⅴ类水河长比例下降1.1%，劣Ⅴ类水河长比例上升1.0%。

辽河区：2017年水质总体为中，全年评价河长5941.2km，Ⅰ～Ⅲ类、Ⅳ～Ⅴ类和劣Ⅴ类水河长分别占64.2%、25.5%和10.3%。全年主要超标项目为氨氮、总磷和五日生化需氧量。与2016年相比，全年Ⅰ～Ⅲ类水河长比例上升7.1%，Ⅳ～Ⅴ类水河长比例上升1.4%，劣Ⅴ类水河长比例下降8.5%。

1.2.2 水库水质现状

2017年对松辽流域42座大中型水库（34座大型，8座中型）进行了水质和营养状态评价，全年Ⅰ～Ⅲ类水质水库36座，占85.7%，Ⅳ～Ⅴ类6座，占14.3%。按营养状态评价，中营养水库13座，占31.0%，富营养水库29座，占69.0%。营养状态统计见表1-1。与2016年相比，全年Ⅰ～Ⅲ类水质水库占比持平，Ⅳ～Ⅴ类比例上升2.4%，无劣Ⅴ类水质水库。

表1-1 松辽流域主要水库营养状态统计表

营养化程度		数量/座	比例/%
中营养		13	31.0
富营养	轻度富营养	24	57.1
	中度富营养	5	11.9

松花江区：2017年对松花江区18座大中型水库（17座大型，1座中型）进行了水质和营养状态评价，全年Ⅰ～Ⅲ类水质水库13座，占72.2%，Ⅳ～Ⅴ类5座，占27.8%。按营养状态评价，中营养水库3座，占16.7%，富营养水库15座，占83.3%。营养状态统计见表1-2。与2016年相比，全年Ⅰ～Ⅲ类水质水库占比持平，Ⅳ～Ⅴ类比例上升5.6%，无劣Ⅴ类水质水库。

表 1-2　松花江区主要水库营养状态统计表

营养化程度		数量/座	比例/%
中营养		3	16.7
富营养	轻度富营养	10	55.5
	中度富营养	5	27.8

辽河区：2017 年对辽河区 24 座主要水库（17 座大型，7 座中型）进行了水质和营养状态评价，全年Ⅰ～Ⅲ类水质水库 23 座，占 95.8%，Ⅳ类 1 座，占 4.2%。按营养状态评价，中营养水库 10 座，占 41.7%，富营养水库 14 座，占 58.3%。营养状态统计见表 1-3。与 2016 年相比，全年Ⅰ～Ⅲ类水质、Ⅳ～Ⅴ类水质水库比例均持平。

表 1-3　辽河区主要水库营养状态统计表

营养化程度		数量/座	比例/%
中营养		10	41.7
富营养	轻度富营养	14	58.3
	中度富营养	0	0.0

省级行政区：2017 年，黑龙江省 6 座大中型水库参与评价，全年Ⅰ～Ⅲ类水质水库 6 座，占 100.0%。吉林省 13 座大中型水库参与评价，全年Ⅰ～Ⅲ类水质水库 7 座，占 53.8%，Ⅳ～Ⅴ类水质水库 6 座，占 46.2%。辽宁省 23 座大中型水库参与评价，全年Ⅰ～Ⅲ类水质水库 23 座，占 100.0%。东北三省水库水质类别比例见图 1-1～图 1-3。

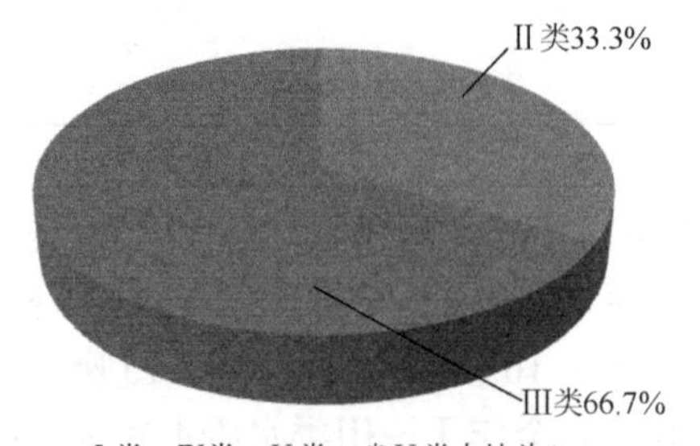

图 1-1　黑龙江省水库水质类别比例图

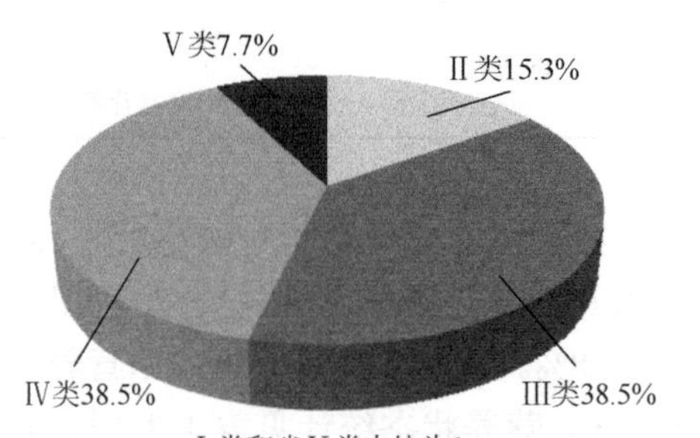

图 1-2　吉林省水库水质类别比例图

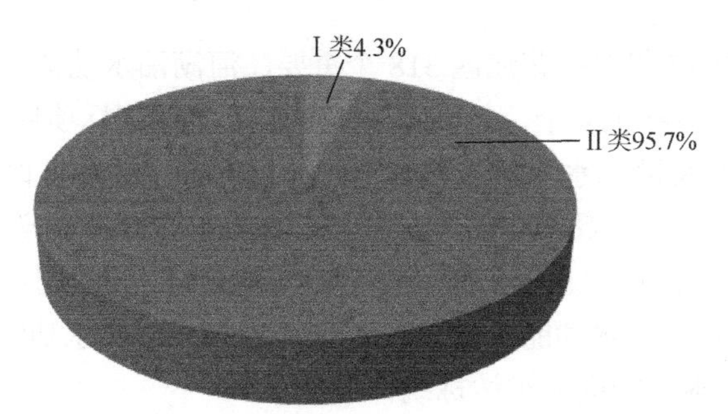

图 1-3 辽宁省水库水质类别比例图

1.2.3 重要江河湖泊水功能区水质达标状况

2017 年对松辽流域 564 个重要江河湖泊水功能区进行了评价。水功能区全因子评价达标 248 个，达标比例为 44.0%，主要超标项目为五日生化需氧量、氨氮和总磷。水功能区限制纳污红线主要控制项目评价达标 358 个，达标比例为 63.5%，主要超标项目为氨氮、高锰酸盐指数和化学需氧量。

2017 年与 2016 年相比，水功能区限制纳污红线主要控制项目评价达标比例上升 6.6%。其中，一级水功能区达标比例上升 2.5%，二级水功能区达标比例上升 9.1%。松辽流域水功能区分类达标统计见表 1-4。

表 1-4 松辽流域水功能区分类达标统计表

水功能区类型	水功能区全因子评价			水功能区限制纳污红线主要控制项目评价		
	评价个数	达标个数	达标比例/%	评价个数	达标个数	达标比例/%
保护区	118	46	39.0	118	64	54.2
保留区	36	16	44.4	36	21	58.3
缓冲区	65	34	52.3	65	38	58.5
其中，省（自治区）界缓冲区	42	27	64.3	42	30	71.4
一级水功能区小计	219	96	43.8	219	123	56.2
饮用水源区	99	58	58.6	99	88	88.9
工业用水区	44	27	61.4	44	34	77.3
农业用水区	132	40	30.3	132	73	55.3
渔业用水区	8	4	50.0	8	4	50.0
景观娱乐用水区	12	3	25.0	12	6	50.0
过渡区	50	20	40.0	50	30	60.0
二级水功能区小计	345	152	44.1	345	235	68.1
水功能区总计	564	248	44.0	564	358	63.5

松花江区：2017 年对松花江区 318 个重要江河湖泊水功能区进行了评价。水功能区全因子评价达标 124 个，达标比例为 39.0%，主要超标项目为高锰酸盐指数、五日生化需氧量和总磷。水功能区限制纳污红线主要控制项目评价达标 192 个，达标比例为 60.4%，主要超标项目为高锰酸盐指数、氨氮和化学需氧量。

2017 年与 2016 年相比，水功能区限制纳污红线主要控制项目评价达标比例上升 9.9%。其中，一级水功能区达标比例上升 5.5%，二级水功能区达标比例上升 14.2%。松花江区水功能区分类达标统计见表 1-5。

表 1-5　松花江区水功能区分类达标统计表

水功能区类型	水功能区全因子评价			水功能区限制纳污红线主要控制项目评价		
	评价个数	达标个数	达标比例/%	评价个数	达标个数	达标比例/%
保护区	81	21	25.9	81	34	42.0
保留区	34	15	44.1	34	20	58.8
缓冲区	41	26	63.4	41	28	68.3
其中，省（自治区）界缓冲区	25	22	88.0	25	23	92.0
一级水功能区小计	156	62	39.7	156	82	52.6
饮用水源区	33	6	18.2	33	26	78.8
工业用水区	24	12	50.0	24	19	79.2
农业用水区	66	24	36.4	66	38	57.6
渔业用水区	3	0	0.0	3	0	0.0
景观娱乐用水区	6	2	33.3	6	4	66.7
过渡区	30	18	60.0	30	23	76.7
二级水功能区小计	162	62	38.3	162	110	67.9
水功能区总计	318	124	39.0	318	192	60.4

辽河区：2017 年对辽河区 246 个重要江河湖泊水功能区进行了评价。水功能区全因子评价达标 124 个，达标比例为 50.4%，主要超标项目为总磷、氨氮和五日生化需氧量。水功能区限制纳污红线主要控制项目评价达标 166 个，达标比例为 67.5%，主要超标项目为氨氮、化学需氧量和高锰酸盐指数。

2017 年与 2016 年相比，水功能区限制纳污红线主要控制项目评价达标比例上升 2.2%。其中，一级水功能区达标比例下降 4.7%，二级水功能区达标比例上升 4.6%。辽河区水功能区分类达标统计见表 1-6。

表 1-6 辽河区水功能区分类达标统计表

水功能区类型	水功能区全因子评价			水功能区限制纳污红线主要控制项目评价		
	评价个数	达标个数	达标比例/%	评价个数	达标个数	达标比例/%
保护区	37	25	67.6	37	30	81.1
保留区	2	1	50.0	2	1	50.0
缓冲区	24	8	33.3	24	10	41.7
其中，省（自治区）界缓冲区	17	5	29.4	17	7	41.2
一级水功能区小计	63	34	54.0	63	41	65.1
饮用水源区	66	52	78.8	66	62	93.9
工业用水区	20	15	75.0	20	15	75.0
农业用水区	66	16	24.2	66	35	53.0
渔业用水区	5	4	80.0	5	4	80.0
景观娱乐用水区	6	1	16.7	6	2	33.3
过渡区	20	2	10.0	20	7	35.0
二级水功能区小计	183	90	49.2	183	125	68.3
水功能区总计	246	124	50.4	246	166	67.5

省级行政区：2017 年，黑龙江省重要水功能区全因子和水功能区限制纳污红线主要控制项目评价达标比例分别为 55.0%和 62.8%，吉林省分别为 31.7%和 46.2%，辽宁省分别为 51.7%和 69.3%，内蒙古自治区分别为 36.1%和 76.5%，河北省分别为 66.7%和 66.7%，松辽流域各省（自治区）水功能区分类达标统计见图 1-4。

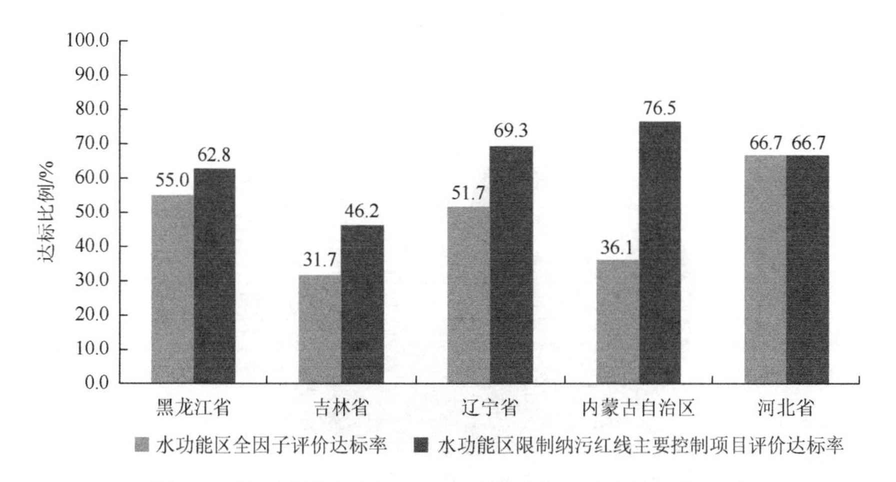

图 1-4 松辽流域各省（自治区）水功能区分类达标统计图

1.2.4 省（自治区）界及其他重要水体水质状况

2017 年对松辽流域省（自治区）界及其他重要水体 42 条河流的 84 个断面进行了监测评价，其中，3 个断面断流，参评 81 个断面，水质为中。Ⅰ～Ⅲ类、Ⅳ～Ⅴ类和劣Ⅴ类水质监测断面比例分别为 72.8%、17.3%和 9.9%。全年主要超标项目为总磷、氨氮和五日生化需氧量。水质状况见表 1-7。与 2016 年相比，全年Ⅰ～Ⅲ类水质监测断面比例下降 2.5%，Ⅳ～Ⅴ类比例上升 3.7%，劣Ⅴ类比例下降 1.2%。

表 1-7　2017 年松辽流域省（自治区）界及其他重要水体断面水质状况表

水资源一级区	分类断面数比例/%		劣Ⅴ类断面分布
	Ⅰ～Ⅲ类	劣Ⅴ类	
松花江区	94.1	2.0	卡岔河的龙家亮子断面，吉林-黑龙江交界处
辽河区	36.7	23.3	新开河敖吉断面，内蒙古-吉林交界处； 阴河张家湾和马架子断面，河北-内蒙古交界处； 西辽河巴嘎呼萨断面，内蒙古-吉林交界处； 招苏台河的两家子断面，吉林-辽宁交界处； 条子河的后义和断面，吉林-辽宁交界处； 大清河的盖州断面，大清河入海口

松花江区：2017 年对松花江区省（自治区）界及其他重要水体 20 条河流的 51 个断面进行了监测评价，水质为优。Ⅰ～Ⅲ类、Ⅳ～Ⅴ类和劣Ⅴ类水质监测断面比例分别为 94.1%、3.9%和 2.0%。劣Ⅴ类断面 1 个，为卡岔河的龙家亮子断面。全年主要超标项目为氨氮、总磷和五日生化需氧量。监测断面水质类别比例见图 1-5。与 2016 年相比，全年Ⅰ～Ⅲ类水质监测断面比例上升 2.0%，Ⅳ～Ⅴ类比例下降 2.0%，劣Ⅴ类比例持平。

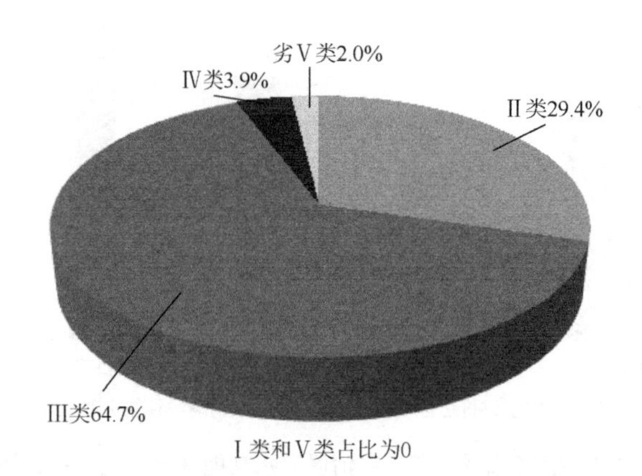

图 1-5　松花江区省（自治区）界及其他重要水体监测断面水质类别比例图

辽河区：2017年对辽河区省（自治区）界及其他重要水体22条河流的33个断面进行了监测评价，其中，3个断面断流，参评30个断面，水质为差。Ⅰ～Ⅲ类、Ⅳ～Ⅴ类和劣Ⅴ类水质监测断面比例分别为36.7%、40.0%和23.3%。劣Ⅴ类水质断面7个，分别为新开河的敖吉断面，阴河的张家湾和马架子断面，西辽河的巴嘎呼萨断面，招苏台河的两家子断面，条子河的后义和断面和大清河的盖州断面。全年主要超标项目为总磷、氨氮和化学需氧量。监测断面水质类别比例见图1-6。与2016年相比，全年Ⅰ～Ⅲ类水质监测断面比例下降10.0%，Ⅳ～Ⅴ类比例上升13.4%，劣Ⅴ类比例下降3.4%。

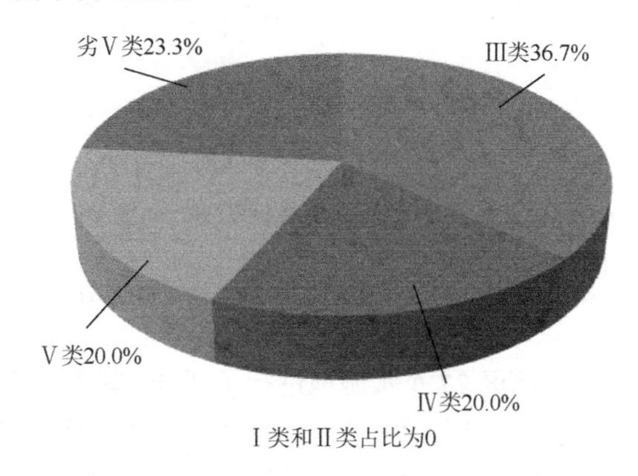

图1-6 辽河区省（自治区）界及其他重要水体监测断面水质类别比例图

1.2.5 集中式饮用水水源地水质状况

2017年对松辽流域54个集中式饮用水水源地进行了评价，其中，河流型水源地7个，水库型水源地43个，地下水型水源地4个。按全年水质合格率统计，合格率80%以上的水源地有42个，占77.8%。全年水质合格率统计见图1-7。与2016年相比，全年水质合格率80%以上的水源地比例上升19.0%。

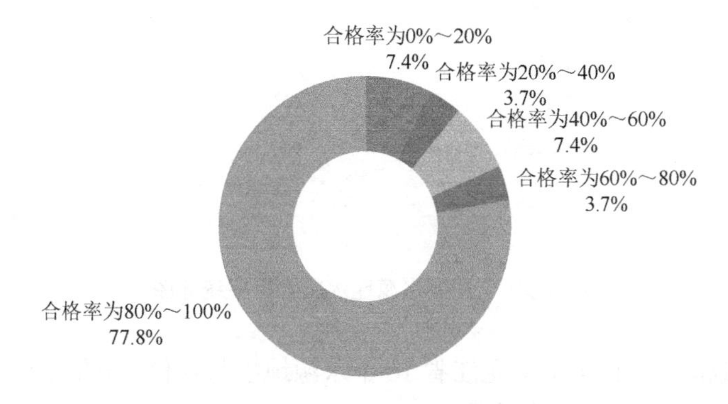

图1-7 松辽流域水源地水质合格率统计图

松花江区：2017 年对松花江区 27 个水源地进行了评价，其中，河流型水源地 6 个，水库型水源地 19 个，地下水型水源地 2 个。按全年水质合格率统计，合格率 80%以上的水源地有 19 个，占 70.4%。水源地全年水质合格率统计见图 1-8。与 2016 年相比，全年水质合格率 80%以上的水源地比例上升 28.7%。

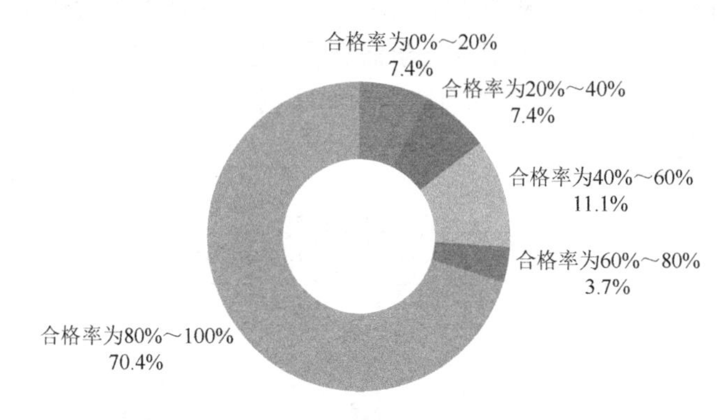

图 1-8　松花江区水源地水质合格率统计图

辽河区：2017 年对辽河区 27 个水源地进行了评价，其中，河流型水源地 1 个，水库型水源地 24 个，地下水型水源地 2 个。按全年水质合格率统计，合格率 80%以上的水源地有 23 个，占 85.2%。水源地全年水质合格率统计见图 1-9。与 2016 年相比，全年水质合格率 80%以上的水源地比例上升 11.1%。

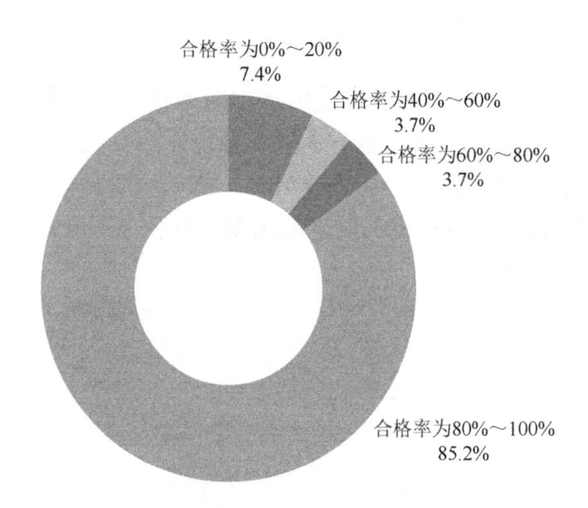

图 1-9　辽河区水源地水质合格率统计图

省级行政区：2017 年，黑龙江省 16 个水源地参与评价，全年水质合格率 80%以上的水源地 16 个，占全省总数的 100.0%。吉林省 13 个水源地参与评价，全年水质合格率80%以上的水源地3个，占全省总数的23.1%。辽宁省21个水源地参与评价，全年水质合格率80%以上的水源地21个，占全省总数的100.0%。内蒙古自治区4个水源地参与评价，全年水质合格率80%以上的水源地2个，占全自治区总数的50.0%。松辽流域各省（自治区）水源地全年水质合格率80%以上的情况见图1-10。

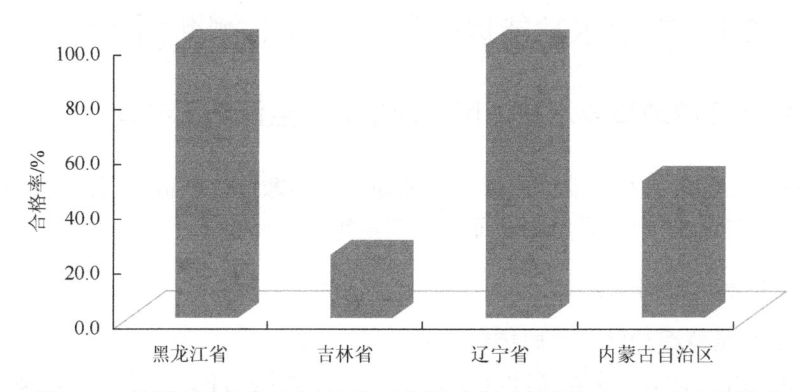

图1-10 松辽流域各省（自治区）水源地全年水质合格率80%以上的情况

第 2 章　重要水功能区监测断面布设与评价

2.1　重要水功能区控制单元及监测断面布设

2.1.1　松花江流域重要水功能区控制单元及监测断面布设

松花江流域重要水功能区水质监测断面体系由嫩江、西流松花江、松花江干流组成，共布设 51 个水质监测断面（郑国臣等，2016）。

1. 嫩江水质控制体系

1）嫩江黑蒙缓冲区 1 水质控制单元

该单元由干流嫩江黑蒙缓冲区 1 及支流甘河蒙黑缓冲区、甘河黑蒙缓冲区、甘河保留区四个重要水功能区构成。

嫩江黑蒙缓冲区 1 起始于石灰窑水文站，终止于尼尔基水库库末，全长约 164.7km。其间共布设 6 个水质控制断面：在支流甘河蒙黑缓冲区上布设加西、甘河黑蒙缓冲区上布设白桦下、甘河保留区上布设柳家屯 3 个断面；在干流嫩江黑蒙缓冲区 1 上布设石灰窑、嫩江浮桥、繁荣新村 3 个断面。

加西断面：反映甘河内蒙古自治区入黑龙江省加格达奇区的入境水质。

白桦下断面：反映黑龙江省入内蒙古自治区的入境水质，以及加格达奇区对甘河的污染情况。

柳家屯断面：地处柳家屯水文站，反映甘河入嫩江干流前水质状况。

石灰窑断面：地处石灰窑水文站，嫩江干流上第一个控制断面。监测数据作为嫩江源头来水水质。

嫩江浮桥断面：上游有科洛河、门鲁河、欧肯河、库里河等支流汇入。嫩江浮桥断面反映上述支流对嫩江干流的污染情况。

繁荣新村断面：尼尔基水库设计库末，反映尼尔基水库入库水质；同时，与嫩江浮桥、柳家屯结合，可区分嫩江市和甘河对嫩江干流的污染情况。

以上 6 个断面的相互组合，基本上能够反映嫩江黑蒙缓冲区 1 区间的省际污染责任和支流甘河对嫩江干流的影响。

2）嫩江黑蒙缓冲区 2 水质控制单元

该单元由嫩江黑蒙缓冲区 2 及支流诺敏河蒙黑缓冲区两个省（自治区）界缓冲区构成。

嫩江黑蒙缓冲区2起始于尼尔基坝址，终止于鄂温克族自治旗，全长约56.5km。其间共布设6个水质控制断面：在支流诺敏河蒙黑缓冲区上布设古城子、萨马街两个断面；在嫩江黑蒙缓冲区2上布设尼尔基大桥、小莫丁、拉哈、鄂温克族自治旗4个断面（Zhang et al.，2018）。

古城子断面：地处古城子水文站，反映诺敏河内蒙古自治区入蒙黑左右岸河道的水质状况。

萨马街断面：该断面与古城子断面结合可反映查哈阳农场退水对诺敏河的影响。

尼尔基大桥断面：反映尼尔基水库出库水质，作为嫩江黑蒙缓冲区2起始值。

小莫丁断面：与尼尔基大桥断面结合可判别莫力达瓦达斡尔族自治旗对嫩江干流的污染。

拉哈断面：与小莫丁断面结合可判别讷谟尔河对嫩江干流的污染。

鄂温克族自治旗断面：与拉哈断面结合可判别红光糖厂对嫩江干流的污染。

以上6个断面的相互组合，基本反映了嫩江黑蒙缓冲区2区间的污染状况、责任以及支流诺敏河、讷谟尔河对嫩江干流的影响。

3）嫩江黑蒙缓冲区3水质控制单元

该单元由干流嫩江黑蒙缓冲区3及支流阿伦河蒙黑缓冲区、音河蒙黑缓冲区、雅鲁河蒙黑缓冲区、雅鲁河黑蒙缓冲区、济沁河蒙黑缓冲区、绰尔河黑蒙缓冲区、绰尔河扎赉特旗缓冲区8个重要水功能区构成。

嫩江黑蒙缓冲区3起始于莫呼公路桥，终止于江桥镇，全长约62.1km。其间共布设12个水质控制断面：在支流阿伦河蒙黑缓冲区上布设兴鲜一个断面；在支流音河蒙黑缓冲区上布设新发、大河两个断面；在支流雅鲁河蒙黑缓冲区上布设二节地、金蛇湾码头两个断面，在雅鲁河黑蒙缓冲区上布设原种场一个断面；在支流济沁河蒙黑缓冲区上布设东明、苗家堡子两个断面；在支流绰尔河黑蒙缓冲区上布设两家子水文站一个断面，在绰尔河扎赉特旗缓冲区布设乌塔其农场一个断面；在干流嫩江黑蒙缓冲区3上布设莫呼渡口、江桥两个断面。

兴鲜断面：反映阿伦河黑龙江省入境水质。

新发断面：反映音河内蒙古自治区出境水质。

大河断面：反映音河黑龙江省入境水质。

二节地断面：反映雅鲁河内蒙古自治区出境水质。

金蛇湾码头断面：反映雅鲁河黑龙江省入境水质。

原种场断面：反映雅鲁河入嫩江水质。

东明断面：反映济沁河内蒙古自治区出境水质。

苗家堡子断面：反映济沁河黑龙江省入境水质。

两家子水文站断面：反映绰尔河内蒙古自治区出境水质。

乌塔其农场断面：反映绰尔河入嫩江水质。

莫呼渡口断面：该断面与萨马街、鄂温克族自治旗、兴鲜、大河断面组合判别齐齐哈尔市对嫩江的污染情况。

江桥断面：该断面与莫呼渡口、绰尔河口、原种场断面组合判别干流、支流对嫩江黑蒙缓冲区 3 的污染情况。

以上 12 个断面的相互组合，基本上反映了嫩江黑蒙缓冲区 3 区间的污染责任以及支流阿伦河、音河、雅鲁河、绰尔河对嫩江干流的影响。

4）嫩江黑吉缓冲区水质控制单元

该单元由干流嫩江黑吉缓冲区及支流洮儿河蒙吉缓冲区、那金河蒙吉缓冲区、蛟流河蒙吉缓冲区、霍林河科尔沁右翼中旗缓冲区、霍林河科尔沁国家级自然保护区等水功能区构成。

嫩江黑吉缓冲区起始于光荣村，终止于三岔河，全长约 250.8km。其间共布设 12 个水质控制断面：在支流洮儿河蒙吉缓冲区上布设浩特营子、林海两个断面；在支流那金河蒙吉缓冲区上布设永安、煤窑两个断面；在支流蛟流河蒙吉缓冲区上布设宝泉、野马图两个断面；在支流霍林河科尔沁右翼中旗缓冲区上布设高力板一个断面；在支流霍林河科尔沁国家级自然保护区上布设同发一个断面；在嫩江黑吉缓冲区上布设白沙滩、大安、塔虎城渡口、马克图四个断面。

浩特营子断面：反映洮儿河内蒙古自治区出境水质。

林海断面：反映洮儿河吉林省入境水质。

永安断面：反映那金河内蒙古自治区出境水质。

煤窑断面：反映那金河吉林省入境水质。

宝泉断面：反映蛟流河内蒙古自治区出境水质。

野马图断面：反映蛟流河吉林省入境水质。

高力板断面：反映霍林河内蒙古自治区出境水质。

同发断面：反映霍林河吉林省入境水质。

白沙滩断面：与江桥断面结合判别大庆部分地区及泰来县对嫩江干流的影响。

大安断面：与白沙滩断面结合判别支流洮儿河对嫩江的影响。

塔虎城渡口断面：与大安断面结合判别大安市对嫩江的影响。

马克图断面：反映嫩江汇入松花江干流前水质。

以上 12 个断面的相互组合，基本上反映了嫩江黑吉缓冲区区间的污染责任以及支流洮儿河、霍林河等支流对嫩江干流的影响。

2. 西流松花江水质控制体系

1）西流松花江吉黑缓冲区水质控制单元

该单元由西流松花江吉黑缓冲区构成，起始于石桥村，终止于入松花江干流河口，全长约13.0km。其间只布设松林一个水质控制断面，反映西流松花江入松花江干流水质。

2）辉发河辽吉缓冲区水质控制单元

该单元由辉发河辽吉缓冲区构成，起始于南山城，终止于辽吉省界，全长约10.1km。其间只布设龙头堡一个水质控制断面，反映辉发河辽宁省出境水质。

3. 松花江干流水质控制体系

1）松花江干流黑吉缓冲区水质控制单元

松花江干流黑吉缓冲区起始于三岔河，终止于双城临江屯，全长约138km。其间共布设下岱吉、88号照两个水质控制断面。

下岱吉断面：与马克图、松林断面相结合，识别吉、黑左右岸区间黑龙江省大庆市肇源县对松花江干流水质影响。

88号照断面：松花江进入黑龙江省的第一个上下游断面，反映松花江进入黑龙江省前的水质状况。

2）松花江同江缓冲区水质控制单元

该单元由松花江同江缓冲区构成，起始于福合村，终止于同江市，全长约63.1km。其间只布设同江一个水质控制断面，反映松花江出国境水质，与88号照断面相结合反映黑龙江省对松花江的水质影响。

3）牡丹江吉黑缓冲区水质控制单元

该单元由牡丹江吉黑缓冲区构成，起始于大山嘴子，终止于入境泊湖口，全长约24km。其间只布设牡丹江1号桥一个水质控制断面，反映牡丹江吉林省出境、黑龙江省入境水质。

4）拉林河吉黑缓冲区水质控制单元

该单元由拉林河吉黑缓冲区1、拉林河吉黑缓冲区2及支流细鳞河（溪浪河）吉黑缓冲区、牤牛河黑吉缓冲区、卡岔河吉黑缓冲区构成。

拉林河吉黑缓冲区起始于五常公路桥，终止于入松花江河口，全长约263.5km。其间共布设9个水质控制断面：在支流细鳞河吉黑缓冲区上布设肖家船口、和平桥两个断面；在支流牤牛河黑吉缓冲区上布设牤牛河大桥一个断面；在支流卡岔河吉黑缓冲区上布设龙家亮子一个断面；在拉林河吉黑缓冲区1上布设向阳一个断面；在拉林河吉黑缓冲区2上布设振兴、牛头山大桥、蔡家沟、板子房4个断面。

肖家船口断面：反映细鳞河吉林省出境水质。

和平桥断面：反映细鳞河黑龙江省入境水质。

牤牛河大桥断面：反映牤牛河入拉林河水质。

龙家亮子断面：反映卡岔河入拉林河水质。

向阳断面：反映拉林河上游来水水质。

振兴断面：与向阳、肖家船口断面组合，判别五常市对拉林河的污染。

牛头山大桥断面：与蔡家沟断面组合判别双城区对拉林河的污染。

蔡家沟断面：与牛头山大桥断面组合判别双城区对拉林河的污染。

板子房断面：反映拉林河入松花江水质。

9 个断面的相互组合，基本反映出拉林河吉黑缓冲区干支流的污染责任。

2.1.2 辽河流域省界缓冲区水质监测断面结构体系

辽河流域重要水功能区水质监测断面体系由东辽河、西辽河、辽河干流、浑太河、辽西沿渤海诸河、辽东沿黄渤海诸河水质控制体系组成，共布设 30 个水质控制断面。

1. 东辽河水质控制体系

该单元由东辽河吉辽、蒙辽缓冲区构成，起始于东明镇，终止于福德店水文站，全长约 87.0km。其间共布设四双大桥、福德店东两个水质控制断面。

四双大桥断面：反映东辽河吉林省入吉蒙辽三省（自治区）交界河道水质。

福德店东断面：反映东辽河入辽河干流前水质，与四双大桥组合反映东辽河辽宁侧的污染情况。

2. 西辽河水质控制体系

该单元由干流西辽河蒙辽、西辽河吉蒙省（自治区）界缓冲区和支流新开河蒙吉、阴河冀蒙、老哈河冀蒙、蹦河辽蒙共六个省（自治区）界缓冲区构成。

西辽河干流上西辽河蒙辽缓冲区上布设二道河子一个断面；西辽河吉蒙缓冲区上布设王奔桥、巴嘎呼萨两个断面；支流新开河蒙吉缓冲区上布设西靠山和敖吉两个断面；支流阴河冀蒙缓冲区布设张家湾、马架子两个断面；支流老哈河冀蒙缓冲区布设牛家窑一个断面；支流蹦河辽蒙缓冲区布设扎兰营子、庄头营子两个断面。

张家湾断面：反映阴河河北省出境水质。

马架子断面：反映阴河内蒙古自治区入境水质。

牛家窑断面：反映老哈河河北省出境水质。

扎兰营子断面：反映蹦河辽宁省入内蒙古自治区水质。

庄头营子断面：反映蹦河内蒙古自治区入境水质。

王奔桥断面：反映西辽河吉林省入内蒙古自治区水质。
巴嘎呼萨断面：反映西辽河内蒙古自治区入境水质。
二道河子断面：反映西辽河内蒙古自治区入辽宁省水质。
西靠山断面：反映新开河内蒙古自治区出境水质。
敖吉断面：反映新开河汇入西辽河前水质。
以上 10 个断面基本反映了西辽河干支流的水质状况和污染责任区分。

3. 辽河干流水质控制体系

该单元由辽河干流福德店饮用、农业用水区和双台子河口保护区及支流养畜牧河蒙辽缓冲区、秀水河蒙辽缓冲区、招苏台河吉辽缓冲区、条子河吉辽缓冲区构成。

在辽河干流布设福德店断面，在双台子河入海口布设双台子河闸断面；在支流新开河蒙辽缓冲区布设石门子断面；在支流养畜牧河蒙辽缓冲区布设三家子断面；在支流秀水河蒙辽缓冲区布设常胜断面；在支流招苏台河吉辽缓冲区布设两家子断面；在支流条子河吉辽缓冲区布设后义和断面。
石门子断面：反映新开河内蒙古入辽宁省水质。
三家子断面：反映养牧畜河内蒙古入辽宁省水质。
常胜断面：反映秀水河内蒙古入辽宁省水质。
两家子断面：反映招苏台河辽宁省入境水质。
后义和断面：反映条子河吉林省出境水质。
福德店断面：反映辽河干流起始水质。
双台子河闸断面：反映辽河干流入海水质。
以上 7 个断面反映了辽河干支流的水质状况和污染责任区分。

4. 浑太河水质控制体系

该单元在大辽河入海口布设辽河公园断面，反映大辽河入海水质。

5. 辽西沿渤海诸河水质控制体系

辽西沿渤海诸河水质控制单元在六股河入海口布设绥中断面；在大凌河入海口布设西八千断面；在支流牤牛河上布设新营子、郎家窝铺两个断面；在小凌河入海口布设西树林断面。
新营子断面：反映牤牛河内蒙古自治区出境水质。
郎家窝铺断面：反映牤牛河辽宁省入境水质。
西八千断面：反映大凌河入海水质。

西树林断面：反映小凌河入海水质。

绥中断面：反映六股河入海水质。

6. 辽东沿黄渤海诸河水质控制体系

在大清河入海口布设盖州断面；在大沙河入海口布设大刘家断面；在碧流河入海口布设城子坦断面；在英那河入海口布设小孤山断面，分别控制其入海水质状况。

2.2 重要水功能区水质状况评价与分析

分析松辽流域内 54 个重要水功能区共 81 个断面 2018 年水质监测数据，按照《地表水资源质量评价技术规程》（SL 395—2007）相关规定对其进行达标评价。其中，参评的省（自治区）界缓冲区 39 个，评价断面 66 个。

2.2.1 评价范围内水质总体状况

1. 全年水质状况

在参评的 54 个重要水功能区中，达标 28 个，达标比例为 51.9%。评价河长 2373.9km，达标河长 900.7km，河长达标比例为 37.9%（表 2-1）。

表 2-1 评价范围内水功能区水质总体状况

水期	参评水功能区数/个	水功能区达标数/个	水功能区达标比例/%	参评河长/km	达标河长/km	河长达标比例/%
全年	54	28	51.9	2373.9	900.7	37.9
汛期	54	30	55.6	2373.9	1397.1	58.9
非汛期	54	31	57.4	2373.9	1102.6	46.4

在参评的 39 个省（自治区）界缓冲区中，达标 21 个，达标比例为 53.8%。评价河长 1827.5km，达标河长 737.6km，河长达标比例为 40.4%。

2. 汛期水质状况

在参评的 54 个重要水功能区中，达标 30 个，达标比例为 55.6%。评价河长 2373.9km，达标河长 1397.1km，河长达标比例为 58.9%。

在参评的39个省（自治区）界缓冲区中，达标23个，达标比例为59.0%。评价河长1827.5km，达标河长1217km，河长达标比例为66.6%。

3. 非汛期水质状况

在参评的54个重要水功能区中，达标31个，达标比例为57.4%。评价河长2373.9km，达标河长1102.6km，河长达标比例为46.4%。

在参评的39个省（自治区）界缓冲区中，达标23个，达标比例为59.0%。评价河长1827.5km，达标河长759.2km，河长达标比例为41.5%。

2.2.2　松花江流域重要水功能区水质状况

1. 全年水质状况

松花江流域参评的重要水功能区共30个，达标19个，达标比例为63.3%。评价河长1659.9km，达标河长615.7km，河长达标比例为37.1%（表2-2）。

表2-2　松花江流域重要水功能区水质状况

水期	参评水功能区数/个	水功能区达标数/个	水功能区达标比例/%	参评河长/km	达标河长/km	河长达标比例/%
全年	30	19	63.3	1659.9	615.7	37.1
汛期	30	21	70.0	1659.9	1095.1	66.0
非汛期	30	22	73.3	1659.9	817.6	49.3

2018年对松花江流域进行了全年、汛期和非汛期评价，水质总体为中。全年Ⅰ～Ⅲ类河长占37.1%，Ⅳ～Ⅴ类占61.9%，劣Ⅴ类占1.0%，按符合或优于Ⅲ类水河长占比情况比较，松花江干流水质优于嫩江，西流松花江水质最差。汛期Ⅰ～Ⅲ类河长占66.0%，Ⅳ～Ⅴ类占31.1%，劣Ⅴ类占2.9%，按符合或优于Ⅲ类水河长占比情况比较，松花江干流优于西流松花江，嫩江水质最差。非汛期Ⅰ～Ⅲ类河长占49.2%，Ⅳ～Ⅴ类占49.8%，劣Ⅴ类占1.0%。

缓冲区：参评28个，达标18个，达标比例为64.3%。评价河长1439.6km，达标河长565.7km，河长达标比例为39.3%。

其中，省（自治区）界缓冲区参评25个，达标15个，达标比例为60.0%。评价河长1358.5km，达标河长484.6km，河长达标比例为35.7%（表2-3）。

表 2-3　松花江流域省（自治区）界缓冲区水质状况

水期	参评省（自治区）界缓冲区数/个	省（自治区）界缓冲区达标数/个	省（自治区）界缓冲区达标比例/%	参评河长/km	达标河长/km	河长达标比例/%
全年	25	15	60.0	1358.5	484.6	35.7
汛期	25	17	68.0	1358.5	964.0	71.0
非汛期	25	17	68.0	1358.5	516.2	38.0

具体评价结果如下。

黑蒙省（自治区）界缓冲区 6 个，达标 4 个，达标比例为 66.7%。评价河长 370.2km，达标河长 149.0km，河长达标比例为 40.2%。不达标缓冲区为嫩江黑蒙缓冲区 1，河长 164.7km，超标项目为高锰酸盐指数；嫩江黑蒙缓冲区 2，河长 56.5km，超标项目为高锰酸盐指数。

蒙黑省（自治区）界缓冲区 6 个，达标 3 个，达标比例为 50%。评价河长 190.3km，达标河长 74.0km，河长达标比例为 38.9%。不达标缓冲区为诺敏河蒙黑缓冲区，河长 84.7km，超标项目为总磷、高锰酸盐指数；阿伦河蒙黑缓冲区，河长 20.1km，超标项目为总磷、高锰酸盐指数；音河蒙黑缓冲区，河长 11.5km，超标项目为总磷。

蒙吉省（自治区）界缓冲区 3 个，全部达标，达标河长 43.0km。

黑吉省界缓冲区 3 个，达标 2 个，达标比例 66.7%。评价河长 406.4km，达标河长 155.6km，河长达标比例为 38.3%。不达标缓冲区为嫩江黑吉缓冲区，河长 250.8km，超标项目为总磷。

吉黑省界缓冲区 6 个，达标 3 个，达标比例为 50.0%。评价河长 338.5km，达标河长 63.0km，河长达标比例为 18.6%。不达标缓冲区为西流松花江吉黑缓冲区，河长 13.0km，超标项目为总磷；拉林河吉黑缓冲区 2，河长 246.5km，超标项目为氨氮、总磷；卡岔河吉黑缓冲区，河长 16.0km，水质污染严重（达劣Ⅴ类水平），超标项目为氨氮、总磷、五日生化需氧量。

辽吉省界缓冲区 1 个（辉发河辽吉缓冲区），河长 10.1km，水质不达标，超标项目为总磷。

其他参评缓冲区 3 个，河长 81.1km，水质全部达标。

保留区：参评 1 个（鄂伦春自治旗甘河镇、莫力达瓦达斡尔族自治旗保留区），河长 170.3km，水质不达标，超标项目为高锰酸盐指数。

自然保护区：参评 1 个（霍林河科尔沁国家级自然保护区），河长 50.0km，水质达标。

2. *汛期水质状况*

参评重要水功能区 30 个，达标 21 个，达标比例为 70.0%。评价河长 1659.9km，达标河长 1095.1km，河长达标比例为 66.0%。

缓冲区：参评28个，达标20个，达标比例为71.4%。评价河长1439.6km，达标河长1045.1km，河长达标比例为72.6%。

其中，省（自治区）界缓冲区参评25个，达标17个，达标比例为68.0%。评价河长1358.5km，达标河长964.0km，河长达标比例为71.0%。具体评价结果如下。

黑蒙省（自治区）界缓冲区6个，达标4个，达标比例为66.7%。评价河长370.2km，达标河长149.0km，河长达标比例为40.2%。不达标缓冲区为嫩江黑蒙缓冲区1，河长164.7km，超标项目为高锰酸盐指数；嫩江黑蒙缓冲区2，河长56.5km，超标项目为高锰酸盐指数。

蒙黑省（自治区）界缓冲区6个，达标2个，达标比例为33.3%。评价河长190.3km，达标河长43.1km，河长达标比例为22.6%。不达标缓冲区为诺敏河蒙黑缓冲区，河长84.7km，超标项目为总磷、高锰酸盐指数；阿伦河蒙黑缓冲区，河长20.1km，水质污染严重（达劣V类水平），超标项目为总磷、五日生化需氧量；音河蒙黑缓冲区，河长11.5km，水质污染严重（达劣V类水平），超标项目为总磷；雅鲁河蒙黑缓冲区，河长30.9km，水质污染较严重（达V类水平），超标项目为总磷。

蒙吉省（自治区）界缓冲区3个，全部达标，达标河长43.0km。

黑吉省界缓冲区3个，全部达标，达标河长406.4km。

吉黑省界缓冲区6个，达标5个，达标比例为83.3%。评价河长338.5km，达标河长322.5km，河长达标比例为95.3%。不达标缓冲区为卡岔河吉黑缓冲区，河长16.0km，水质污染严重（达劣V类水平），超标项目为氨氮、总磷、五日生化需氧量。

辽吉省界缓冲区1个（辉发河辽吉缓冲区），河长10.1km，水质不达标，超标项目为总磷。

其他参评缓冲区3个，河长81.1km，水质全部达标。

保留区：参评1个（鄂伦春自治旗甘河镇、莫力达瓦达斡尔族自治旗保留区），河长170.3km，水质不达标，超标项目为高锰酸盐指数、总磷。

自然保护区：参评1个（霍林河科尔沁国家级自然保护区），河长50.0km，水质达标。

3. 非汛期水质状况

参评重要水功能区30个，达标22个，达标比例为73.3%。评价河长1659.9km，达标河长817.6km，河长达标比例为49.3%。

缓冲区：参评28个，达标20个，达标比例为71.4%。评价河长1439.6km，达标河长597.3km，河长达标比例为41.5%。

其中，参评的25个省（自治区）界缓冲区，达标17个，达标比例为68.0%。评价河长1358.5km，达标河长516.2km，河长达标比例为38.0%。具体评价结果如下。

黑蒙省（自治区）界缓冲区 6 个，达标 4 个，达标比例为 66.7%。评价河长 370.2km，达标河长 149.0km，河长达标比例为 40.2%。不达标缓冲区为嫩江黑蒙缓冲区 1，河长 164.7km，超标项目为高锰酸盐指数；嫩江黑蒙缓冲区 2，河长 56.5km，超标项目为高锰酸盐指数。

蒙黑省（自治区）界缓冲区 6 个，达标 5 个，达标比例为 83.3%。评价河长 190.3km，达标河长 105.6km，河长达标比例为 55.5%。诺敏河蒙黑缓冲区不达标，河长 84.7km，超标项目为高锰酸盐指数。

蒙吉省（自治区）界缓冲区 3 个，全部达标，达标河长 43.0km。

黑吉省界缓冲区 3 个，达标 2 个，达标比例为 66.7%。评价河长 406.4km，达标河长 155.6km，河长达标比例为 38.3%。不达标缓冲区为嫩江黑吉缓冲区，河长 250.8km，超标项目为总磷。

吉黑省界缓冲区 6 个，达标 3 个，达标比例为 50.0%。评价河长 338.5km，达标河长 63.0km，河长达标比例为 18.6%。不达标缓冲区为西流松花江吉黑缓冲区，河长 13.0km，超标项目为总磷；拉林河吉黑缓冲区 2，河长 246.5km，超标项目为氨氮、总磷；卡岔河吉黑缓冲区，河长 16.0km，水质污染严重（达劣Ⅴ类水平），超标项目为氨氮、总磷、五日生化需氧量。

辽吉省界缓冲区 1 个（辉发河辽吉缓冲区），河长 10.1km，水质不达标，超标项目为总磷。

其他参评缓冲区 3 个，河长 81.1km，水质全部达标。

保留区：参评 1 个（鄂伦春自治旗甘河镇、莫力达瓦达斡尔族自治旗保留区），河长 170.3km，水质达标。

自然保护区：参评 1 个（霍林河科尔沁国家级自然保护区），河长 50.0km，水质达标。

2.2.3 辽河流域重要水功能区水质状况

1. 全年水质状况

辽河流域参评重要水功能区 24 个，达标 9 个，达标比例为 37.5%。评价河长 714.0km，达标河长 285.0km，河长达标比例为 39.9%。

2018 年，对辽河区的河流水质状况进行了全年、汛期和非汛期评价，水质总体为中。全年评价河长 714.0km，Ⅰ～Ⅲ类水河长占 41.3%，Ⅳ～Ⅴ类水河长占 43.7%，劣Ⅴ类水河长占 15.0%，按符合或优于Ⅲ类水河长占比情况比较，东辽河水质优于西辽河和东北沿黄渤海诸河，大辽河和辽河干流水质较差。汛期评价河长 714.0km，Ⅰ～Ⅲ类水河长占 41.3%，Ⅳ～Ⅴ类水河长占 54.6%，劣Ⅴ类水河长占 4.1%，按符合或优于Ⅲ类水河长占比情况比较，东辽河水质优于西辽河和东北沿黄渤海诸河，大辽河和辽河干流水质较差。非汛期评价河长714.0km，Ⅰ～Ⅲ类水河长占41.3%，Ⅳ～Ⅴ类水河长占43.7%，劣Ⅴ类水河长占15.0%，按符合或优于Ⅲ类水河长占比情况比较，东辽河水质优于西辽河和东北沿黄渤海诸河，大辽河和辽河干流水质较差。

缓冲区：参评21个，达标9个，达标比例为42.9%。评价河长545.0km，达标河长253.0km，达标比例46.4%。其中，省（自治区）界缓冲区14个，达标6个，达标比例为42.9%。评价河长469.0km，达标河长253.0km，河长达标比例为53.9%。具体评价结果如下。

蒙吉省（自治区）界缓冲区1个（新开河蒙吉缓冲区），河长25.0km，水质不达标。超标项目为化学需氧量、五日生化需氧量。

冀蒙省（自治区）界缓冲区2个，达标1个，达标比例为50%。评价河长21.0km，达标河长9.0km，河长达标比例为42.9%。不达标缓冲区为阴河冀蒙缓冲区，河长12.0km，超标项目为高锰酸盐指数、化学需氧量。

辽蒙省（自治区）界缓冲区2个，全部达标。评价河长123.0km。

吉蒙省（自治区）界缓冲区1个（西辽河吉蒙缓冲区），河长20.0km，水质不达标。超标项目为高锰酸盐指数、化学需氧量、五日生化需氧量。

蒙辽省（自治区）界缓冲区5个，达标2个，达标比例为40%。评价河长141.0km，达标河长34.0km，河长达标比例为24.1%。不达标缓冲区为：①秀水河蒙辽缓冲区，河长15.0km，超标项目为总磷、高锰酸盐指数、pH；②养畜牧河蒙辽缓冲区，河长14.0km，超标项目为总磷、镉；③新开河蒙辽缓冲区，河长78.0km，超标项目为总磷、高锰酸盐指数。

吉辽、蒙辽缓冲区1个（东辽河吉辽、蒙辽缓冲区），水质达标，河长87.0km。

吉辽缓冲区2个，水质均不达标，超标河长52.0km。不达标缓冲区为：①招苏台河吉辽缓冲区，河长27.0km，超标项目为总磷、氨氮；②条子河吉辽缓冲区，河长25.0km，超标项目为氨氮、总磷、化学需氧量、高锰酸盐指数、五日生化需氧量。

其他缓冲区7个，达标3个，达标比例为42.9%。评价河长76.0km，达标河长32.0km，河长达标比例为42.1%。不达标缓冲区为：①大辽河营口缓冲区，河长6.0km，超标项目为总磷、氨氮、氟化物；②大清河盖州缓冲区，河长4.0km，超标项目为总磷、氨氮、化学需氧量；③大凌河凌海缓冲区，河长24.0km，超标项目为高锰酸盐指数、化学需氧量、五日生化需氧量；④六股河绥中缓冲区，河长10.0km，超标项目为总磷、氨氮。

自然保护区：参评1个（双台子河河口保护区），河长11.0km，水质不达标，超标项目为化学需氧量、高锰酸盐指数、五日生化需氧量。

饮用、农业用水区：参评1个（辽河福德店饮用、农业用水区），河长138.0km，水质不达标，超标项目为氨氮、总磷。

渔业用水区：参评1个（小凌河南岗子渔业用水区），河长11.0km，水质不达标，超标项目为高锰酸盐指数、化学需氧量、五日生化需氧量。

2. 汛期水质状况

参评重要水功能区24个，达标9个，达标比例为37.5%。评价河长714.0km，达标河长285.0km，河长达标比例为39.9%。

缓冲区：参评21个，达标9个，达标比例为42.9%。评价河长545.0km，达标河长253.0km，达标比例为46.4%。其中，省（自治区）界缓冲区14个，达标6个，达标比例为42.9%。评价河长469.0km，达标河长253.0km，河长达标比例为53.9%。具体评价结果如下。

蒙吉省（自治区）界缓冲区1个（新开河蒙吉缓冲区），水质不达标，超标项目为化学需氧量、五日生化需氧量。

冀蒙省（自治区）界缓冲区2个，达标1个，达标比例为50%。评价河长21.0km，达标河长9.0km，河长达标比例为42.9%。不达标缓冲区为阴河冀蒙缓冲区，超标项目为高锰酸盐指数、化学需氧量。

辽蒙省（自治区）界缓冲区2个，水质全部达标，达标河长为123.0km。

吉蒙省（自治区）界缓冲区1个（西辽河吉蒙缓冲区），水质不达标。超标项目为高锰酸盐指数、化学需氧量、五日生化需氧量。

蒙辽省（自治区）界缓冲区5个，达标2个，达标比例为40%。评价河长141.0km，达标河长34.0km，河长达标比例为24.1%。不达标缓冲区为：①秀水河蒙辽缓冲区，河长15.0km，超标项目为总磷、pH；②养畜牧河蒙辽缓冲区，河长14.0km，超标项目为总磷、镉；③新开河蒙辽缓冲区，河长78.0km，超标项目为总磷。

吉辽蒙缓冲区1个，河长87.0km，水质达标。

吉辽省界缓冲区2个，河长52.0km，水质均不达标。不达标缓冲区为：①招苏台河吉辽缓冲区，超标项目为氨氮；②条子河吉辽缓冲区，超标项目为氨氮、总磷、五日生化需氧量。

其他缓冲区7个，达标3个，达标比例为42.9%。评价河长76.0km，达标河长32.0km，河长达标比例为42.1%。不达标缓冲区为：①大辽河营口缓冲区，河长6.0km，超标项目为总磷；②大清河盖州缓冲区，河长4.0km，超标项目为总磷、氨氮、化学需氧量；③大凌河凌海缓冲区，河长24.0km，超标项目为高锰酸盐指数、化学需氧量、五日生化需氧量；④六股河绥中缓冲区，河长10.0km，超标项目为氨氮、总磷。

自然保护区：参评双台子河河口保护区。水质不达标，超标项目为化学需氧量、高锰酸盐指数、五日生化需氧量。

饮用、农业用水区：参评辽河福德店饮用、农业用水区。水质不达标，超标项目为氨氮。

渔业用水区：参评小凌河南岗子渔业用水区。水质不达标，超标项目为高锰酸盐指数、化学需氧量。

3. 非汛期水质状况

参评重要水功能区24个，达标9个，达标比例为37.5%，评价河长714.0km，达标河长285.0km，河长达标比例为39.9%。

缓冲区：参评21个，达标9个，达标比例为42.9%。评价河长545.0km，达标河长253.0km，达标比例46.4%。其中，参评的省（自治区）界缓冲区14个，达标6个，达标比例为42.9%。评价河长469.0km，达标河长253.0km，河长达标比例为53.9%。具体评价结果如下。

蒙吉省（自治区）界缓冲区1个（新开河蒙吉缓冲区），水质不达标。超标项目为化学需氧量、五日生化需氧量等。

冀蒙省（自治区）界缓冲区2个，达标1个，达标比例为50%。评价河长21.0km，达标河长9.0km，河长达标比例为42.9%。不达标缓冲区为阴河冀蒙缓冲区，超标项目为高锰酸盐指数、化学需氧量。

辽蒙省（自治区）界缓冲区2个，水质全部达标，达标河长为123.0km。

吉蒙省（自治区）界缓冲区1个（西辽河吉蒙缓冲区），河长20.0km，水质不达标。超标项目为高锰酸盐指数、化学需氧量、五日生化需氧量。

蒙辽省（自治区）界缓冲区5个，达标2个，达标比例为40%。评价河长141.0km，达标河长34.0km，河长达标比例为24.1%。不达标缓冲区为：①秀水河蒙辽缓冲区，河长15.0km，超标项目为总磷、高锰酸盐指数；②养畜牧河蒙辽缓冲区，河长14.0km，超标项目为总磷；③新开河蒙辽缓冲区，河长78.0km，超标项目为总磷、高锰酸盐指数。

吉辽蒙缓冲区1个，河长87.0km，水质达标。

吉辽缓冲区2个，河长52.0km，水质均不达标。不达标缓冲区为：①招苏台河吉辽缓冲区，超标项目为总磷、氨氮；②条子河吉辽缓冲区，超标项目为氨氮、总磷、化学需氧量。

其他缓冲区7个，达标3个，达标比例为42.9%。评价河长76.0km，达标河长32.0km，河长达标比例为42.1%。不达标缓冲区为：①大辽河营口缓冲区，河长6.0km，超标项目为总磷、氨氮、氟化物；②大清河盖州缓冲区，河长4.0km，超标项目为总磷、氨氮、化学需氧量；③大凌河凌海缓冲区，河长24.0km，超标项目为高锰酸盐指数、化学需氧量；④六股河绥中缓冲区，河长10.0km，超标项目为氨氮、总磷。

自然保护区：双台子河河口保护区。水质不达标，超标项目为总磷、氨氮、氟化物。

饮用、农业用水区：辽河福德店饮用、农业用水区。水质不达标，超标项目为氨氮、总磷。

渔业用水区：小凌河南岗子渔业用水区。水质不达标，超标项目为高锰酸盐指数、化学需氧量、五日生化需氧量。

2.2.4　各省（自治区）水功能区断面水质达标状况

1. 全年水质达标状况

黑龙江省：参评断面 40 个，达标 18 个，达标比例为 45.0%。
吉林省：参评断面 33 个，达标 16 个，达标比例为 48.5%。
辽宁省：参评断面 23 个，达标 10 个，达标比例为 43.5%。
内蒙古自治区：参评断面 50 个，达标 28 个，达标比例为 56.0%。
河北省：参评断面 3 个，达标 1 个，达标比例为 33.3%。详见图 2-1。

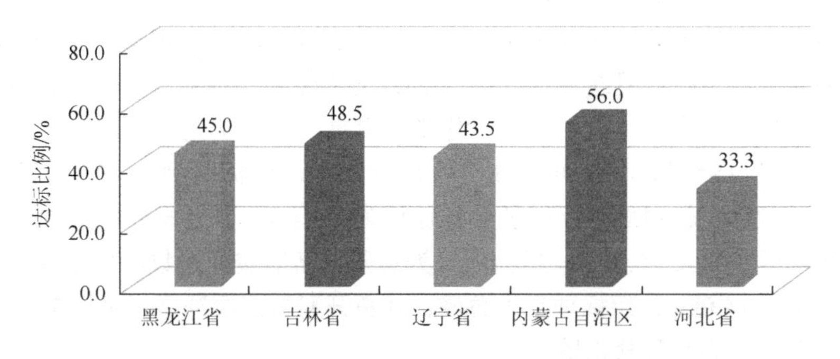

图 2-1　各省（自治区）水功能区断面全年水质达标对比图

2. 汛期水质达标状况

黑龙江省：参评断面 40 个，达标 25 个，达标比例为 62.5%。
吉林省：参评断面 33 个，达标 25 个，达标比例为 75.8%。
辽宁省：参评断面 23 个，达标 10 个，达标比例为 43.5%。
内蒙古自治区：参评断面 50 个，达标 26 个，达标比例为 52.0%。
河北省：参评断面 3 个，达标 1 个，达标比例为 33.3%。详见图 2-2。

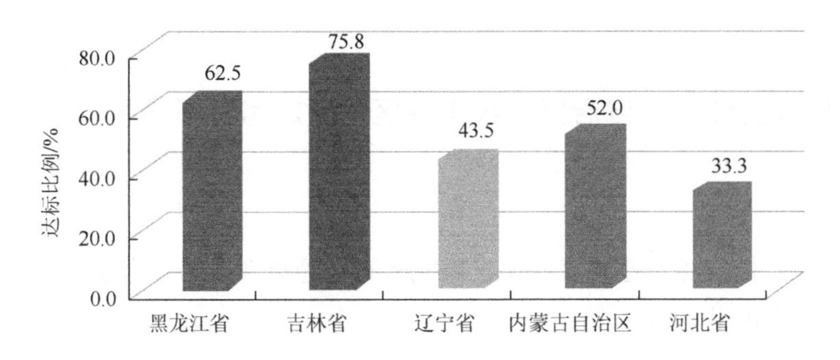

图 2-2　各省（自治区）水功能区断面汛期水质达标对比图

3. 非汛期水质达标状况

黑龙江省：参评断面 40 个，达标 21 个，达标比例为 52.5%。
吉林省：参评断面 33 个，达标 16 个，达标比例为 48.5%。
辽宁省：参评断面 23 个，达标 10 个，达标比例为 43.5%。
内蒙古自治区：参评断面 50 个，达标 32 个，达标比例为 64.0%。
河北省：参评断面 3 个，达标 1 个，达标比例为 33.3%。详见图 2-3。

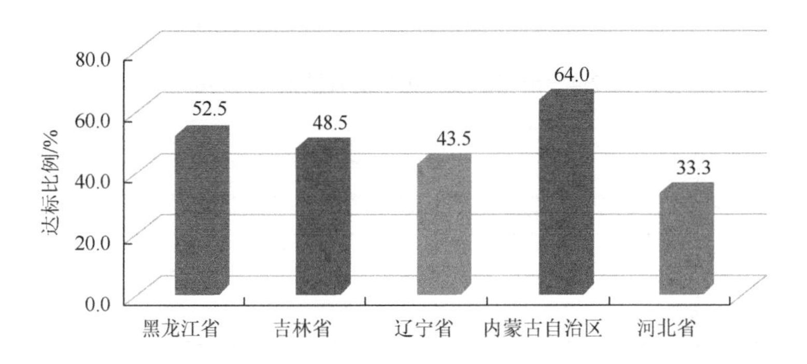

图 2-3　各省（自治区）水功能区断面非汛期水质达标对比图

2.3　水质趋势分析

2.3.1　分析范围

在评价范围内选取松辽流域 2016～2018 年数据，通过统计、分析、遴选出断面水质数据，分别以化学需氧量、氨氮开展单项目指标的肯德尔趋势检验分析。

2.3.2　松辽流域省（自治区）界缓冲区水质趋势分析结果

1. 化学需氧量

经检验，松花江、辽河流域化学需氧量有正趋势（数据有增长趋势）的断面分别见图 2-4 和图 2-5。

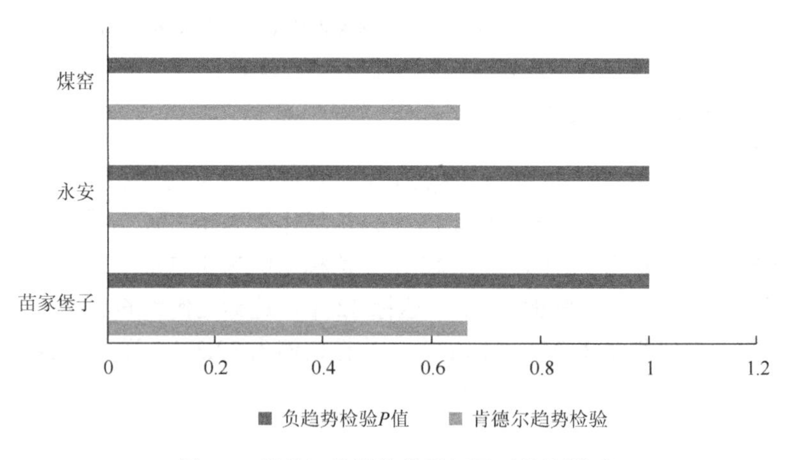

图 2-4　松花江流域化学需氧量正趋势断面

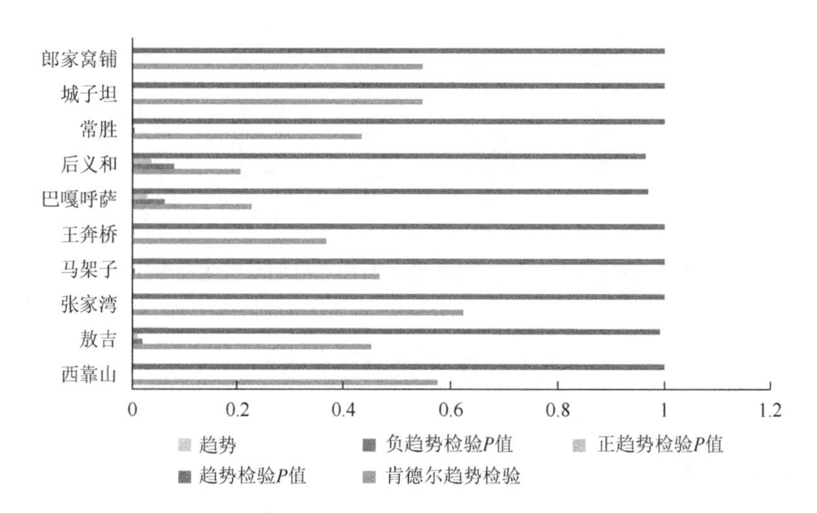

图 2-5　辽河流域化学需氧量正趋势断面（请扫封底二维码查看彩图）

经检验，松花江、辽河流域化学需氧量有负趋势（数据有下降趋势）的断面分别见图 2-6 和图 2-7。

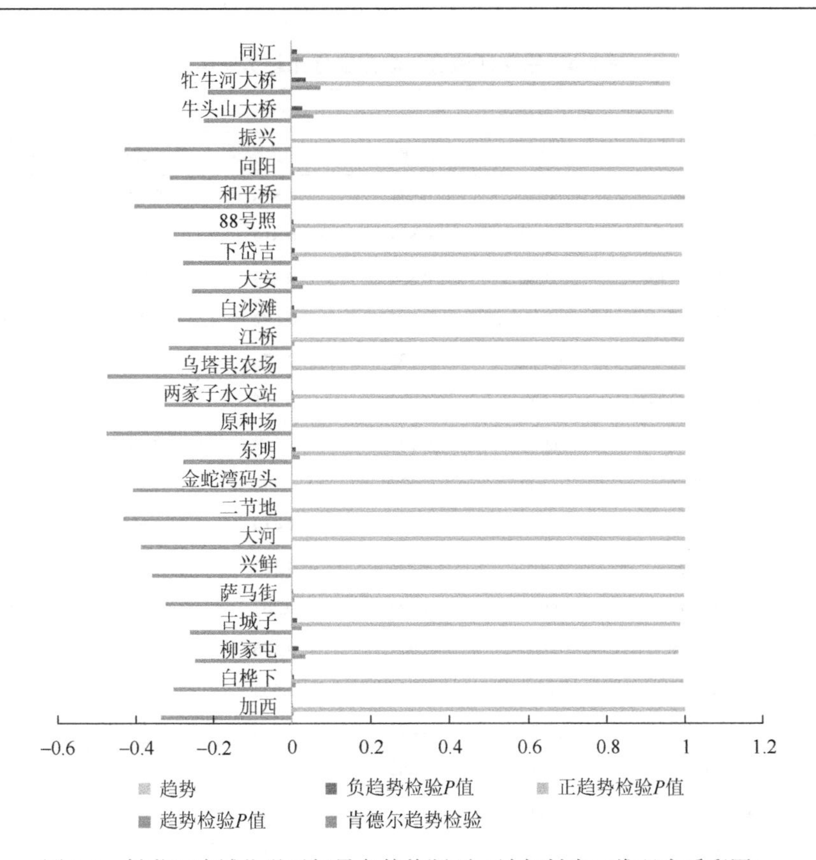

图 2-6　松花江流域化学需氧量负趋势断面（请扫封底二维码查看彩图）

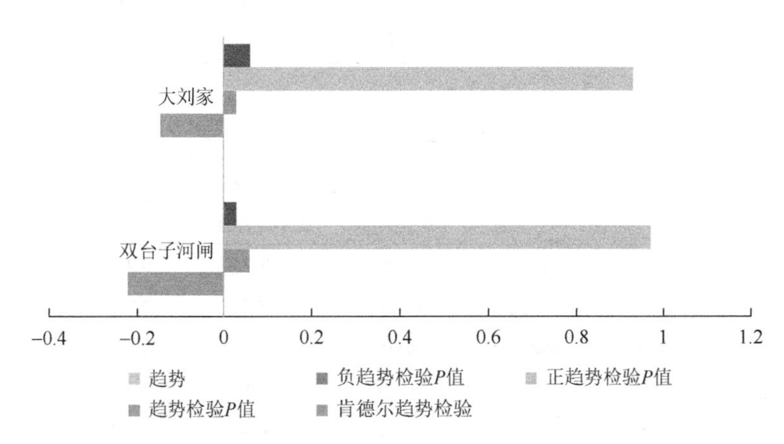

图 2-7　辽河流域化学需氧量负趋势断面（请扫封底二维码查看彩图）

经检验，松花江、辽河流域化学需氧量无趋势断面见表 2-4 和表 2-5。

表 2-4 松花江流域化学需氧量无趋势断面

序号	断面名称	肯德尔趋势检验	P 值			趋势
			趋势检验	正趋势检验	负趋势检验	
1	石灰窑	0.010	0.941	0.578	0.422	无
2	嫩江浮桥	−0.040	0.582	0.419	0.581	无
3	尼尔基大桥	0.024	0.830	0.239	0.761	无
4	小莫丁	0.046	0.727	0.682	0.318	无
5	繁荣新村	0.070	0.790	0.376	0.624	无
6	鄂温克族自治旗	−0.120	0.328	0.701	0.299	无
7	新发	−0.055	0.521	0.639	0.361	无
8	莫呼渡口	−0.109	0.524	0.702	0.298	无
9	浩特营子	0.038	0.682	0.410	0.590	无
10	林海	0.043	0.571	0.385	0.615	无
11	塔虎城渡口	−0.022	0.572	0.202	0.798	无
12	马克图	0.043	0.913	0.556	0.444	无
13	龙头堡	0.072	0.607	0.403	0.597	无
14	松林	−0.033	0.485	0.660	0.340	无
15	肖家船口	−0.038	0.804	0.799	0.201	无
16	蔡家沟	−0.074	0.512	0.764	0.236	无
17	板子房	0.091	0.487	0.299	0.701	无
18	龙家亮子	−0.053	0.652	0.583	0.417	无
19	牡丹江 1 号桥	0.183	0.319	0.840	0.160	无

表 2-5 辽河流域化学需氧量无趋势断面

序号	断面名称	肯德尔趋势检验	P 值			趋势
			趋势检验	正趋势检验	负趋势检验	
1	牛家窑	0.121	0.129	0.063	0.937	无
2	大北海	−0.134	0.151	0.925	0.075	无
3	二道河子	0.053	0.535	0.265	0.735	无
4	四双大桥	0.071	0.819	0.408	0.592	无
5	福德店东	0.043	0.992	0.494	0.506	无
6	福德店	0.131	0.143	0.655	−654	无
7	两家子	0.166	0.117	0.455	0.545	无
8	三家子	0.059	0.664	0.328	0.672	无
9	辽河公园	0.125	0.395	0.599	0.401	无

续表

序号	断面名称	肯德尔趋势检验	P 值			趋势
			趋势检验	正趋势检验	负趋势检验	
10	小孤山	–0.164	0.333	0.643	0.357	无
11	盖州	0.156	0.176	0.290	0.710	无
12	西树林	–0.081	0.598	0.730	0.270	无
13	新营子	–0.067	0.624	0.621	0.379	无
14	西八千	–0.115	0.385	0.800	0.200	无
15	绥中	–0.041	0.628	0.668	0.332	无

2016～2018 年，松辽流域中化学需氧量有正趋势、负趋势以及无趋势变化。有 13 个断面呈现正趋势变化，其中，松花江流域有 3 个断面、辽河流域有 10 个断面呈现正趋势变化；有 26 个断面呈现负趋势变化，其中，松花江流域有 24 个断面、辽河流域有两个断面呈现负趋势变化；有 34 个断面无趋势变化，其中，松花江流域有 19 个断面、辽河流域有 15 个断面无趋势变化。

2. 氨氮

经检验，2016～2018 年松辽流域中氨氮有正趋势的断面分别见图 2-8 和图 2-9。

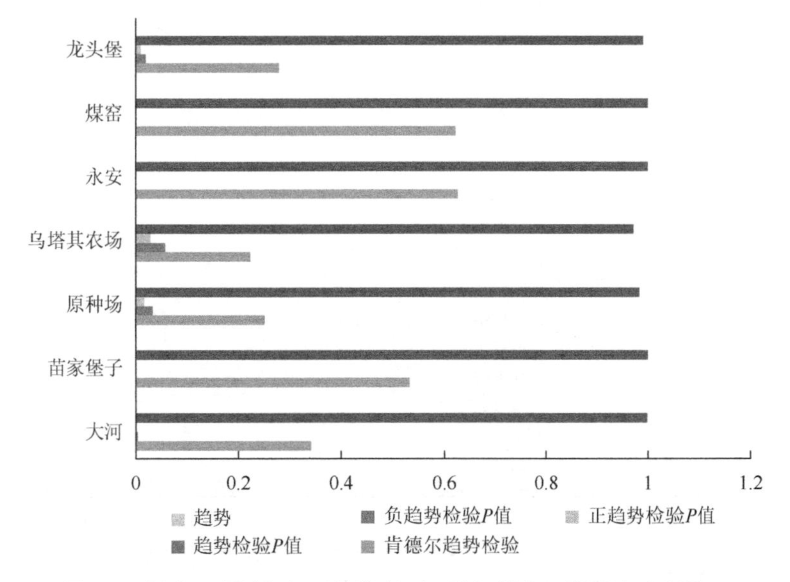

图 2-8　松花江流域氨氮正趋势断面（请扫封底二维码查看彩图）

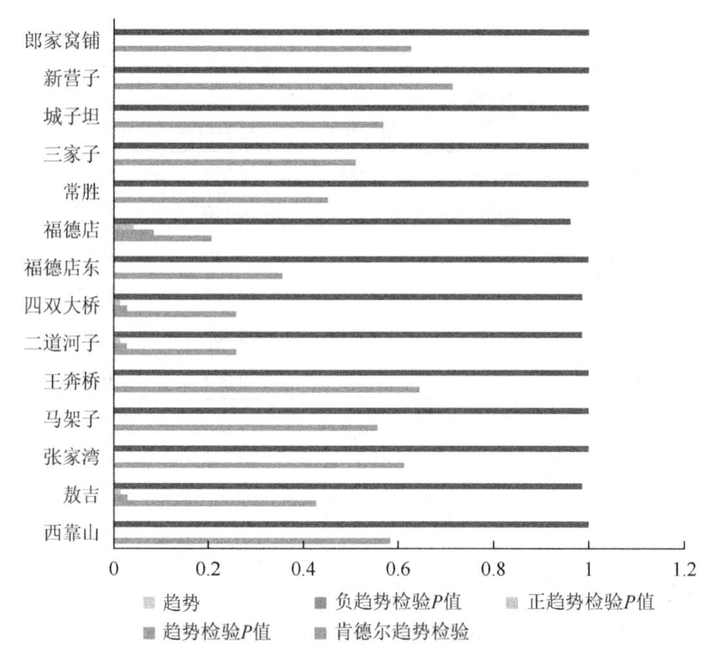

图 2-9　辽河流域氨氮正趋势断面（请扫封底二维码查看彩图）

经检验，2016～2018 年松辽流域中氨氮有负趋势的断面见图 2-10 和图 2-11。

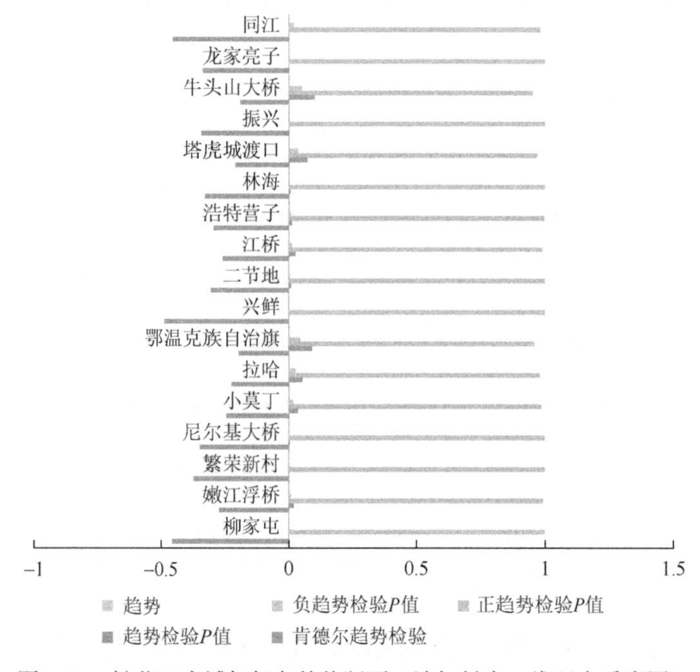

图 2-10　松花江流域氨氮负趋势断面（请扫封底二维码查看彩图）

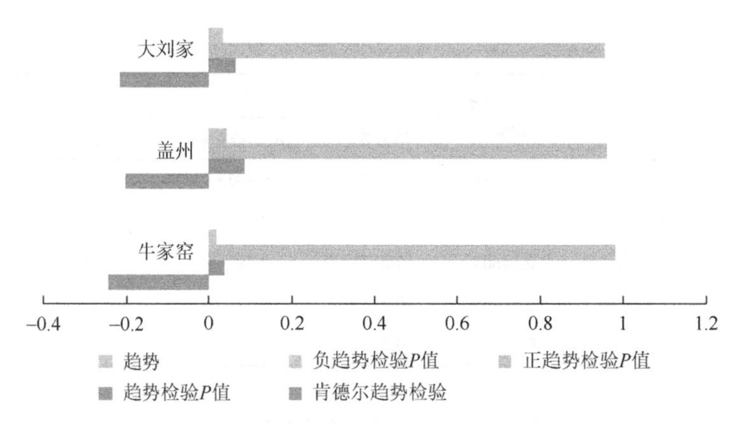

图 2-11　辽河流域氨氮负趋势断面（请扫封底二维码查看彩图）

经 *P* 值检验，2016～2018 年松辽流域中氨氮无趋势变化的断面分别见表 2-6 和表 2-7。

表 2-6　松花江流域氨氮无趋势断面

序号	断面名称	肯德尔趋势检验	*P* 值			趋势
			趋势检验	正趋势检验	负趋势检验	
1	加西	−0.15975	0.17274	0.91363	0.08637	无
2	白桦下	−0.09721	0.40580	0.79710	0.20290	无
3	石灰窑	0.17572	0.13374	0.06687	0.93313	无
4	古城子	−0.14456	0.21512	0.89244	0.10756	无
5	萨马街	0.03018	0.79577	0.39789	0.60211	无
6	新发	−0.01827	0.88382	0.55809	0.44191	无
7	金蛇湾码头	−0.15409	0.18638	0.90681	0.09319	无
8	东明	−0.12605	0.29598	0.85848	0.14799	无
9	两家子水文站	0.14456	0.21512	0.10756	0.89244	无
10	莫呼渡口	0.00000	0.98922	0.50539	0.50539	无
11	白沙滩	−0.14308	0.22016	0.88992	0.11008	无
12	大安	−0.03810	0.75593	0.63227	0.37797	无
13	马克图	0.00000	1.00000	0.50000	0.50000	无
14	松林	−0.01430	0.90242	0.54879	0.45121	无
15	下岱吉	−0.07784	0.50446	0.74777	0.25223	无
16	88 号照	−0.16216	0.16465	0.91767	0.08233	无
17	肖家船口	−0.13036	0.27906	0.86047	0.13953	无
18	和平桥	−0.15727	0.17747	0.91127	0.08873	无

续表

序号	断面名称	肯德尔趋势检验	P 值			趋势
			趋势检验	正趋势检验	负趋势检验	
19	向阳	−0.11783	0.31327	0.84336	0.15664	无
20	蔡家沟	0.03654	0.75405	0.37702	0.62298	无
21	板子房	−0.14603	0.21712	0.89645	0.10856	无
22	牤牛河大桥	−0.05405	0.64322	0.67839	0.32161	无
23	牡丹江 1 号桥	−0.10051	0.39619	0.80190	0.19810	无

表 2-7　辽河流域氨氮无趋势断面

序号	断面名称	肯德尔趋势检验	P 值			趋势
			趋势检验	正趋势检验	负趋势检验	
1	大北海	0.14625	0.23264	0.11632	0.88368	无
2	巴嘎呼萨	0.10893	0.36574	0.18287	0.81713	无
3	两家子	−0.01270	0.92465	0.54839	0.46232	无
4	后义和	−0.02857	0.81831	0.60131	0.40916	无
5	双台子河闸	−0.07949	0.49576	0.75212	0.24788	无
6	辽河公园	0.13604	0.27665	0.13832	0.86168	无
7	小孤山	−0.05397	0.65554	0.68195	0.32777	无
8	西树林	0.03971	0.73344	0.36672	0.63328	无
9	西八千	0.08519	0.49532	0.24766	0.75234	无
10	绥中	−0.11111	0.35015	0.83185	0.17507	无

综上，松辽流域中氨氮有正趋势、负趋势以及无趋势变化。有 21 个断面呈现正趋势变化，其中，松花江流域有 7 个断面、辽河流域有 14 个断面呈现正趋势变化；有 20 个断面呈现负趋势变化，其中，松花江流域有 17 个断面、辽河流域有 3 个断面呈现负趋势变化；有 33 个断面无趋势变化，其中，松花江流域有 23 个断面、辽河流域有 10 个断面无趋势变化。

2.4　本章小结

（1）通过肯德尔趋势检验法检验可知，评价范围内的化学需氧量、氨氮有明显上升或下降趋势的断面占比较小；绝大部分断面的化学需氧量、氨氮无趋势变化。

（2）关于化学需氧量的趋势分析，17.6%的断面呈现正趋势变化，有 13 个断面呈现正趋势变化，其中，松花江流域有 3 个断面、辽河流域有 10 个断面呈现正趋势变化。35.1%的断面呈现负趋势变化，有 26 个断面呈现负趋势变化，其中，松花江流域有 24 个断面、辽河流域有两个断面呈现负趋势变化。46.6%的断面无明显上升或下降趋势，呈现无趋势变化，有 34 个断面无趋势变化，其中，松花江流域有 19 个断面、辽河流域有 15 个断面无趋势变化。

（3）关于氨氮的趋势分析，28.4%的断面呈现正趋势变化，有 21 个断面呈现正趋势变化，其中，松花江流域有 7 个断面、辽河流域有 14 个断面呈现正趋势变化。27%的断面呈现负趋势变化，有 20 个断面呈现负趋势变化，其中，松花江流域有 17 个断面、辽河流域有 3 个断面呈现负趋势变化。44.6%的断面无明显上升或下降趋势，呈现无趋势变化，有 33 个断面无趋势变化，其中，松花江流域有 23 个断面、辽河流域有 10 个断面无趋势变化。

（4）松花江流域的监测指标均呈现大部分下降、小部分上升趋势，松花江流域水质趋于改善；而辽河流域监测指标均呈现大部分上升、小部分下降趋势，辽河流域水质趋于恶化。

第 3 章　松花江流域重要断面冰封期水环境评价

松花江流域内跨省（自治区）河流众多，冰封期最长，但是有关松花江流域省（自治区）界缓冲区冰封期的水质特征与浮游生物群落分布的研究还很匮乏（左其亭，2019）。本章以松花江流域涉及黑龙江省的省界缓冲区为研究对象，分析了研究水域冰封期内的水质理化特征，为松花江流域省（自治区）界缓冲区水环境特征研究提供了理论支撑。

3.1　监测断面的单因子评价水质类别统计

取 2017～2019 年各断面每年 1～3 月的 21 项常规水质指标（水温、总氮、粪大肠杆菌除外）的平均监测值进行单因子评价，得到 2017～2019 年冰封期的水质类别。水质类别统计结果见图 3-1 和图 3-2。

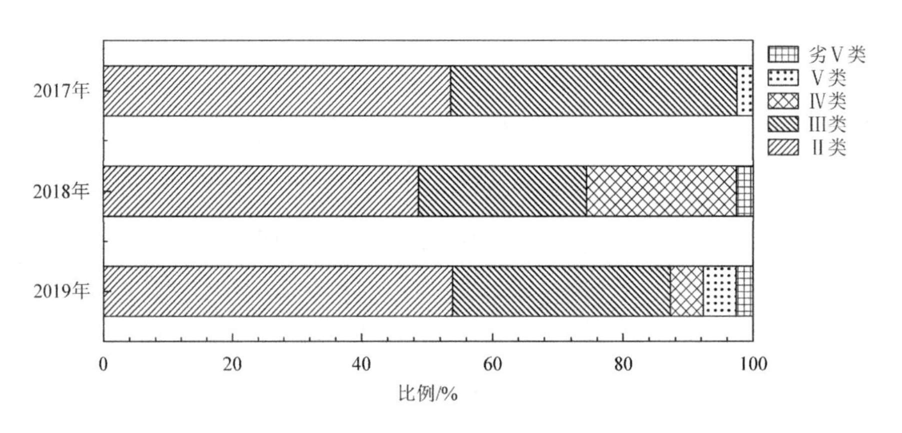

图 3-1　松花江流域黑龙江省的省界缓冲区断面水质类别统计图

根据我国水环境功能区划的规定，本次研究河流监测断面的水质要求均为Ⅲ类水体，断面水质的单因子评价结果超过Ⅲ类即视为水质超标。根据图 3-1 可知，2017 年的冰封期 1～3 月，达到或优于Ⅲ类水体的监测断面有 40 个，占黑龙江省的省界缓冲区监测断面的 97.56%，其中，达到Ⅱ类水的监测断面有 22 个，占断面总数的 53.66%；仅有龙家亮子一个断面为Ⅴ类水体。2018 年的冰封期 1～

3 月，达标的监测断面有 29 个，占参评断面总数的 74.36%，除此之外的 25.64% 的断面中包括 9 个Ⅳ类水断面与 1 个劣Ⅴ类水断面。这 9 个Ⅳ类水断面分别是：小莫丁、拉哈、鄂温克族自治旗、塔虎城渡口、下岱吉、88 号照、振兴、牛头山大桥和板子房，1 个劣Ⅴ类水断面是龙家亮子。2019 年的冰封期 1～3 月，参评断面中达到或优于Ⅲ类水的监测断面共有 34 个，断面达标比例为 87.18%，在未达标的监测断面中，Ⅳ类水断面有两个（松林和牛头山大桥），Ⅴ类水断面有两个（蔡家沟和龙家亮子），劣Ⅴ类水断面有 1 个（振兴）。

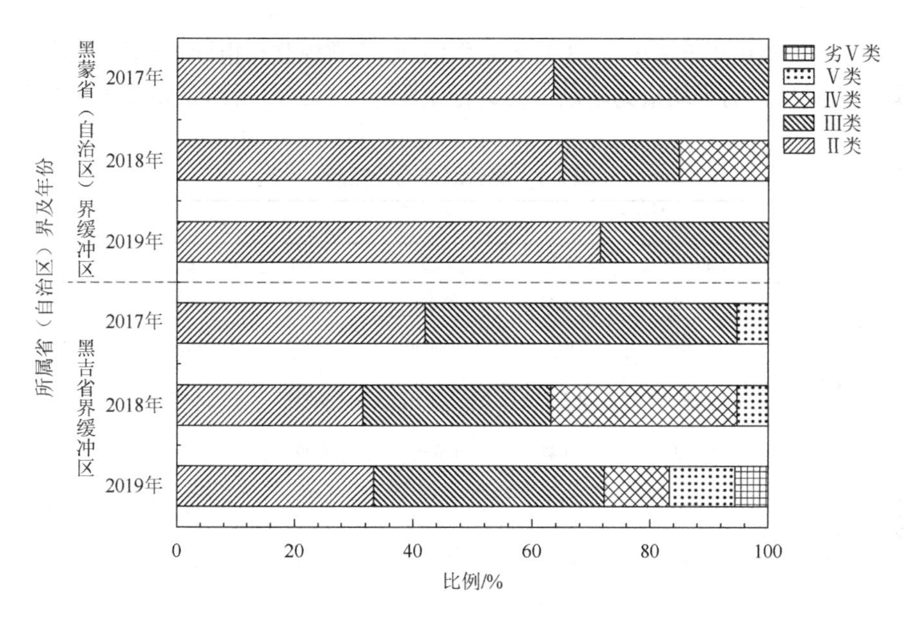

图 3-2　松花江流域黑蒙省（自治区）界、黑吉省界缓冲区水质类别对比图

根据监测断面所在省（自治区）界缓冲区的不同进行水质类别统计，可以更清晰地对比出黑蒙省（自治区）界缓冲区与黑吉省界缓冲区水质的优劣。从图 3-2 可以看出，不论黑蒙省（自治区）界缓冲区还是黑吉省界缓冲区，2018 年冰封期水质监测断面的达标比例均最低，水质均呈现出先变差又转好的趋势，而且黑蒙省（自治区）界缓冲区冰封期的水质要整体优于黑吉省界缓冲区。黑蒙省（自治区）界缓冲区在 2017～2019 年的冰封期内未出现Ⅴ类和劣Ⅴ类的水质断面，而黑吉省界缓冲区内Ⅴ类和劣Ⅴ类的断面数量随年份呈现出增加的趋势。在黑龙江省省界缓冲区监测断面的水质类别统计中，2017 年的 1 个劣Ⅴ类监测断面为黑吉省界缓冲区内的龙家亮子，2018 年的 10 个未达标水质断面中，有 7 个来自黑吉省界缓冲区，2019 年的未达标断面也均出于黑吉省界缓冲区。

3.2　主要污染物及区域污染情况

采用主成分分析法来筛选研究水域冰封期的主要污染物质，并将监测断面按污染程度进行排序，得到水质污染的空间分布特征。

3.2.1　筛选主要污染因子

以 2017～2019 年每年 1～3 月各断面的 20 项常规监测指标（水温、总氮、粪大肠杆菌除外）的平均值为基础数据进行主成分分析。分析结果如表 3-1 所示。

表 3-1　旋转后的成分矩阵

项目	成分					
	PC1	PC2	PC3	PC4	PC5	PC6
pH	0.210	−0.056	−0.060	0.045	−0.206	**0.870**
溶解氧（DO）	−0.664	0.083	−0.454	0.002	−0.077	0.459
高锰酸盐指数（COD_{Mn}）	0.189	0.092	0.154	**0.937**	0.014	0.085
化学需氧量（COD）	0.343	−0.042	0.091	**0.898**	0.094	0.085
五日生化需氧量（BOD_5）	**0.805**	0.075	0.182	0.524	−0.041	0.045
氨氮（NH_3-N）	**0.929**	−0.058	0.211	0.212	0.016	−0.076
总磷（TP）	**0.927**	−0.079	0.123	0.283	−0.047	0.031
铜	−0.086	0.146	−0.019	0.100	0.015	**0.774**
锌	0.082	0.064	0.260	0.198	**0.818**	−0.242
氟化物	0.570	−0.606	−0.209	0.106	0.221	0.248
硒	−0.207	0.075	**−0.927**	−0.169	−0.033	0.082
砷	0.328	0.021	−0.023	0.516	−0.658	0.043
汞	0.018	**0.799**	0.063	0.141	0.352	0.036
镉	0.116	**0.931**	0.174	0.056	−0.101	0.148
铅	−0.004	−0.245	−0.648	−0.020	−0.507	−0.135
氰化物	0.115	0.549	0.655	0.181	0.409	−0.117
挥发酚	**0.970**	−0.043	0.062	0.104	0.126	0.064
石油类	0.349	**−0.846**	0.266	0.077	−0.060	−0.010
阴离子表面活性剂	**0.919**	−0.063	−0.084	0.063	−0.247	0.098
硫化物	0.099	−0.679	0.672	0.106	0.095	−0.168

续表

项目	成分					
	PC1	PC2	PC3	PC4	PC5	PC6
特征值	6.917	3.881	3.049	1.630	1.308	1.066
方差百分比/%	34.587	19.404	15.243	8.152	6.540	5.330
累计贡献率/%	34.587	53.991	69.234	77.386	83.926	89.256

提取方法：主成分分析法。

旋转方法：凯撒正态化最大方差法。

旋转在 7 次迭代后已收敛。

注：加粗的数字表示其对应的水质指标在主成分中的载荷绝对值大于等于 0.7。

从表 3-1 可以看出，从输入的水质数据中共提出了 6 个主成分，它们的累计贡献率为 89.256%，因此可以用这 6 个主成分来代表 2017～2019 年冰封期所有省（自治区）界断面的水质监测数据。在每个主成分中，依据监测指标的载荷绝对值是否大于等于 0.7 来提取影响水质的主要指标，第一主成分的特征值最大，因此挑选出的也是对研究水域水质影响最大的指标，包括 NH_3-N、TP、BOD_5、挥发酚和阴离子表面活性剂；第二主成分中筛选出的主要指标有汞、镉和石油类；第三主成分中载荷绝对值大于 0.7 的指标为硒；第四主成分中被提取出来的指标为 COD_{Mn} 与 COD；第五主成分与第六主成分对研究水域的水质影响较弱，筛选出的指标分别为锌与 pH、铜。

利用主成分分析已经从 20 项水质指标中筛选出了 14 项主要指标，再结合水质监测数据，根据各指标的断面超标率进行进一步的筛选。NH_3-N、TP、BOD_5、COD_{Mn} 和 COD 这五项均存在有不同断面超标的现象，它们肯定是影响断面水质的主要指标。其中，NH_3-N、TP 这两项不仅经常有断面超标，而且超标倍数都较大，可直接影响断面的水质评价类别，本次调查中有 14.6%的断面出现过 NH_3-N 超标，有 19.5%的断面出现过 TP 超标。断面超标率更高的是 BOD_5、COD_{Mn} 和 COD，其中 COD 的超标率最高，为 24.39%，这三项有机污染指标的监测值波动不大，超标程度也不如氮磷严重。其余的水质指标由于在个别断面的监测值与其他断面的监测值差距较大，因此也被识别成了主要污染因子。这些指标代表了某些断面所特有的污染物质，如挥发酚、阴离子表面活性剂和石油类污染物均是龙家亮子断面 2017 年 2～3 月特有的污染物；牡丹江 1 号桥冰封期内的汞含量均较高，因此汞是该断面特有的污染物。

综上所述，影响松花江流域涉及黑龙江省的省界缓冲区冰封期水质的主要理化指标是 NH_3-N、TP、BOD_5、COD_{Mn} 和 COD，与生态环境部公布的《2020 年 3 月全国地表水水质月报》中总结的水质特征相同。可以看出，冰封期内整个研究水域的主要污染物是有机物和氮磷类污染物。

3.2.2 污染情况分析

1. 三类主要污染物的污染情况

为了更直观地反映各断面受不同类别污染物污染的严重程度，以2017～2019年每年的1～3月各省（自治区）界监测断面中NH_3-N、TP、COD浓度的平均值为基础作图，得到冰封期内这三项主要污染指标在研究水域内的污染情况。

冰封期内黑吉省界缓冲区内断面的NH_3-N浓度明显高于黑蒙省（自治区）界缓冲区。黑吉省界缓冲区内所有断面三年冰封期内NH_3-N的平均浓度是0.986mg/L，是黑蒙省（自治区）界缓冲区内NH_3-N平均值的4.67倍，说明黑吉省界缓冲区受氮类污染物的污染程度明显大于黑蒙省（自治区）界缓冲区。

冰封期内黑蒙省（自治区）界缓冲区监测断面的TP浓度与黑吉省界缓冲区监测断面的TP浓度差别不大，黑吉省界缓冲区所有断面三年冰封期的TP均值为0.13mg/L，黑蒙省（自治区）界缓冲区所有断面TP浓度均值为0.07mg/L，整体来看还是黑吉省界缓冲区受到磷类污染物的污染程度更重。其中，黑蒙省（自治区）界缓冲区内繁荣新村、尼尔基大桥、小莫丁、拉哈和鄂温克族自治旗这几个相邻断面的TP浓度比其他断面高，说明该区域内由于人们生产生活外源输入的含磷污染物较多，小流域内的水质污染偏重。

冰封期内黑吉省界缓冲区断面的COD浓度均值整体要高于黑蒙省（自治区）界缓冲区，黑吉省界缓冲区内所有断面三年冰封期内COD的平均浓度是13.06mg/L，而黑蒙省（自治区）界缓冲区内COD的均值为8.06mg/L，由此可见，黑吉省界缓冲区受到的有机污染比黑蒙省（自治区）界缓冲区重。与TP的污染情况相似，黑蒙省（自治区）界缓冲区内尼尔基大桥、小莫丁、拉哈和鄂温克族自治旗这四个相邻断面的COD浓度值均明显高于其他断面，说明冰封期内该区域不仅受磷类污染物的污染较重，而且受有机污染也相对较重。

综上所述，随着断面位置的不断南移，NH_3-N、TP和COD的年均浓度大致呈现出上升的趋势，冰封期内黑吉省界缓冲区水环境中NH_3-N、TP和有机污染指标的浓度均高于黑蒙省（自治区）界缓冲区。换而言之，黑蒙省（自治区）界缓冲区的水质整体优于黑吉省界缓冲区，而且黑蒙省（自治区）界缓冲区中存在小流域内水体受磷和有机污染相对较重的情况。

2. 断面综合污染排序

以主成分分析得到的各断面公因子得分为基础，将各公因子的方差所占比例与各公因子的得分相乘，再求和，即可计算出各监测断面的综合得分。综合得分排名越靠前，说明断面水质的综合污染越严重。水质优劣排序结果见表3-2。

表 3-2　省（自治区）界缓冲区各断面公因子得分系数表

	断面名称	FAC11	FAC21	FAC31	FAC41	FAC51	FAC61	综合得分	排名
黑蒙省（自治区）界缓冲区	柳家屯	0.12252	0.44838	0.15871	−1.11210	0.18292	−0.62455	0.046625	11
	石灰窑	−0.56351	0.58380	−0.01686	0.53667	2.60618	−1.12998	0.078182	7
	嫩江浮桥	−0.36465	0.66315	0.14628	−0.49564	2.48634	−1.08844	0.099791	4
	繁荣新村	0.20448	0.31107	0.27538	−0.84652	0.01420	0.07509	0.122126	3
	尼尔基大桥	−0.37877	0.20000	−0.17499	1.08045	−0.29735	0.90038	−0.002540	17
	小莫丁	−0.37479	0.13500	−0.17750	1.06990	−0.39060	0.57729	−0.042650	27
	拉哈	−0.48019	0.20872	−0.22010	1.39815	−0.47556	0.75370	−0.040450	25
	鄂温克族自治旗	−0.51317	0.15680	−0.12703	1.39158	−0.45172	0.86031	−0.041110	26
	古城子	−0.08967	0.16068	0.18211	−1.16607	0.25940	1.45809	0.030896	12
	萨马街	−0.00636	0.30211	0.30529	−1.62682	−0.36463	0.25361	−0.044760	28
	兴鲜	−0.03934	0.15331	0.06059	−1.41960	−0.03510	1.13139	−0.036200	24
	新发	0.10753	−1.31281	−1.92295	−0.12813	0.58533	−1.77542	−0.647030	40
	大河	−0.35559	−5.30170	−1.75917	−0.41938	0.57669	−0.36737	−1.608880	41
	二节地	0.03196	0.39805	0.24202	−1.52659	−0.33281	0.08728	−0.018310	21
	金蛇湾码头	−0.14012	0.24307	0.22394	−1.25706	−0.09637	1.23680	−0.011190	19
	东明	0.02255	0.27676	0.05770	−1.49255	−0.23018	−0.04332	−0.076980	35
	苗家堡子	−0.06152	0.25788	−0.10153	−1.12418	0.49917	−0.21234	−0.063870	29
	原种场	0.11469	−0.03583	−0.21931	−1.12904	0.29102	0.95146	−0.025760	23
	两家子水文站	0.06685	0.07240	−0.17911	−1.49437	0.37436	0.56167	−0.064430	30
	乌塔其农场	0.16809	−0.05461	−0.36546	−1.10223	−0.13867	0.82191	−0.070890	32
	莫呼渡口	−0.02822	0.16863	−0.34016	0.14288	−0.63087	−0.19290	−0.077070	36
	江桥	0.09436	−0.00751	−0.31274	−0.73468	−0.33283	0.57841	−0.075420	33
黑吉省界缓冲区	白沙滩	−0.18511	0.04038	−0.18498	0.60620	−0.35810	1.13248	0.002198	16
	大安	−0.25840	0.07256	−0.14690	1.04849	0.11388	1.68324	0.095159	6
	塔虎城渡口	−0.29372	0.06360	−0.19078	0.92432	0.09471	2.33155	0.098002	5
	马克图	−0.11620	−0.07091	−0.34504	1.09281	−0.19252	0.63094	0.003981	15
	松林	0.09348	−0.39272	−0.43081	1.32045	0.65697	0.47582	0.074382	8
	下岱吉	−0.10460	−0.01255	−0.57460	1.48855	−0.20349	0.16898	−0.010300	18
	88 号照	−0.14829	0.13994	−0.46903	1.25740	−0.48170	0.04505	−0.024940	22
	肖家船口	0.00193	0.39150	−0.44112	0.60912	−0.68625	−1.54807	−0.076590	34
	和平桥	0.44937	0.48361	−0.66792	0.45185	−1.13099	−1.66588	0.024091	13
	向阳	−0.24817	0.47378	0.01284	−0.51347	−0.57628	−0.92251	−0.135160	38
	振兴	0.31016	0.58051	−0.27219	0.36019	−1.18682	−1.43679	0.060028	9

续表

断面名称		FAC11	FAC21	FAC31	FAC41	FAC51	FAC61	综合得分	排名
黑吉省界缓冲区	牛头山大桥	0.22290	0.55736	0.07763	0.27530	−1.53974	−1.34241	0.052958	10
	蔡家沟	0.04899	0.42716	−0.31954	0.08187	−1.24999	−0.66361	−0.066470	31
	板子房	0.10325	0.28535	−0.13000	0.27943	−1.15713	−0.56888	−0.013400	20
	牤牛河大桥	0.02273	0.48673	−0.10436	−0.49946	−0.71912	−1.38505	−0.084210	37
	龙家亮子	5.79822	−0.71775	1.67076	0.82385	0.80790	0.18694	2.521637	1
	牡丹江 1 号桥	−0.51969	1.52435	−0.46576	0.89594	3.64658	−0.54929	0.366689	2
	城子后	−1.00423	−0.52806	2.84391	0.61962	0.30058	−0.74626	0.015856	14
	罗家店	−1.70976	−1.83218	4.40278	0.33287	−0.23742	−0.63932	−0.334020	39

注：FAC 为公因子。

从研究水域内监测断面的污染综合排名来看，排在前 10 位的断面中有 7 个在黑吉省界缓冲区。而且冰封期内综合水质最差、污染排名第一的断面是龙家亮子，也位于黑吉省界缓冲区，这与断面的单因子评价结果相同。就两类省（自治区）界缓冲区而言，污染程度排在前 20 位的断面中，仅有 7 个来自黑蒙省（自治区）界缓冲区，占所有黑蒙省（自治区）界缓冲区监测断面的 31.82%；有 13 个来自黑吉省界缓冲区，占黑吉省界缓冲区全部断面的 68.42%。由此可见，黑蒙省（自治区）界缓冲区的综合水质确实比黑吉省界缓冲区好。

在上述省（自治区）界监测断面中，有 11 个为国家考核断面，它们分别是：繁荣新村（污染综合排名第 3 名）、小莫丁（第 27 名）、古城子（第 12 名）、兴鲜（第 24 名）、金蛇湾码头（第 19 名）、两家子水文站（第 30 名）、乌塔其农场（第 32 名）、松林（第 8 名）、板子房（第 20 名）、肖家船口（第 34 名）和牡丹江 1 号桥（第 2 名）。除繁荣新村、松林和牡丹江 1 号桥这三个断面外，其余国家考核断面的污染综合排名都比较靠后，说明国家考核断面的水质普遍较好。

3.3　污染原因分析

结合主成分分析的结果与水质监测数据的变化规律，可将松花江流域涉及黑龙江省的省界缓冲区冰封期的水体污染原因分为四类，如下。

（1）断面所在水系受到污染。

龙家亮子断面在 2017～2019 年的冰封期内水质从未达标过。其三年的 DO 浓度均低于 5mg/L，为Ⅳ类；NH_3-N 和 TP 的监测值也很高，处于Ⅳ类/Ⅴ类水平；在 2017 年与 2018 年的冰封期内，COD_{Mn}、COD 和 BOD_5 也较高，但是 2019 年这三项指标的监测值骤降，说明断面内的有机污染得到了控制。龙家亮子断面水环境污染严重与其所在的水系息息相关，该断面位于卡岔河吉林省榆树市段，该河流生态缺水严重而且水环境恶劣，因此，卡岔河内监测断面的水质评价结果普遍不好。

（2）工农业生产造成部分水域长期性水质污染。

在 2017～2019 年每年的冰封期 1～3 月内，尼尔基大桥、小莫丁、拉哈、鄂温克族自治旗这四个相邻断面的 COD_{Mn}、COD、BOD_5 和 TP 的浓度均明显高于其上下游断面，而且在 2018 年的冰封期内，小莫丁、拉哈、鄂温克族自治旗均因为 COD_{Mn} 过高而被评为了Ⅳ类水体。拉哈断面所在地人口稠密，地方工业有制糖厂、淀粉厂、砖厂等，小莫丁、鄂温克族自治旗断面所在地区农业资源丰富，这都是有机污染及氮磷类污染较重的行业。由此可见，这四个断面附近的水域会长期遭受有机物及含磷污染物的污染与断面所在地的工农业生产息息相关。

（3）可能存在突发性有机污染而造成短时间内小流域的水质污染。

在 2018 年冰封期内，下岱吉和 88 号照这两个相邻断面均因为 COD 浓度过高而被评为Ⅳ类水体，结合 2017 年、2019 年的水质数据以及上下游断面的水质变化情况来看，应该是突发的有机污染在河流中迁移造成的非持久的、有年际变化规律的污染。

（4）季节更替、河水融化带来的污染。

纵观监测断面在 2017～2019 年每年冰封期的监测数据，值得注意的是，不论哪一项水质指标，大多数监测断面的监测值都会在每年的 2 月或 3 月有明显的增高，其中，NH_3-N、TP、COD_{Mn}、COD 和 BOD_5 这五个监测指标的增幅尤为明显。

振兴和牛头山大桥断面在 2018 年的 1～2 月时氮磷的含量均达标，但是在 3 月时氮磷的含量却突然增高，2019 年也是如此，1 月的水质达标，而 2 月的氮磷含量却大幅上升，水质明显恶化；板子房在 2018 年 3 月时 NH_3-N 的含量突然超标；塔虎城渡口在 2018 年 2 月时 TP 含量升高，导致水质为Ⅳ类；2019 年 2 月松林断面的 TP 含量较 1 月增加了 260%，导致断面的水质不达标；蔡家沟断面在 2019 年 2 月时 NH_3-N 和铅的含量均明显升高，水质不达标。

这种以年为周期，受季节变化影响明显的水质数据的规律性波动可能是由于 2 月立春过后，气温和水温都逐渐升高，河流开始解冻，上游融化的河水携带大量的污染物流向下游而造成水质污染。融化的河水中往往带有大量的有机物以及氮磷污染物，给河流监测断面的 NH_3-N、TP、COD_{Mn}、COD 和 BOD_5 等监测指标带来超标风险。

从水质监测数据中还可以看出每年的 2 月或 3 月，黑蒙省（自治区）界缓冲区由于河水融化带来的污染物浓度增幅要比黑吉省界缓冲区小，这可能是由于黑蒙省（自治区）界缓冲区监测断面的纬度比黑吉省界缓冲区高，气候转暖相对滞后，河水融化速度较慢。这也可能是黑蒙省（自治区）界缓冲区冰封期（1～3 月）水质较好的原因之一。

3.4　典型监测断面水质分析

根据断面的水质情况，结合后续要进行的浮游生物群落结构分析，本章选取了地理位置间距相当、水质优劣兼顾的 7 个典型监测断面，分别进行流域内主要污染物的专项分析，并利用系统聚类法将断面按照污染类型进行分类。这 7 个监测断面分别是水质排名第 3 的繁荣新村（FRXC）、排名第 15 的马克图（MKT）、排名第 16 的白沙滩（BST）、排名第 21 的二节地（EJD）、排名第 25 的拉哈（LH）、排名第 34 的肖家船口（XJCK）和排名第 36 的莫呼渡口（MHDK）。

3.4.1　单项指标分析

1. NH_3-N

NH_3-N 是反映水体营养程度的指标之一，其监测值代表了水环境中以游离氨分子和铵根离子形式存在的氮类污染物的浓度（以 N 计）。农业用肥、生活污水、微生物的分解产物等都可能是河流中 NH_3-N 的来源。本章中，NH_3-N 是主成分分析筛选出来的第一主成分中载荷值最高的水质指标，因此，它是影响松花江流域涉及黑龙江省的省界缓冲区冰封期水质最重要的环境因子。图 3-3 所示为 2017～2019 年冰封期内典型监测断面 NH_3-N 浓度的变化值。

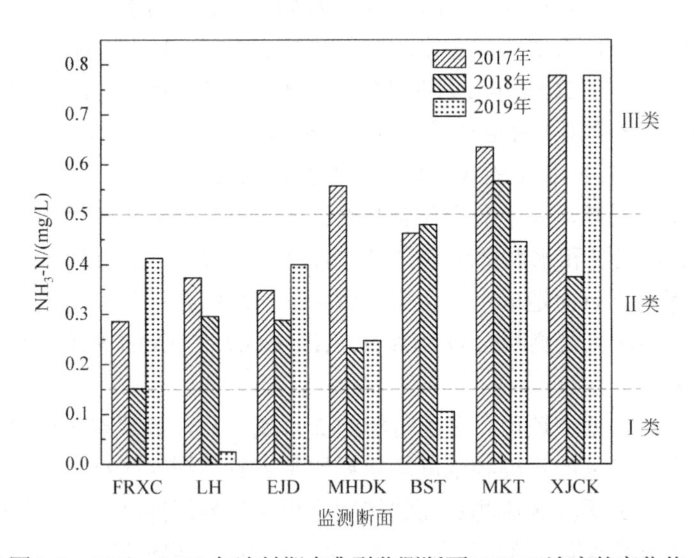

图 3-3　2017～2019 年冰封期内典型监测断面 NH_3-N 浓度的变化值

从图 3-3 可以看出，7 个典型断面在 2017～2019 年的冰封期内，NH_3-N 浓度均达到了地表水的Ⅲ类水质标准，而且 57.14%的断面三年 NH_3-N 均达到了地表水的Ⅱ类水质标准。其中，最低值出现在 2019 年的 LH 断面，为 0.025mg/L，最高值出现在 2017 年的 XJCK 断面，为 0.778mg/L。

从时间上来看，这 7 个断面在冰封期内 NH_3-N 的年际浓度均有较大的波动，FRXC、EJD、MHDK 和 XJCK 断面这三年的 NH_3-N 浓度均呈现出先降低后升高的趋势，而 LH 和 MKT 断面则大体都表现为浓度逐年下降的趋势。

整体来看，黑蒙省（自治区）界缓冲区断面（FRXC、LH、EJD 和 MHDK）的 NH_3-N 浓度明显低于黑吉省界缓冲区断面（BST、MKT 和 XJCK），7 个典型断面中 NH_3-N 浓度较高的是 BST、MKT 和 XJCK。

2. TP

P 与 N 是控制水体富营养化程度的主要限制性营养因子，严格控制水中 P 的含量，就可以有效地预防水体富营养化。地表水中的 P 大多来自农业用肥、养殖饲料、生活污水与洗涤剂等。本章中 TP 是主成分分析筛选出来的第一主成分中载荷值较高的水质指标，也是影响研究水域水质的重要环境因子。图 3-4 所示为 2017～2019 年冰封期内典型监测断面 TP 浓度的变化值。

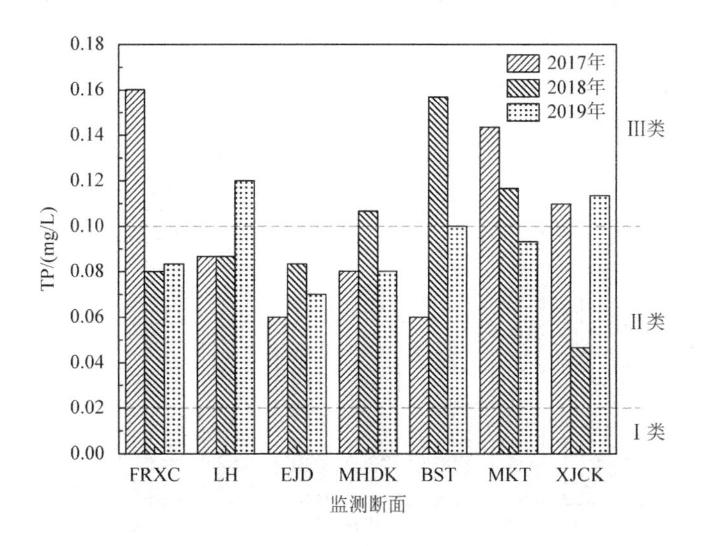

图 3-4　2017～2019 年冰封期内典型监测断面 TP 浓度的变化值

从图 3-4 可以看出，7 个典型断面在 2017～2019 年的冰封期内，TP 浓度均达到了地表水的Ⅲ类水质标准，其中，EJD 断面在这三年的冰封期内 TP 均达到了地表水的Ⅱ类水质标准。在调查期间，TP 年均浓度最低的是 EJD 断面，年均浓度最高的是 MKT 断面。

从时间上来看，除了 2017 年 FRXC 和 MKT 断面、2018 年 BST 断面的 TP 浓度较高之外，其余监测时段这 7 个断面 TP 的年际浓度变化不大，均在地表水的Ⅱ类水质标准上下波动。

从所属省界缓冲区的不同来说，冰封期内黑蒙省（自治区）界缓冲区的水体受磷类污染物的污染程度要低于黑吉省界缓冲区，7 个典型断面 TP 浓度的统计结果也是如此，位于黑蒙省（自治区）界缓冲区的 4 个断面 TP 的浓度均值为 0.091mg/L，而位于黑吉省界缓冲区的 3 个断面 TP 的浓度均值较高，为 0.104mg/L。7 个断面中 TP 含量较高的断面有 FRXC、LH、BST 和 MKT。

3. 有机污染指标

BOD_5、COD_{Mn} 和 COD 是水质评价中常用来反映水体受有机污染程度的水质指标。这三项有机污染指标在主成分分析中均得到了较高的载荷值，都是影响水质的重要环境因子。图 3-5～图 3-7 分别为 2017～2019 年冰封期典型监测断面中 BOD_5、COD_{Mn} 和 COD 浓度的变化值。

从图 3-5 可以看出，7 个典型断面在 2017～2019 年冰封期内，BOD_5 均达到了地表水的Ⅲ类水质标准，除 2017 年的 XJCK 断面外，其余监测时段各断面的

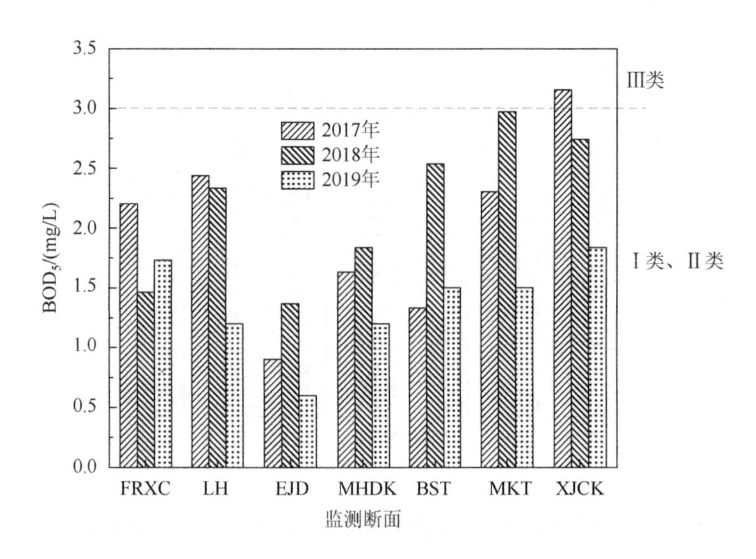

图 3-5 2017～2019 年冰封期内典型监测断面 BOD_5 浓度的变化值

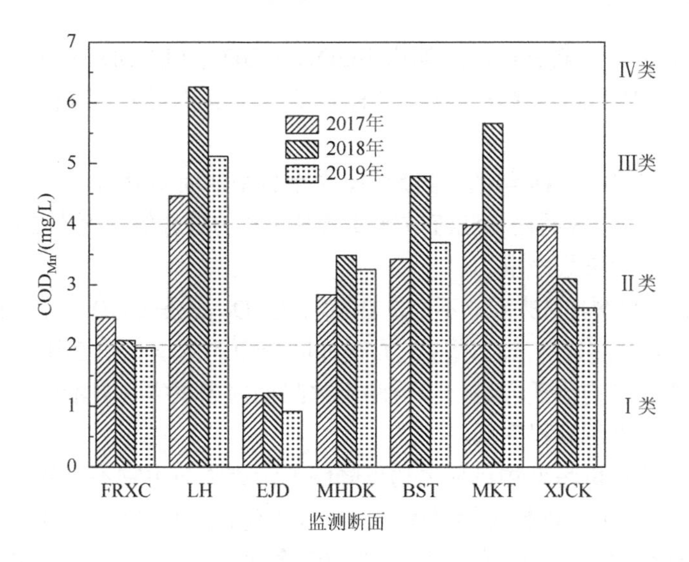

图3-6　2017～2019年冰封期内典型监测断面COD_{Mn}浓度的变化值

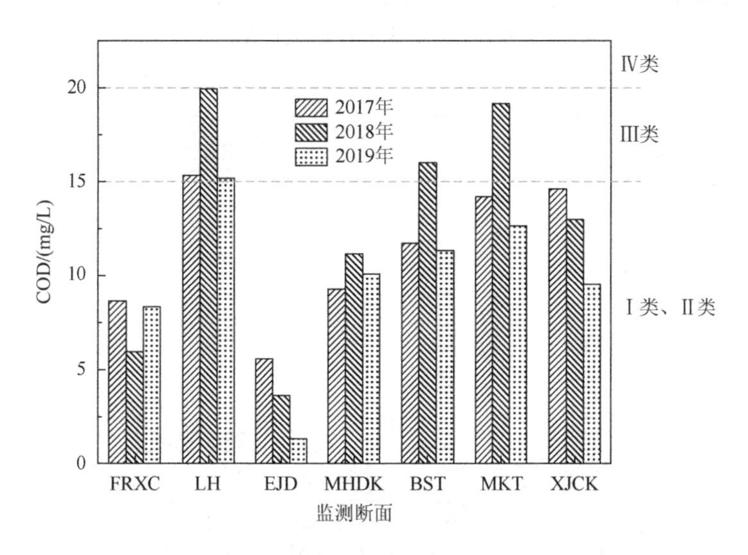

图3-7　2017～2019年冰封期内典型监测断面COD浓度的变化值

BOD_5均达到了地表水的Ⅰ类水质标准。从图3-6可以看出，除2018年LH断面的COD_{Mn}超标，为6.25mg/L，属于地表水的Ⅳ类水体外，其余监测时段各断面的COD_{Mn}均达标。FRXC、EJD、MHDK和XJCK这4个断面三年的冰封期内COD_{Mn}均达到了地表水的Ⅱ类水质标准。从图3-7可以看出，在2017～2019年的冰封期内，7个断面的COD均达标，其中，FRXC、EJD、MHDK和XJCK断面的COD均达到了地表水的Ⅰ类水质标准。整体看来，EJD断面是有机污染物含量最低的断面，其三年冰封期内 BOD_5、COD_{Mn} 和 COD 均稳定在地表水的Ⅰ类水质；而 LH、BST、MKT 和 XJCK 是 7 个典型断面中受有机污染相对较重的断面。

从时间上来看，2018 年的冰封期内，7 个典型断面中 BOD_5、COD_{Mn} 和 COD 的浓度均值都较高，说明松花江流域涉及黑龙江省的省界缓冲区在 2018 年的冰封期内受到的有机污染最严重。

从所属的省界缓冲区来看，不论是 BOD_5、COD_{Mn} 还是 COD，在 2017～2019 年的冰封期内，4 个黑蒙省（自治区）界缓冲区断面的浓度均值都比 3 个黑吉省界缓冲区断面的浓度均值低，进一步反映出冰封期内黑蒙省（自治区）界缓冲区中水环境受到的有机污染程度低。

水环境中的有机污染物包括生物可降解的污染物与生物不可降解的污染物，BOD_5 仅代表了水中可以被生物降解的污染物含量，而 COD 由于使用的氧化剂重铬酸钾的氧化性极强，测得的有机污染物最全面，因此，BOD_5/COD 可以衡量水中污染物的生物可降解性，是代表水体可生化性强弱的指标。图 3-8 为 2017～2019 年冰封期内典型监测断面水体的 BOD_5/COD 值。

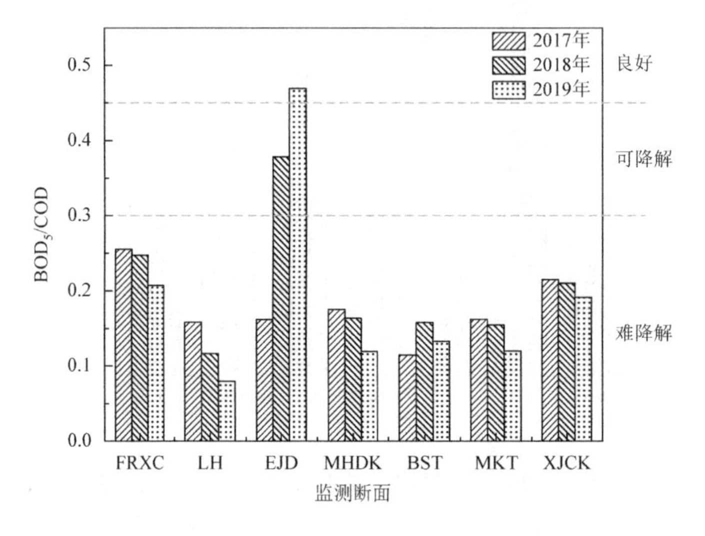

图 3-8　2017～2019 年冰封期内典型监测断面水体的 BOD_5/COD 值

从图 3-8 可以看出，7 个断面中有机污染物浓度最低的 EJD 断面其水体的可生化性最强，而受有机污染较重的 LH、MKT 等断面其水体的可生化性反而较弱。

综上所述，在 2017～2019 年的冰封期内，7 个典型断面中水质最好的是 EJD；

含磷类污染物浓度较高的断面有 FRXC、LH、BST 和 MKT；含氮类污染物浓度较高的断面有 BST、MKT 和 XJCK；含有机污染物浓度较高的断面有 LH、BST、MKT 和 XJCK。

3.4.2　基于水质理化特征的断面聚类分析

系统聚类分析法可以综合考虑多项水质指标，按照水质特征的相似程度将断面进行归类。以 7 个典型断面 2017～2019 年每年冰封期 1～3 月的水质监测数据的平均值为基础数据进行系统聚类，得到基于水质理化特征的典型断面聚类结果，见图 3-9。图中树枝越短，断面位置越相近，说明断面的水质情况越相似。

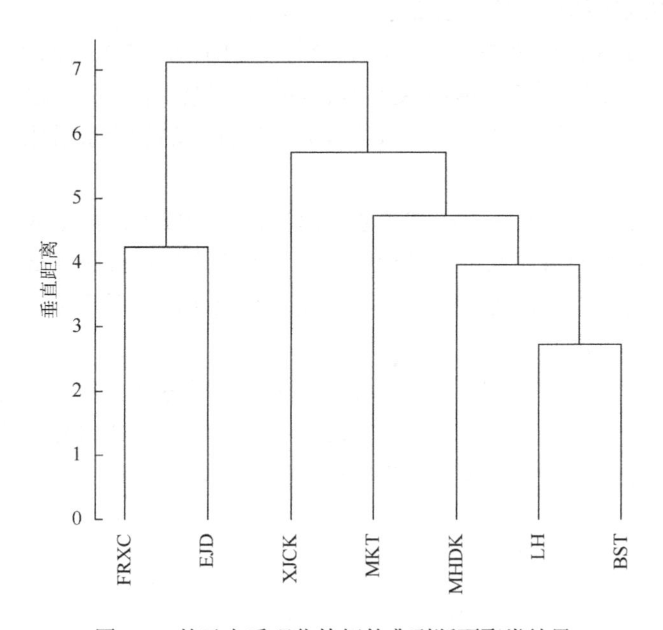

图 3-9　基于水质理化特征的典型断面聚类结果

如图 3-9 所示，7 个典型断面被分为三组，分别是 FRXC、EJD，XJCK，MKT、MHDK、LH、BST。聚类结果将含磷污染物浓度较高的 LH、BST 与 MKT 断面分为一组，让含氮污染物浓度较高的 MKT 与 XJCK 断面位置相邻，让有机污染物浓度较高的 LH、BST、MKT 和 XJCK 断面相近。可以看出，水质特征相同的断面聚类后表现出较高的相似度，7 个典型断面的水质聚类结果与单项指标的评价结果相符，说明断面的分类结果可靠。

结合各断面的地理位置可以看出，断面的分组情况基本符合流域的上下游关系。FRXC 与 EJD 断面都位于流域上游，被归为一组。LH、MHDK、MKT 与 BST

断面都位于流域中上游，且都在嫩江干流上，聚为一组，而且 BST 和 MKT 断面的地理位置相近，都出自嫩江黑吉缓冲区，所以水质情况理应相似。XJCK 断面位于拉林河的支流细鳞河上，与其他断面的地理位置相距较远，是典型断面中流域最靠下的断面，单独成组。

3.5 本章小结

（1）从时间上看，2017～2019 年每年的冰封期（1～3 月），松花江流域涉及黑龙江省的省界缓冲区中水质理化情况最好的是 2017 年的冰封期，断面的达标比例最高，水质最差的是 2018 年的冰封期；从空间上看，黑蒙省（自治区）界缓冲区冰封期内水质的达标比例要高于黑吉省界缓冲区。

（2）冰封期内研究水域的主要污染指标是 NH_3-N、TP、BOD_5、COD_{Mn} 和 COD。黑吉省界缓冲区水环境中 NH_3-N、TP 和有机污染指标的浓度均高于黑蒙省（自治区）界缓冲区，黑蒙省（自治区）界缓冲区的综合水质比黑吉省界缓冲区要好。

（3）松花江流域涉及黑龙江省的省界缓冲区监测断面冰封期的水环境污染原因可分为四类：断面所在水系受到污染，工农业生产造成部分水域长期性水质污染，可能存在突发性有机污染而造成短时间内小流域的水质污染，季节更替、河水融化带来的水质污染。

（4）7 个典型断面中水质最好的是二节地；含磷污染物浓度较高的断面有繁荣新村、白沙滩、马克图和拉哈；含氮污染物浓度较高的断面有白沙滩、马克图和肖家船口；含有机污染物浓度较高的断面有拉哈、白沙滩、马克图和肖家船口。

第4章　松花江流域重要断面浮游生物的群落结构特征

浮游生物是河流生态系统的重要组成部分。河水的理化情况能够影响浮游生物的群落组成，同样，浮游生物也对水质有一定的指示作用。因此，研究浮游生物的群落结构有助于全面地了解水环境状况。以松花江流域涉及黑龙江省的省界缓冲区中7个典型监测断面：繁荣新村（FRXC）、拉哈（LH）、二节地（EJD）、莫呼渡口（MHDK）、白沙滩（BST）、马克图（MKT）和肖家船口（XJCK）为研究对象，于2019年12月，分别采集了冰封期内各监测断面的浮游生物样品，提取DNA，进行高通量测序，以确定各断面中浮游细菌和浮游动植物的群落组成及多样性，最后利用冗余分析法探究了研究水域冰封期内浮游生物的优势种对水质的指示作用。

4.1　浮游细菌的群落组成

4.1.1　数据处理

1. 凝胶电泳检测文库大小

对实验得到的7个典型监测断面样本中浮游细菌的16S rRNA（核糖体核糖核酸）的V3、V4可变区扩增完成后（刘驰等，2015），纯化并回收DNA（脱氧核糖核酸），通过2%琼脂糖凝胶电泳监测文库大小，电泳检测结果见图4-1。

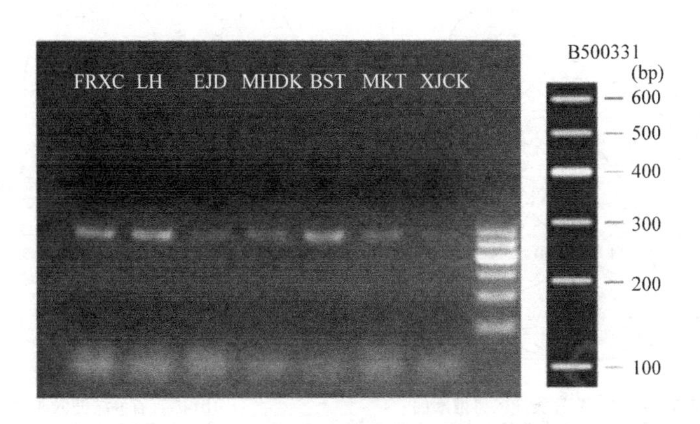

图4-1　浮游细菌凝胶电泳检测结果

文库大小检测完成后，使用 Qubit3.0 荧光定量仪测定文库浓度。随后利用 Illumina 测序平台对文库进行高通量测序（艾铄等，2018）。

2. 测序数据统计结果

在去除引物接头序列后，将成对的 reads 拼接为 1 条序列，然后按照 barcode 标签序列识别并区分样品得到 7 个典型断面浮游细菌的样本数据，经过质量控制后，共得到 519691 条剩余序列。

4.1.2 OTU 分析

将 7 个浮游细菌样本序列依据序列间的距离进行聚类，再根据序列间的相似度是否大于 97%，将序列分为不同的运算分类单元（operational taxonomic unit），即 OTU。每个 OTU 中丰度最高的序列即为该 OTU 的代表序列。样品中检测出的 OTU 数目越高，说明对应的监测断面中所含有的浮游细菌的丰度就越高。

1. OTU 断面分布韦恩图

韦恩（Venn）图可以清晰地表示出各个样本中特有和共有的 OTU 数目，进而可以判断出各断面所含浮游细菌种类的多寡以及断面间共有细菌种类的多少。由图 4-2（a）可知，黑蒙省（自治区）界缓冲区的 4 个断面 FRXC、LH、EJD 和 MHDK 共有 OTU 5432 个，4 个样品共有的 OTU 数目为 444 个，占总 OTU 数目的 8.17%。断面中 OTU 数目最多的为 FRXC，有 2853 个，所含 OTU 数目最少的是 EJD，仅 1669 个，说明冰封期内断面 FRXC 所含的浮游细菌的丰度最高，而 EJD

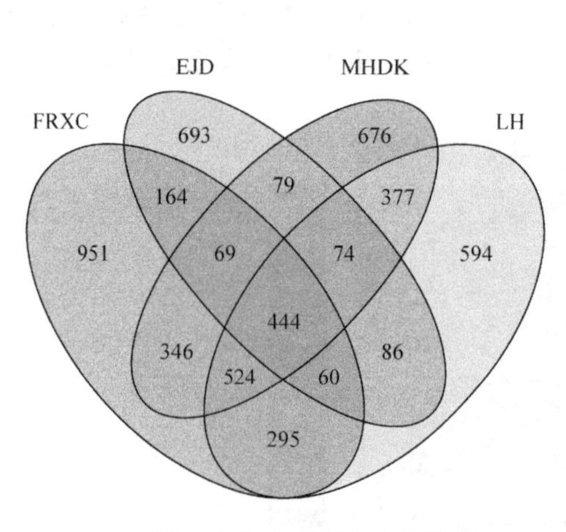

(a) 黑蒙省（自治区）界缓冲区典型断面浮游细菌OTU样本分布Venn图

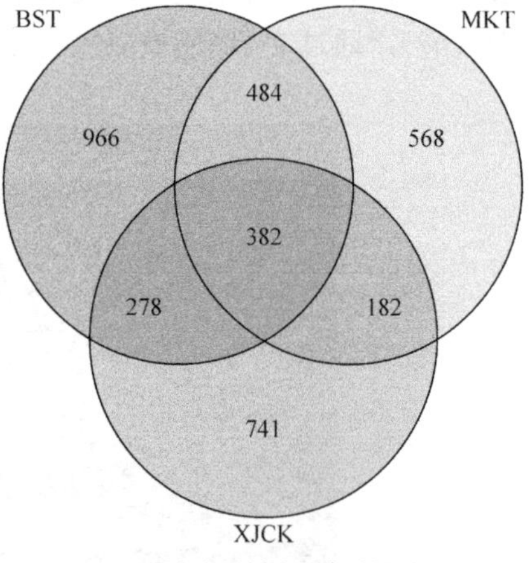

(b) 黑吉省界缓冲区典型断面浮游细菌OTU样本分布Venn图

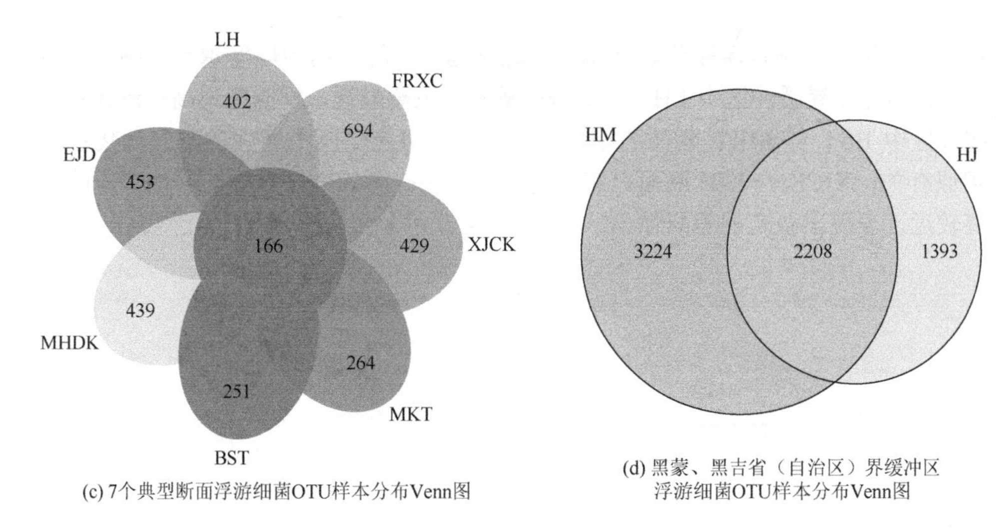

(c) 7个典型断面浮游细菌OTU样本分布Venn图
(d) 黑蒙、黑吉省（自治区）界缓冲区浮游细菌OTU样本分布Venn图

图 4-2　浮游细菌 OTU 样本分布 Venn 图

断面所含的浮游细菌的丰度最低。将 4 个断面进行两两比较，其中，LH 与 MHDK、FRXC 与 MHDK 这两组样本中共有的 OTU 数目远高于其他的断面组合，分别有 1419 个、1383 个重叠的 OTU，可见这两组断面所含的相同功能微生物的数目最多。

由图 4-2（b）可知，黑吉省界缓冲区的 3 个断面 BST、MKT 和 XJCK 共有 OTU 3601 个，3 个样品共有的 OTU 数目为 382 个，占总 OTU 数目的 10.61%。断面中 OTU 数目最多的为 BST，有 2110 个，所含 OTU 数目最少的是 XJCK，仅 1583 个。与黑蒙省（自治区）界缓冲区监测断面浮游细菌的 OTU 数目相比，黑吉省界缓冲区断面浮游细菌的 OTU 数目整体较少，由此推测，冰封期内黑吉省界缓冲区水环境中浮游细菌的丰度整体低于黑蒙省（自治区）界缓冲区。将断面两两比较后发现，BST 与 MKT 这两个样本中重叠的 OTU 数目远高于其他两组断面组合，有 866 个共有的 OTU，因此在黑吉省界缓冲区的典型监测断面中，BST 与 MKT 这两个断面的相似程度最高。

结合图 4-2（c）和（d）可以看出，典型监测断面共有 OTU 6825 个，7 个断面共有的 OTU 数目为 166 个，仅占 OTU 总数的 2.43%。对比黑蒙、黑吉两个省（自治区）界缓冲区中共有的 OTU 数目的比例，可以推测出，黑蒙与黑吉省（自治区）界缓冲区冰封期内浮游细菌的菌属差异较大。

2. 基于 OTU 丰度的典型断面聚类树图

从 OTU 样本分布 Venn 图中可以大致看出监测断面间的相似程度，断面间重叠的 OTU 数目越多，说明断面越相似。图 4-3 所示为基于浮游细菌 OTU 丰度的样本聚类树图，树枝越短代表样本间的距离越近，样本的相似度越高。图中黑蒙省（自治区）界缓冲区中 LH 与 MHDK 断面的距离最近，相似度最高；黑吉省界缓冲区中 BST 与 MKT 断面的相似度最高，这可能与两个断面的水质理化特征相似有关；XJCK 与 EJD 断面具有一定的相似性；而 FRXC 断面与其他断面的距离较远，表现出一定的差异性。

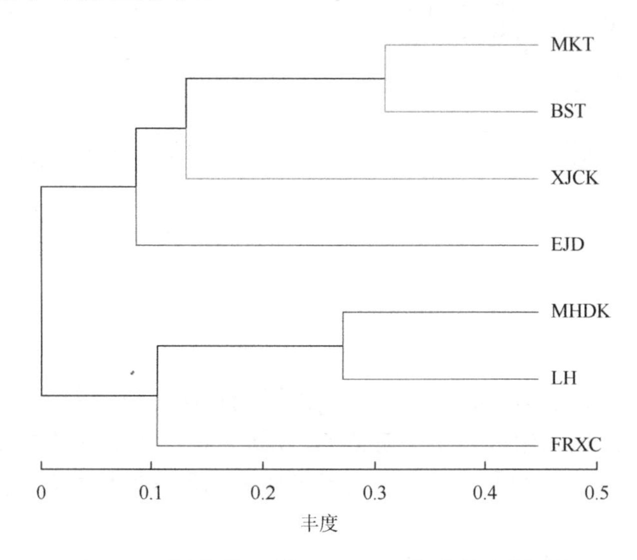

图 4-3 基于浮游细菌 OTU 丰度的样本聚类树图

4.1.3 α 多样性分析

1. 多样性指数

以各断面浮游细菌的 OTU 统计数据为基础，计算 7 个典型断面冰封期内浮游细菌群落的 α 多样性指数与丰度指数，结果见表 4-1。

表 4-1 浮游细菌群落的 α 多样性指数与丰度指数

断面	Seq_num	OTU_num	Shannon 指数	ACE 指数	Chao 指数	盖度	Simpson 指数
FRXC	71657	2853	5.95	3264.26	3106.44	0.99	0.008
LH	66378	2454	4.91	3123.25	2875.83	0.99	0.03
EJD	67412	1669	4.77	1987.51	1970.17	0.99	0.02
MHDK	71609	2589	5.41	3053.10	2908.98	0.99	0.02
BST	60508	2110	4.95	3108.31	2811.53	0.99	0.03
MKT	67346	1616	4.71	2101.43	1980.81	0.99	0.03
XJCK	71362	1583	4.07	1907.02	1833.49	0.99	0.06

表4-1中，Seq_num代表各断面的优质reads数目，OTU_num代表各断面含有的浮游细菌的OTU数目，ACE指数与Chao指数用来计算菌群的丰度，Shannon指数与Simpson指数用来计算浮游细菌群落的多样性。其中，ACE指数、Chao指数和Shannon指数的数值越大表示断面物种的丰度、多样性越高，而Simpson指数与之相反。

从7个断面的Shannon指数与Simpson指数可以看出，冰封期内FRXC断面的浮游细菌群落多样性最高，其次为MHDK断面，多样性最低的是XJCK断面。从各断面的ACE指数与Chao指数可以看出，冰封期内FRXC断面的浮游细菌群落丰度最高，其次为MHDK、LH和BST断面，群落丰度较低的3个断面分别是MKT、EJD和XJCK断面。从各断面的地理位置来看，位于流域上游的FRXC、MHDK等断面，不论是浮游细菌的群落多样性还是丰度都较高，而位于流域下游的XJCK断面，其群落多样性和丰度都较低。这表明从上游到下游，流域内浮游细菌的群落结构发生了明显变化。

按照省界缓冲区的不同，将各断面的ACE指数、Chao指数、Shannon指数和Simpson指数绘制成箱形图，见图4-4，其可以直观地反映出黑蒙和黑吉省（自治区）界缓冲区冰封期内浮游细菌群落丰度与多样性的高低。

从图4-4（a）和（b）可以看出，冰封期内，黑蒙省（自治区）界缓冲区（HM）典型断面的浮游细菌群落丰度明显高于黑吉省界缓冲区（HJ），而且不论黑吉还是黑蒙省（自治区）界缓冲区，断面浮游细菌群落丰度的差距均较大。从图4-4（c）和（d）可以看出，冰封期内，黑蒙省（自治区）界缓冲区典型断面的浮游细菌群落多样性也明显高于黑吉省界缓冲区。与群落丰度相比，浮游细菌群落多样性的分布比较集中，各断面的群落多样性差异不大。

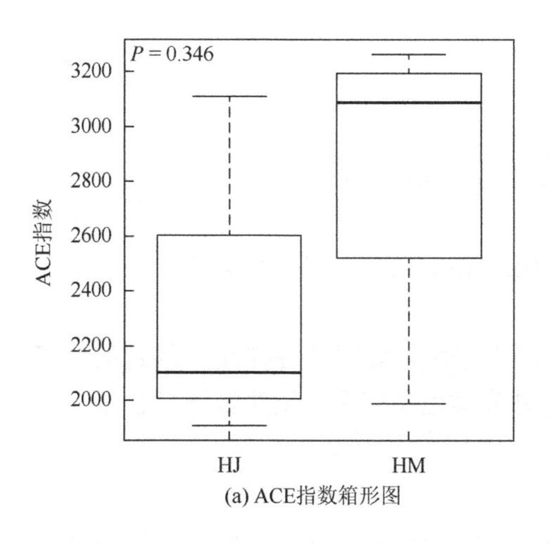

(a) ACE指数箱形图

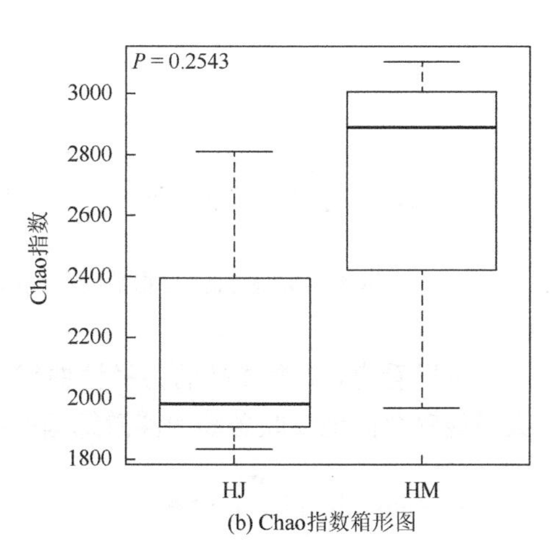

(b) Chao指数箱形图

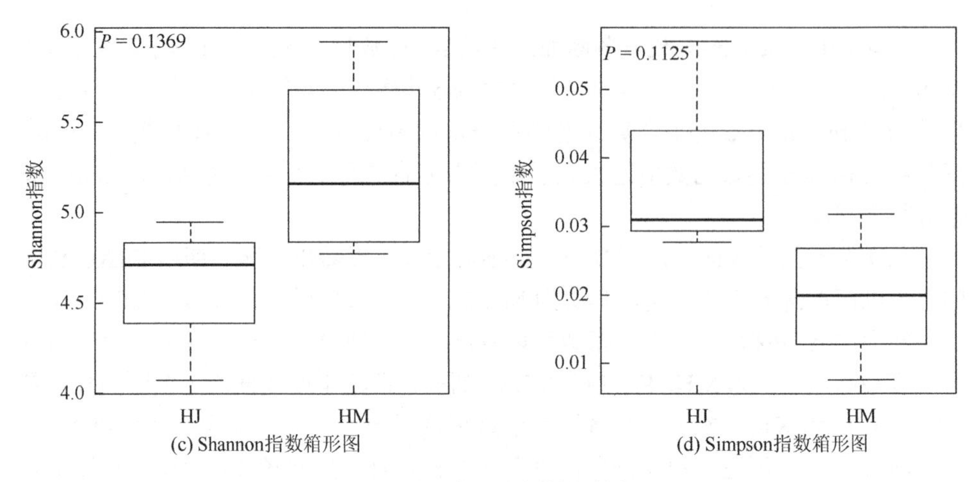

(c) Shannon指数箱形图　(d) Simpson指数箱形图

图 4-4　浮游细菌 α 多样性指数箱形图

2. 稀疏性曲线

浮游细菌 α 指数稀疏性曲线如图 4-5 所示，其可以反映不同断面中浮游细菌群落的丰富度，也可以根据曲线的走向了解样本的测序数据量是否合理。

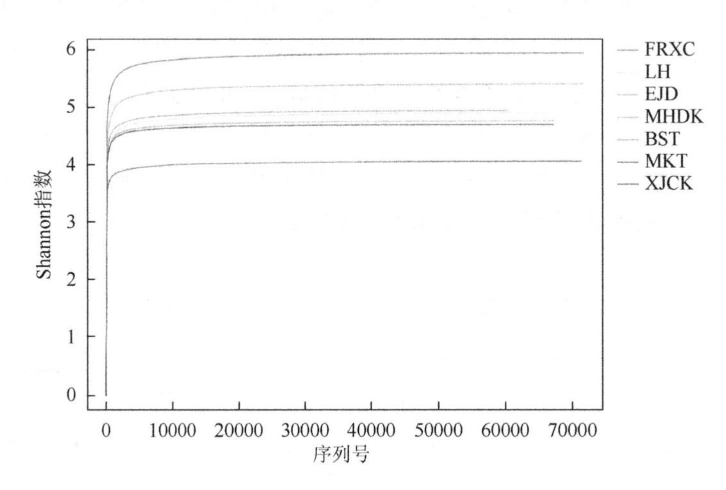

图 4-5　浮游细菌 α 指数稀疏性曲线图（请扫封底二维码查看彩图）

可以看出，7 个样品的稀释性曲线均趋于平坦，说明从各样品中得到的测序数量能够全面地反映各断面浮游细菌的物种分类信息情况，测序数据量合理。

3. Rank-abundance 曲线

Rank-abundance 曲线的横坐标是按 OTU 丰度等级降序排列的 OTU Rank 值，

如图 4-6 所示，纵坐标为样本在对应 OTU 下的丰度值，可以反映各断面浮游细菌群落的丰富程度与均匀程度。

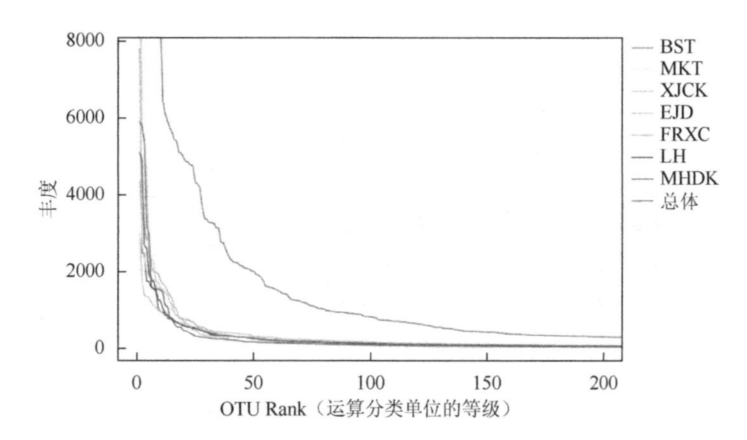

图 4-6　浮游细菌 Rank-abundance 曲线图（请扫封底二维码查看彩图）

图 4-6 中 7 条样品曲线都很平缓，落在横轴上的区间长度也较宽，说明各断面浮游细菌的物种组成均匀且丰富。

4.1.4　典型断面内浮游细菌的群落结构组成

采用 RDP（RDP Classifier 软件）分类方式对 OTU 进行物种分类，并与 RDP 数据库进行对比，可以得到 7 个断面分别在门、纲、目、科、属水平下的浮游细菌种类及其丰度。属水平下的群落结构分布能够更具体地表现出断面含有的浮游细菌种类。图 4-7 所示为 7 个典型断面在属水平下的浮游细菌群落结构分布情况，不同的颜色对应不同的菌属，色块的高度代表菌属的丰度比例。

图 4-7 中，FRXC 断面的菌属种类最多，但丰度都比较低。其中未分类的菌属丰度最高，丰度偏高的是 *Gemmata*（出芽菌属，4.18%）、*Arenimonas*（单胞菌属，2.40%）、*Pseudomonas*（假单胞菌属，2.37%）、*Subdivision3_genera_incertae_sedis*（2.29%）、*Arthrobacter*（节杆菌属，2.11%）和 *Haliscomenobacter*（束缚杆菌属，2.00%）。

LH 断面中未分类的菌属丰度占比最高，丰度较高的有 *Acinetobacter*（不动杆菌属，16.40%）、*Candidatus Pelagibacter*（念珠杆菌属，8.75%）、*Geothrix*（地发菌属，8.14%）、*Nitrospira*（硝化螺菌属，2.52%）、*Luteolibacter*（黄体杆菌属，2.33%）和 *Methylotenera*（甲基娇养杆菌属，2.39%）。其中，*Acinetobacter*（不动杆菌属）仅在该断面的丰度较高，为断面特有的优势菌。

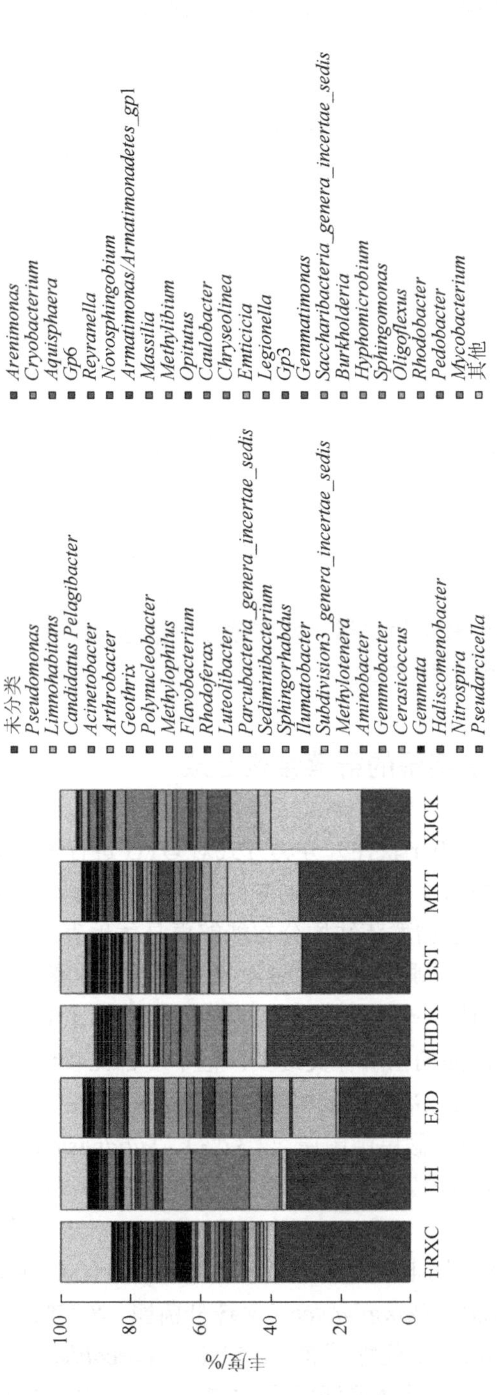

图 4-7　7个典型断面在属水平下的浮游细菌群落结构分布（请扫封底二维码查看彩图）

EJD 断面中菌属的种类较少，但丰度都较高。断面中的优势菌有 *Limnohabitans*（12.52%）、*Methylophilus*（嗜甲基菌属，8.32%）、*Arthrobacter*（节杆菌属，5.03%）、*Cerasicoccus*（蜡球菌属，4.84%）、*Flavobacterium*（黄杆菌属，4.57%）、*Pseudarcicella*（4.14%）和 *Sphingorhabdus*（4.11%）等。

MHDK 断面中丰度最高的是未分类菌属，丰度较高的有 *Candidatus Pelagibacter*（念珠杆菌属，7.10%）、*Geothrix*（地发菌属，6.93%）、*Flavobacterium*（黄杆菌属，4.31%）和 *Nitrospira*（硝化螺菌属，3.01%）。

BST 与 MKT 断面浮游细菌的群落组成基本一致，菌属种类与丰度都十分相似。两个断面中丰度较高的有 *Pseudomonas*（假单胞菌属，20.76%，20.43%）、*Limnohabitans*（2.59%，4.68%）、*Flavobacterium*（黄杆菌属，3.11%，2.10%）和 *Rhodoferax*（红育菌属，2.79%，4.50%）。

XJCK 与 EJD 断面相似，菌属种类较少但是丰度普遍偏高。断面中菌属丰度最高的是 *Pseudomonas*（假单胞菌属，26.16%），除此之外，*Aminobacter*（氨基杆菌属，8.00%）、*Arthrobacter*（节杆菌属，7.82%）和 *Polynucleobacter*（多核杆菌属，6.42%）的丰度也较高，其中，*Aminobacter*（氨基杆菌属）为该断面特有的优势菌属。

将断面的浮游细菌按照所属省界缓冲区的不同进行分类，分别得到黑蒙、黑吉省（自治区）界缓冲区属水平下的浮游细菌群落组成图，如图 4-8 所示。

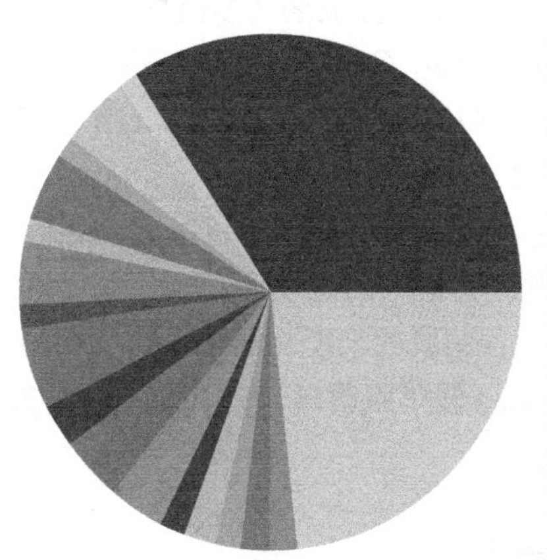

(a) 黑蒙省（自治区）界缓冲区属水平下的浮游细菌群落组成

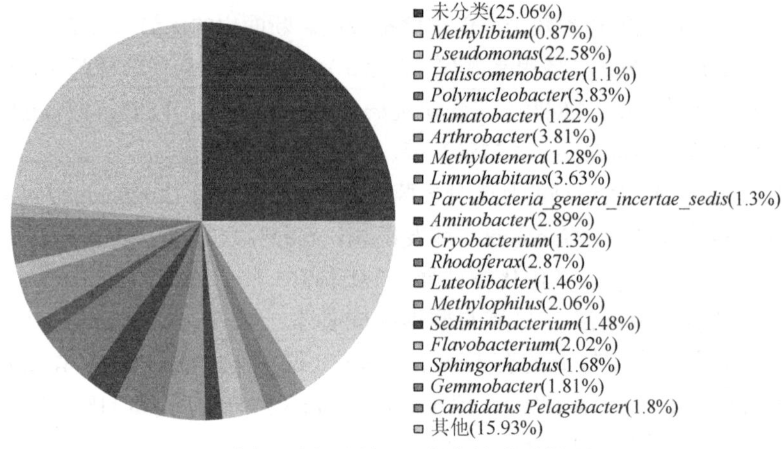

(b) 黑吉省界缓冲区属水平下的浮游细菌群落组成

图 4-8　属水平下的浮游细菌群落组成（请扫封底二维码查看彩图）

从图 4-8（a）可以看出，黑蒙省（自治区）界缓冲区典型断面中浮游细菌的优势种依次是 *Acinetobacter*（不动杆菌属，4.55%）、*Candidatus Pelagibacter*（念珠杆菌属，4.25%）、*Geothrix*（地发菌属，3.96%）、*Limnohabitans*（3.68%）、*Methylophilus*（嗜甲基菌属，2.74%）、*Flavobacterium*（黄杆菌属，2.62%）、*Luteolibacter*（黄体杆菌属，2.12%）、*Pseudomonas*（假单胞菌属，2.02%）。

从图 4-8（b）可以看出，黑吉省界缓冲区典型断面中浮游细菌的优势种依次是 *Pseudomonas*（假单胞菌属，22.58%）、*Polynucleobacter*（多核杆菌属，3.83%）、*Arthrobacter*（节杆菌属，3.81%）、*Limnohabitans*（3.63%）、*Aminobacter*（氨基杆菌属，2.89%）、*Rhodoferax*（红育菌属，2.87%）、*Methylophilus*（嗜甲基菌属，2.06%）、*Flavobacterium*（黄杆菌属，2.02%）等。

由此可见，黑蒙省（自治区）界缓冲区与黑吉省界缓冲区冰封期内浮游细菌的优势菌属及丰度差异较大，其中，丰度差异最大的是 *Pseudomonas*（假单胞菌属）。黑蒙省（自治区）界缓冲区冰封期内各菌属的丰度相当，没有丰度明显突出的物种，但黑吉省界缓冲区中 *Pseudomonas*（假单胞菌属）一类就占据了 22.58%，丰度明显高于其他菌属。

4.1.5　断面间浮游细菌的群落结构差异

1. 菌属丰度聚类热图

根据 7 个断面浮游细菌的菌属丰度矩阵，可绘制出属水平下的物种丰度热图，见图 4-9。热图中每一列代表一个监测断面，每一行代表一种浮游细菌，每个色块代表某一断面中某种浮游细菌的菌属丰度大小，颜色越红表示菌属丰度越高。热

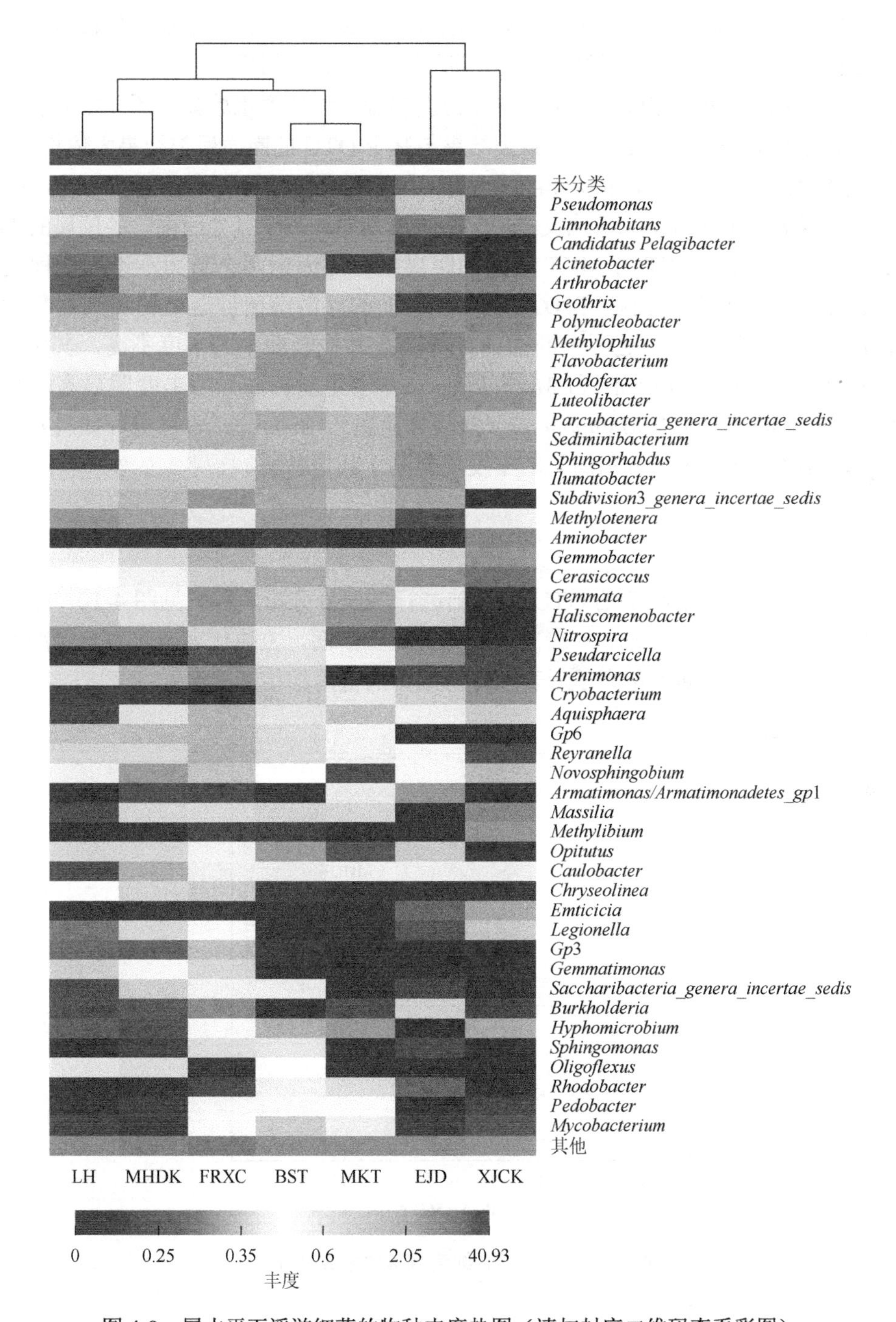

图 4-9　属水平下浮游细菌的物种丰度热图（请扫封底二维码查看彩图）

图上方是根据各断面浮游细菌的菌属丰度得到的聚类树图，浮游细菌的群落结构越相似，对应断面代表的树枝就越短，断面的位置就越相近。

从色块的颜色分布可以看出，排在前面的菌种为研究水域典型断面中的优势菌，断面在属水平上物种丰度的聚类结果与基于 OTU 的断面聚类结果大体相同。LH 和 MHDK 断面的浮游细菌群落结构相似，因为两个断面中 *Candidatus Pelagibacter*（念珠杆菌属）和 *Geothrix*（地发菌属）的丰度均明显高于其他断面，各菌属的丰度高低基本一致。BST 与 MKT 断面的距离近，是因为两个断面不论细菌种类还是菌属丰度都基本相同。EJD 与 XJCK 断面的浮游细菌群落结构与其他断面差别较大，可能是因为这两个断面的优势菌在其他断面中的丰度不高。其中，EJD 断面中 *Limnohabitans* 和 *Methylophilus*（嗜甲基菌属）的丰度明显高于其他断面；XJCK 断面中 *Aminobacter*（氨基杆菌属）、*Arthrobacter*（节杆菌属）和 *Polynucleobacter*（多核杆菌属）的丰度明显高于其他断面。

2. 主成分分析

以 7 个断面浮游细菌的 OTU 为基础进行主成分分析，结果见图 4-10。图中圆点代表黑蒙省（自治区）界缓冲区的典型监测断面，方块代表黑吉省界缓冲区的典型监测断面。断面距离越近表示浮游细菌的群落结构越相似。

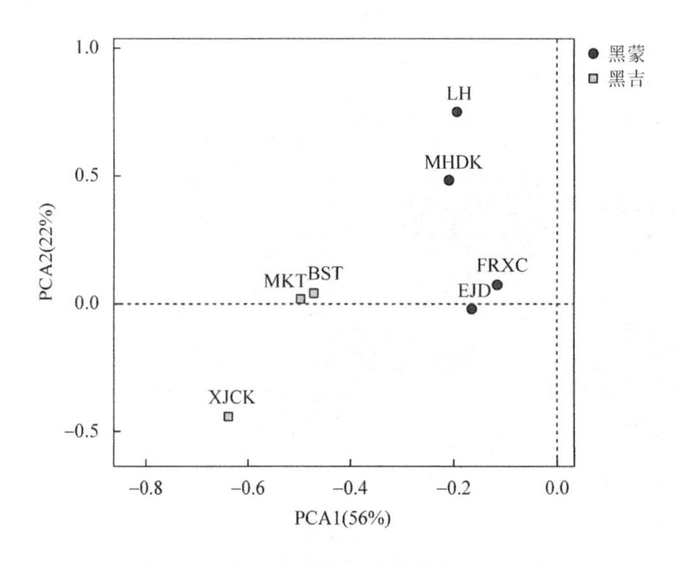

图 4-10　基于浮游细菌群落的主成分分析

如图 4-10 所示，第一主成分对断面差异的贡献率为 56%，第二主成分对断面差异的贡献率为 22%，各主成分对断面差异的贡献显著，说明断面间浮游细菌的群落结构差异大。图中 7 个断面被明显分成了两组，分别是黑蒙省（自治区）界缓冲区的 4 个断面和黑吉省界缓冲区的 3 个断面。断面的间距较远，说明黑蒙与黑吉省（自治区）界缓冲区的浮游细菌群落结构明显不同。可能是两个省（自治区）界缓冲区所属的纬度不同、在松花江流域中的位置不同、水质的理化特征不同导致水生生物的生境差别较大。

3. 非度量多维尺度分析

非度量多维尺度分析（NMDS）与主成分分析都是利用降维的思想，将断面的相似程度通过样品点之间的距离在图中表示出来。但是主成分分析为线性模型，而 NMDS 是非线性模型，它可以更好地反映断面间浮游细菌的生态学差异。基于浮游细菌群落的非度量多维尺度分析见图 4-11。

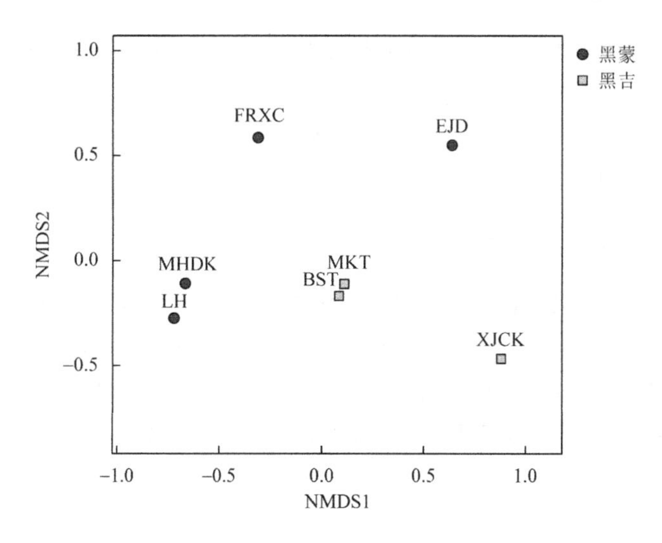

图 4-11　基于浮游细菌群落的非度量多维尺度分析

图 4-11 中得到的断面间浮游细菌群落结构的相似程度与菌属丰度的聚类结果（图 4-9）和主成分分析的结果（图 4-10）相似。但是在 NMDS 中，相似断面的相似度更高，断面样点的距离更近。图中 7 个典型断面被分成了五组，LH 与 MHDK、BST 与 MKT 这两组断面的浮游细菌群落结构相似，而 FRXC、EJD 和 XJCK 断面则各成一组。结合典型断面水质的聚类结果可以看出，部分水质理化特征相似的断面，其浮游细菌的群落结构也相似，某些水质理化情况差别较大的断面，其浮游细菌的群落组成也不同，说明水质理化特征是影响浮游细菌群落组成的重要因素之一。

4.2　浮游动植物的群落组成

4.2.1　数据处理

1. 凝胶电泳检测文库大小

对 7 个典型断面样本中浮游动植物的 18S rRNA 的 V9 可变区扩增完成后，纯化回收 DNA，并检测文库大小（施军琼等，2020）。

完成文库大小与浓度的检测后，利用 Illumina 测序平台对文库进行高通量测序。

2. 测序数据统计结果

对 7 个断面浮游动植物的样本数据进行质量控制后，共得到 680114 条剩余序列。

4.2.2　OTU 分析

1. OTU 断面分布韦恩图

从图 4-12（a）可以看出，黑蒙省（自治区）界缓冲区的典型断面共有 1332 个浮游动植物 OTU，4 个断面共有的 OTU 有 34 个，占 OTU 总数的 2.55%。4 个断面中 MHDK 的 OTU 数目最多，有 600 个，EJD 的 OTU 数目最少，仅有 268 个。就断面物种的相似度而言，MHDK 与 LH 断面共有的 OTU 数目最多，有 288 个，

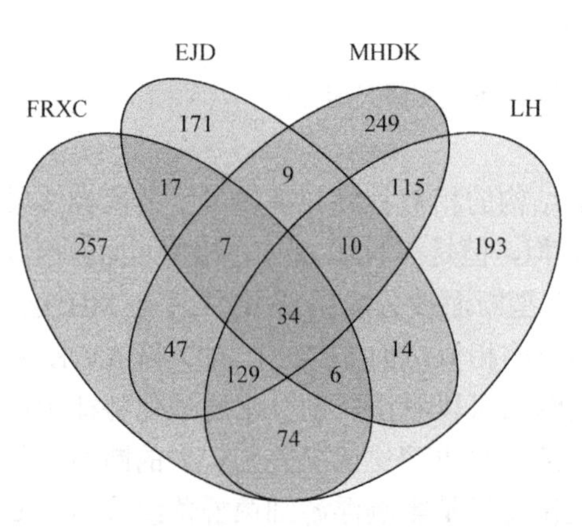

(a) 黑蒙省（自治区）界缓冲区典型断面浮游动植物OTU样本分布Venn图

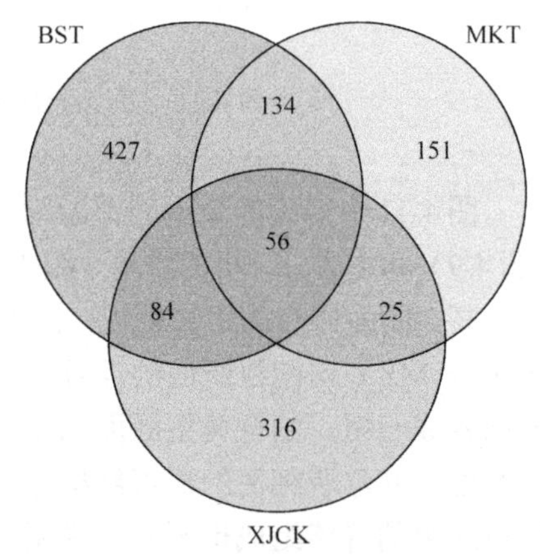

(b) 黑吉省界缓冲区典型断面浮游动植物OTU样本分布Venn图

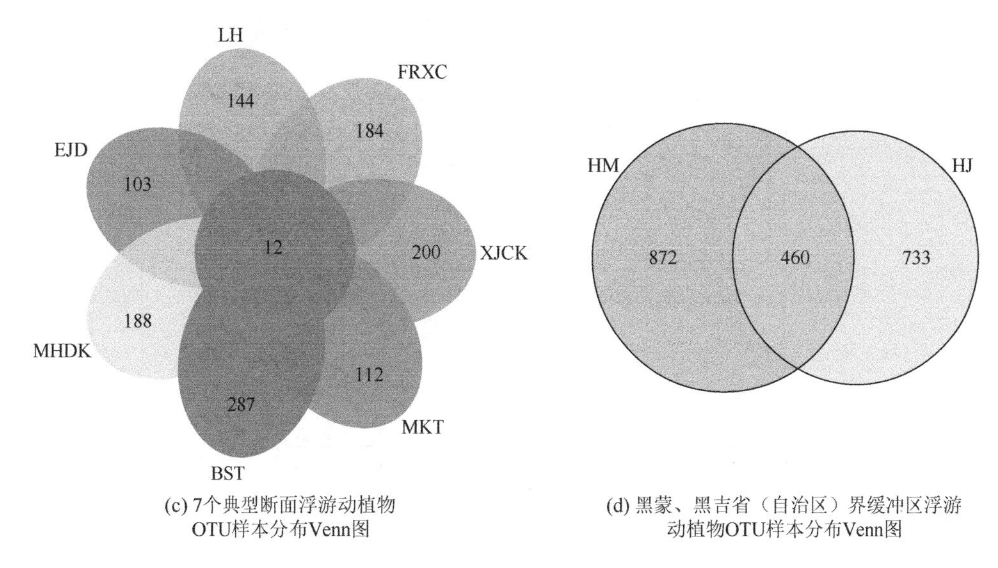

(c) 7个典型断面浮游动植物OTU样本分布Venn图

(d) 黑蒙、黑吉省（自治区）界缓冲区浮游动植物OTU样本分布Venn图

图4-12　浮游动植物OTU样本分布Venn图

说明冰封期内这两个断面含有同种浮游动植物的数量最多。而EJD断面与其他三个断面共有的OTU数目均很少，在60个左右，说明EJD与其他断面浮游动植物的群落组成差异较大。

由图4-12（b）可知，黑吉省界缓冲区的典型断面共有1193个浮游动植物OTU，共有的OTU有56个，为OTU总数的4.69%。其中，OTU数目最多的是BST断面，有701个，OTU数目最少的是MKT断面，有366个。将断面进行两两比较后发现，共有OTU数目最多的是BST与MKT断面，为190个，因此这两个断面中浮游动植物的物种重叠率最高。

结合图4-12（c）和（d）可以看出，松花江流域涉及黑龙江省的省界缓冲区典型断面中共有浮游动植物的OTU为2065个，7个断面共有的OTU数目为12个，仅占OTU总数的0.58%。与黑蒙、黑吉两个省（自治区）界缓冲区中共有的OTU数目的比例进行对比可以看出，黑蒙与黑吉省（自治区）界缓冲区冰封期内浮游动植物的群落组成差异较大。

2. 基于OTU丰度的典型断面聚类树图

图4-13为基于浮游动植物OTU丰度的样本聚类树图。可见，7个典型断面浮游动植物OTU的聚类结果与浮游细菌OTU的聚类结果（图4-3）基本相同。LH与MHDK、BST与MKT这两组断面的距离相近，断面中浮游动植物的物种组成相似度高；而FRXC、EJD和XJCK断面则与其他断面的距离较远，断面中的浮游动植物与其他断面的差异大。

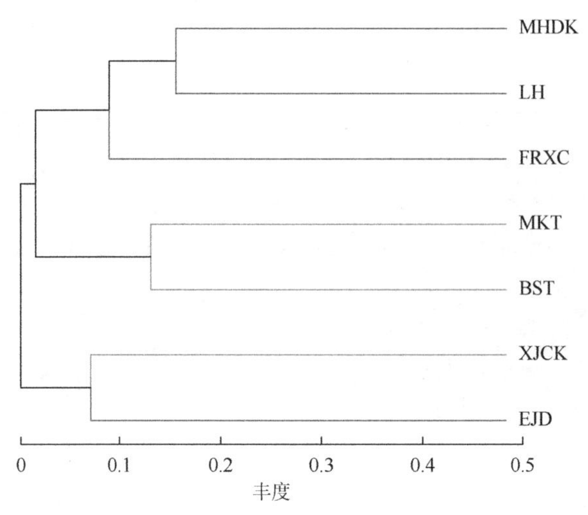

图 4-13　基于浮游动植物 OTU 丰度的样本聚类树图

4.2.3　*α* 多样性分析

1. 多样性指数

以各断面浮游动植物的 OTU 统计数据为基础，计算出 7 个典型断面冰封期内浮游动植物群落的 *α* 多样性指数与丰度指数，结果见表 4-2。

表 4-2　浮游动植物群落的 *α* 多样性指数与丰度指数

断面	Seq_num	OTU_num	Shannon 指数	ACE 指数	Chao 指数	盖度	Simpson 指数
FRXC	84061	571	4.29	619.59	600.00	1.00	0.05
LH	104622	575	4.43	633.63	612.08	1.00	0.04
EJD	94902	268	4.16	295.36	276.77	1.00	0.03
MHDK	103040	600	4.17	651.21	623.76	1.00	0.06
BST	99654	701	4.48	729.04	726.50	1.00	0.03
MKT	102523	366	3.49	393.39	380.80	1.00	0.10
XJCK	84005	481	3.02	511.24	498.97	1.00	0.09

由表 4-2 可知，7 个断面浮游动植物群落的 Shannon 指数范围为 3.02～4.48；Simpson 指数的范围为 0.03～0.10；ACE 指数的范围为 295.36～729.04；Chao 指数的范围为 276.77～726.50。7 个断面中 Shannon 指数最高、Simpson 指数最低的是 BST，说明 2019 年冰封期内该断面浮游动植物的多样性最高。多样性较低的断面是 MKT 和 XJCK。从 ACE 指数与 Chao 指数可以看出，冰封期内浮游动植物群落丰度最高的是 BST，丰度最低的是 EJD。

将各断面的多样性指数按照所在省（自治区）界缓冲区的不同绘制成箱形图，见图 4-14。

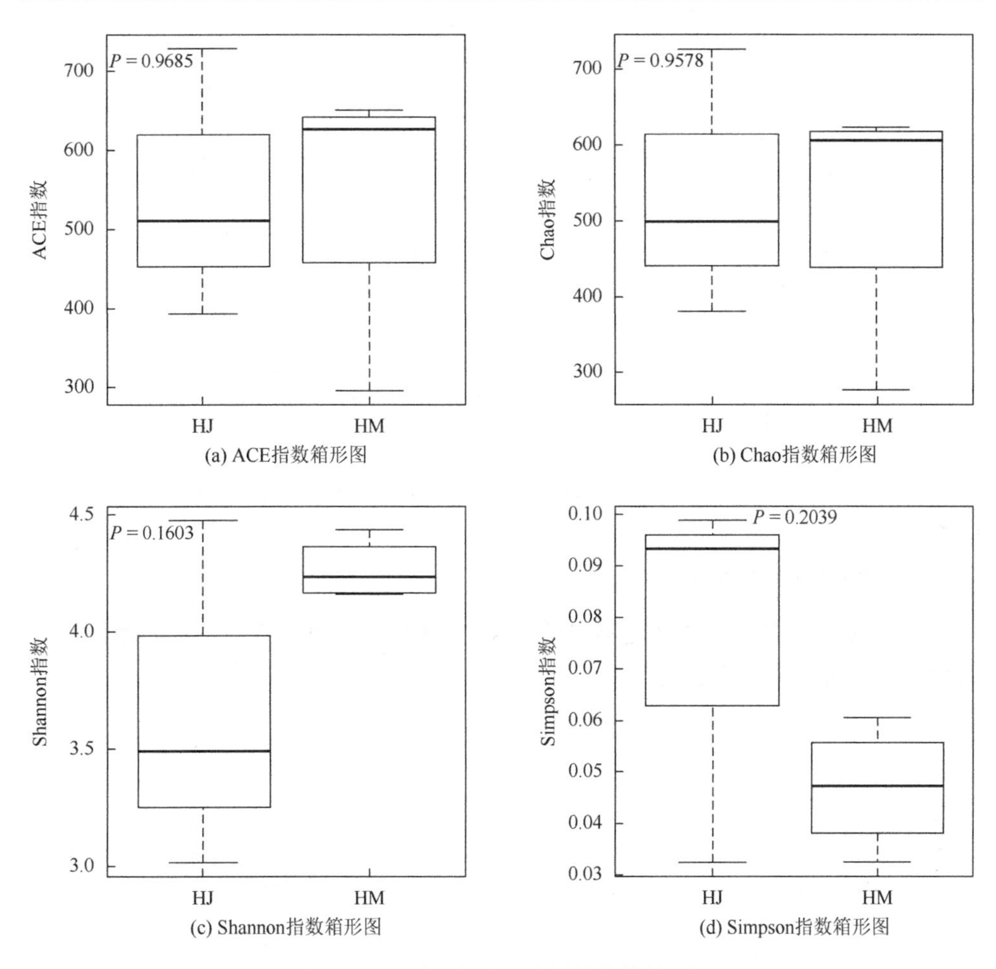

(a) ACE指数箱形图

(b) Chao指数箱形图

(c) Shannon指数箱形图

(d) Simpson指数箱形图

图 4-14　浮游动植物 α 多样性指数箱形图

从图 4-14（a）和（b）可以看出，2019 年冰封期内黑蒙省（自治区）界缓冲区浮游动植物的丰度明显高于黑吉省界缓冲区，而且两类缓冲区内断面物种丰度的差异均较大。从图 4-14（c）和（d）可以看出，黑蒙省（自治区）界缓冲区内浮游动植物的多样性高于黑吉省界缓冲区。黑蒙省（自治区）界缓冲区内断面物种多样性的差异小，但是黑吉省界缓冲区内断面物种多样性的差异较大，说明黑吉省界缓冲区内断面间的浮游动植物群落结构存在较大差异，可能是水质的理化特征不同造成的。

2. 稀疏性曲线

图 4-15 中每条稀释性曲线均趋于平坦，表明测序的数据量合理，测序的结果能够全面地反映各断面浮游动植物的物种分类信息。

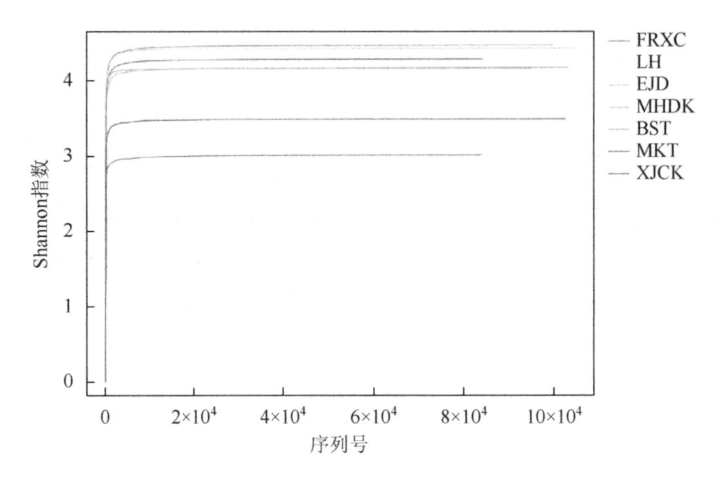

图 4-15 浮游动植物 α 指数稀疏性曲线图（请扫封底二维码查看彩图）

3. Rank-abundance 曲线

图 4-16 中 7 条样品曲线趋势平缓，且在横轴上的投影较宽，说明各断面浮游动植物的物种组成丰富且均匀。

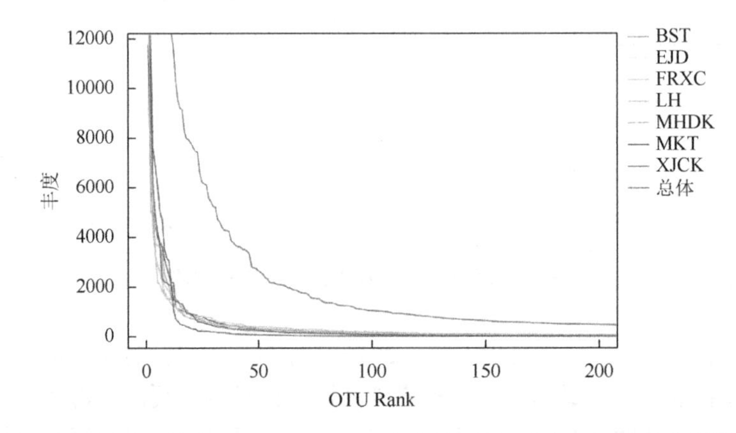

图 4-16 浮游动植物 Rank-abundance 曲线图（请扫封底二维码查看彩图）

4.2.4 典型断面内浮游动植物的群落结构组成

将各 OTU 与 Silva 数据库进行对比，完成物种分类，从分类结果中可以得到 7 个断面分别在门、纲、目、科、属水平下浮游动植物的种类及相对丰度。从 OTU 的注释结果来看，有 95.30%的 OTU 比对上了真核生物的分类信息，各监测断面有 50%左右的 OTU 比对上了浮游植物或浮游动物在属水平下的分类信息。图 4-17 所示为 7 个典型断面在属水平下的浮游动植物群落结构分布情况。

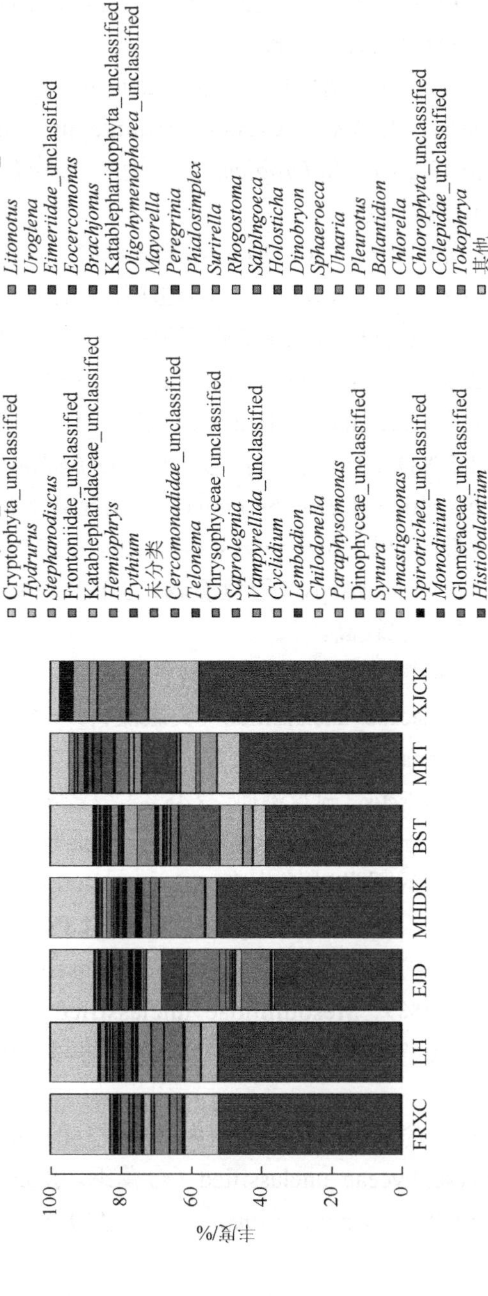

图 4-17　7个典型断面在属水平下的浮游动植物群落结构分布（请扫封底二维码查看彩图）

FRXC 断面中相对丰度较高的浮游动植物有 Cryptophyta_unclassified（隐藻门，9.93%）、*Vampyrellida*_unclassified（4.05%）、*Mayorella*（2.48%）、*Chilodonella*（斜管虫，2.22%）和 *Histiobalantium*（纤袋虫，2.00%）等。*Mayorella* 在其他断面的丰度基本为零，为该断面特有的优势物种。

LH 断面中相对丰度较高的浮游动植物有 *Hydrurus*（水树藻属，4.81%）、*Stephanodiscus*（冠盘藻属，4.73%）、*Cercomonadidae*_unclassified（3.79%）、*Vampyrellida*_unclassified（3.54%）和 *Uroglena*（尾窝虫，2.44%）。其中，*Uroglena* 和 *Balantidion* 仅在该断面的丰度高。

EJD 断面浮游动植物的丰度最低，但是多样性较高。断面中 Frontoniidae_unclassified（前口科，8.08%）、*Lembadion*（舟形虫属，6.01%）、*Chilodonella*（斜管虫，4.40%）、Katablepharidophyta_unclassified（下睫虫门，2.23%）、*Eocercomonas*（2.06%）、Katablepharidaceae_unclassified（尖眼藻科，1.98%）、*Dinobryon*（锥囊藻属，1.79%）、Chrysophyceae_unclassified（金藻纲，1.77%）和 *Spirotrichea*_unclassified（螺旋藻，1.57%）的丰度较高。其中，*Lembadion*、*Eocercomonas*、Katablepharidophyta_unclassified 和 *Dinobryon* 的丰度明显高于其他断面。

MHDK 断面中丰度最高的是 *Hemiophrys*（半眉虫，12.75%），为该断面特有的优势种。除此之外，*Stephanodiscus*（冠盘藻属，3.25%）和 *Cercomonadidae*_unclassified（2.61%）的丰度也较高。

BST 断面不论是浮游动植物的丰度还是多样性均最高。断面物种根据丰度由高到低依次是 Katablepharidaceae_unclassified（尖眼藻科，6.65%）、*Synura*（黄群藻属，4.94%）、Amastigomonas（无根单胞虫目，4.05%）、Cryptophyta_unclassified（隐藻门，3.46%）、*Stephanodiscus*（冠盘藻属，2.48%）、*Litonotus*（漫游虫，2.19%）等。其中，*Synura* 和 Amastigomonas 的丰度明显高于其他断面。

MKT 断面中丰度较高的浮游动植物有 *Telonema*（9.62%）、Cryptophyta_unclassified（隐藻门，6.62%）、*Stephanodiscus*（冠盘藻属，4.8%）、Katablepharidaceae_unclassified（尖眼藻科，4.18%）、Dinophyceae_unclassified（横裂甲藻纲，4.14%）、*Monodinium*（3.53%）、Mesodiniidae_unclassified（中缢虫科，2.14%）、*Cyclidium*（膜袋虫属，2.04%）等。其中，*Telonema* 和 *Monodinium* 为该断面特有的优势种。

XJCK 断面浮游动植物的种类最少，断面内丰度较高的物种有 *Hydrurus*（水树藻属，13.98%）、Chrysophyceae_unclassified（金藻纲，8.32%）、Frontoniidae_unclassified（前口科，5.64%）、*Paraphysomonas*（4.64%）和 *Cyclidium*（膜袋虫属，2.48%）。

除了浮游动植物外，部分断面还检测出了少量的真菌，包括 *Pythium*（腐霉属）、*Saprolegnia*（水霉属）、Glomeraceae_unclassified（球囊霉科）等，它们一般生长在淡水的动植物或其遗体上。7 个断面中 *Pythium* 丰度最高的是 BST 断面（11.92%），EJD 断面中的 *Saprolegnia* 丰度最高（9.72%），MHDK 断面中含有的 Glomeraceae_unclassified 丰度最高（2.56%）。

将断面的浮游动植物按照所在省（自治区）界缓冲区的不同进行分类，得到黑蒙、黑吉省（自治区）界缓冲区在属水平下浮游动植物的群落组成图，如图 4-18 所示。

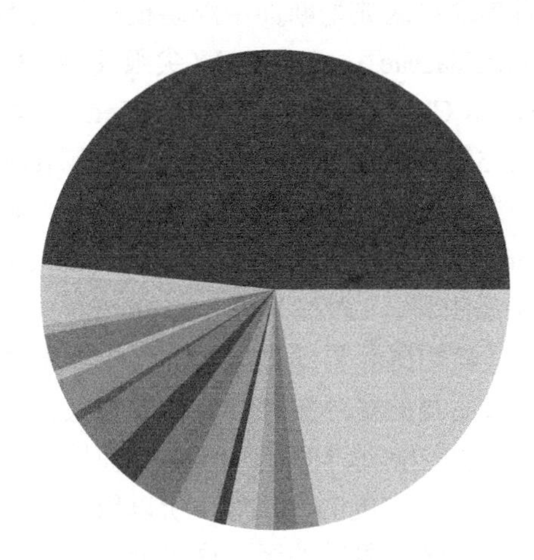

■ *Eukaryota*_unclassified(48.33%)
□ *Phialosimplex*(0.62%)
□ *Hemiophrys*(3.4%)
■ *Peregrinia*(0.62%)
■ 未分类(2.52%)
□ Katablepharidaceae_unclassified(0.64%)
■ *Saprolegnia*(2.45%)
■ *Mayorella*(0.64%)
■ Cryptophyta_unclassified(2.45%)
■ *Eocercomonas*(0.74%)
■ *Cercomonadidae*_unclassified(2.42%)
■ *Uroglena*(0.81%)
■ *Stephanodiscus*(2.27%)
■ *Glomeraceae*_unclassified(0.86%)
■ Frontoniidae_unclassified(1.98%)
■ *Histiobalantium*(0.9%)
□ *Vampyrellida*_unclassified(1.95%)
■ *Hydrurus*(1.32%)
■ *Chilodonella*(1.58%)
■ *Lembadion*(1.54%)
□ 其他(21.94%)

(a) 黑蒙省（自治区）界缓冲区属水平下的浮游动植物群落组成

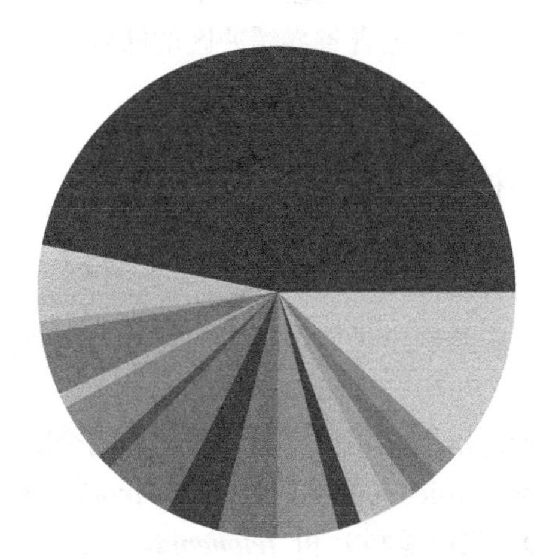

■ *Eukaryota*_unclassified(46.95%)
□ *Brachionus*(0.78%)
□ *Pythium*(4.2%)
■ *Salpingoeca*(0.79%)
■ *Hydrurus*(4.12%)
□ *Litonotus*(0.93%)
■ Katablepharidaceae_unclassified(3.9%)
■ Mesodiniidae_unclassified(1.06%)
■ *Telonema*(3.62%)
■ 未分类(1.14%)
■ Cryptophyta_unclassified(3.6%)
■ *Monodinium*(1.28%)
■ Chrysophyceae_unclassified(2.71%)
■ Amastigomonas(1.54%)
■ *Stephanodiscus*(2.58%)
■ Dinophyceae_unclassified(1.57%)
□ Frontoniidae_unclassified(2.25%)
■ *Synura*(1.72%)
■ *Cyclidium*(1.86%)
■ *Paraphysomonas*(1.84%)
□ 其他(11.55%)

(b) 黑吉省界缓冲区属水平下的浮游动植物群落组成

图 4-18　属水平下的浮游动植物群落组成（请扫封底二维码查看彩图）

从图 4-18（a）可以看出，黑蒙省（自治区）界缓冲区典型断面的水环境中浮游植物的优势种有 Cryptophyta_unclassified（隐藻门，2.45%）、*Stephanodiscus*（冠盘藻属，2.27%）、*Hydrurus*（水树藻属，1.32%）和 Katablepharidaceae_unclassified

（尖眼藻科，0.64%）。丰度较高的浮游动物有 *Hemiophrys*（半眉虫，3.4%）、*Cercomonadidae*_unclassified（2.42%）、Frontoniidae_unclassified（前口科，1.98%）、*Vampyrellida*_unclassified（1.95%）、*Chilodonella*（斜管虫，1.58%）、*Lembadion*（舟形虫属，1.54%）、*Histiobalantium*（纤袋虫，0.90%）、*Uroglena*（尾窝虫，0.81%）、*Eocercomonas*（0.74%）、*Mayorella*（0.64%）和 *Peregrinia*（0.62%）。

从图 4-18（b）中可以看出，黑吉省界缓冲区典型断面中浮游植物的优势种有 *Hydrurus*（水树藻属，4.12%）、Katablepharidaceae_unclassified（尖眼藻科，3.9%）、Cryptophyta_unclassified（隐藻门，3.6%）、Chrysophyceae_unclassified（金藻纲，2.71%）和 *Stephanodiscus*（冠盘藻属，2.58%）。丰度较高的浮游动物有 *Telonema*（3.62%）、Frontoniidae_unclassified（前口科，2.25%）、*Cyclidium*（膜袋虫属，1.86%）、*Paraphysomonas*（1.84%）、Amastigomonas（无根单胞虫目，1.54%）、*Monodinium*（1.28%）、Mesodiniidae_unclassified（中缢虫科，1.06%）等。

由此可见，冰封期内黑蒙和黑吉省（自治区）界缓冲区水环境中浮游动植物的群落组成差异较大，其中，丰度相差最明显的是浮游植物。黑蒙省（自治区）界缓冲区典型断面中丰度较高的有 4 种藻类，占总丰度的 6.68%，而黑吉省界缓冲区典型断面中丰度较高的有 7 种藻类，占总丰度的 20.2%，所以黑吉省界缓冲区内浮游植物的含量明显高于黑蒙省（自治区）界缓冲区。这可能是因为黑吉省界缓冲区冰封期的水质比黑蒙省（自治区）界缓冲区差，水中氮磷类污染物的浓度相对较高，为藻类生长提供了营养。同时，黑吉省界缓冲区的纬度较低，水温相对较高，更适合藻类生长。

4.2.5 断面间浮游动植物的群落结构差异

1. 物种丰度聚类热图

根据典型断面浮游动植物的丰度矩阵绘制出了属水平下的物种丰度热图，见图 4-19。

BST 与 MKT 断面内浮游动植物的群落组成相似度高，是因为两个断面中的优势物种基本一致，如 Cryptophyta_unclassified（隐藻门）、*Stephanodiscus*（冠盘藻属）、Katablepharidaceae_unclassified（尖眼藻科）和 *Telonema*。LH 与 MHDK 断面相邻，而且热图中色块的变化情况基本一致，说明断面内优势物种的重叠率高，各物种的丰度大致相同。而 EJD、XJCK 断面与其他断面的浮游动植物群落组成差异较大，可能是断面中的优势种如 Frontoniidae_unclassified（前口科）、Chrysophyceae_unclassified（金藻纲）、*Hydrurus*（水树藻属）的丰度明显高于其他断面所致的。整体来看，基于浮游动植物群落结构的断面聚类结果与基于水质理化指标的断面聚类结果基本相同。

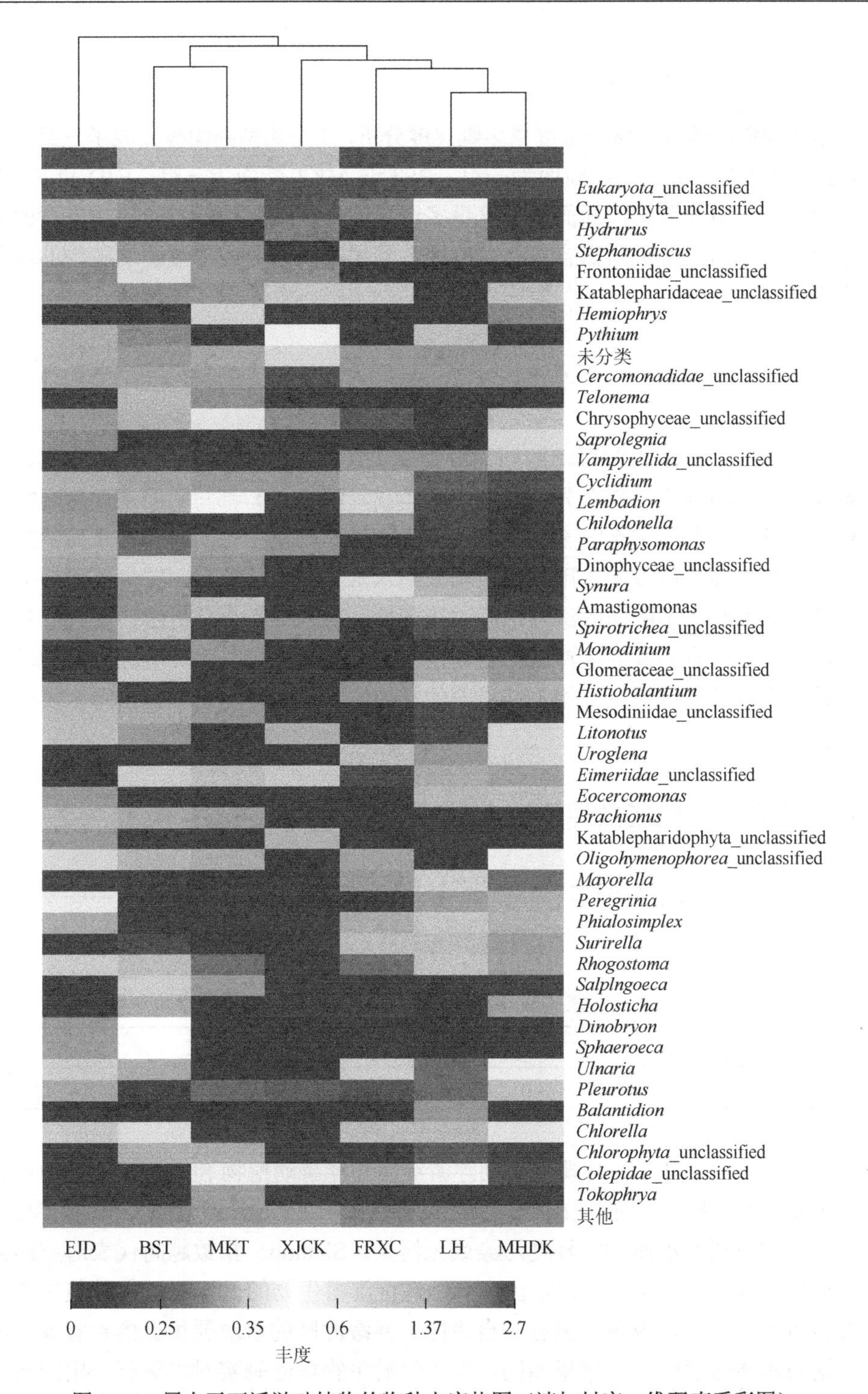

图 4-19　属水平下浮游动植物的物种丰度热图（请扫封底二维码查看彩图）

2. 非度量多维尺度分析

基于浮游动植物群落的非度量多维尺度分析，7 个典型断面被分成了三组，其中，LH、MHDK 和 FRXC 断面为一组，BST 与 MKT 断面为一组，EJD 和 XJCK 断面为一组。由此可见，断面的非度量多维尺度分析结果与浮游动植物丰度的聚类结果基本相同，黑蒙与黑吉省（自治区）界缓冲区水环境中浮游动植物的群落组成差异较大。

4.3　浮游生物对水质的指示作用

不论是基于浮游细菌群落的断面分类结果（图 4-3，图 4-9～图 4-11），还是基于浮游动植物群落的断面分类结果（图 4-13，图 4-19）都与断面水质理化特征的聚类结果（图 3-9）基本一致。说明浮游生物群落结构相似的水体其水质的理化情况也相似，因此可以考虑用浮游生物来指示水质的理化情况。首先采用多样性指数评价标准对典型断面的综合水质进行评价，再利用冗余分析法，探究松花江流域涉及黑龙江省的省界缓冲区冰封期内常见的浮游生物与水环境因子之间的关系，并筛选出了与水质指标相关性显著的浮游生物优势种更明确地指示水质的理化特征。

4.3.1　采用多样性指数评价综合水质

按照浮游细菌或浮游动植物物种多样性指数的大小可将各监测断面的综合水质进行分类。Shannon 指数评价标准见表 4-3。

表 4-3　Shannon 指数评价标准

	0～1	1～2	2～3	>3
污染等级	重度污染	α-中度污染	β-中度污染	轻度污染或无污染

从表 4-1 和表 4-2 中各典型断面浮游细菌和浮游动植物 Shannon 指数的计算结果可知，7 个典型断面浮游细菌和浮游动植物的 Shannon 指数都大于 3，因此，典型断面冰封期的水质都为轻度污染或无污染。Shannon 指数越高代表对应断面的水质质量越好，黑蒙省（自治区）界缓冲区浮游生物的 Shannon 指数整体要高于黑吉省界缓冲区，说明黑蒙省（自治区）界缓冲区的水质要优于黑吉省界缓冲区，这与水质的理化评价结果相同，可见浮游生物群落确实对水质有一定的指示作用。

4.3.2　浮游生物优势种对水质理化指标的指示作用

通过浮游生物多样性指数的评价结果能够快速地判断水体的综合污染情况，为了更详细地了解浮游生物与水质理化特征的关系，将研究水域内丰度较高的浮游细菌、浮游动植物分别与水质理化因子进行相关性分析，明确了研究水域冰封期内优势浮游物种不同的水体理化特征。

1. 浮游细菌优势种与环境因子间的相关性

本书采用 2019 年 12 月，7 个典型监测断面的五项水质指标监测值与浮游细菌群落中排名前 10 的优势菌属的相对丰度值进行了冗余分析，结果见图 4-20。其中，NH_3-N、TP 与 BOD_5 是松花江流域涉及黑龙江省的省界缓冲区冰封期内的主要污染物，黑色箭头代表冰封期内浮游细菌的优势菌属。环境因子与浮游细菌之间的夹角越小，说明二者的相关性越大。

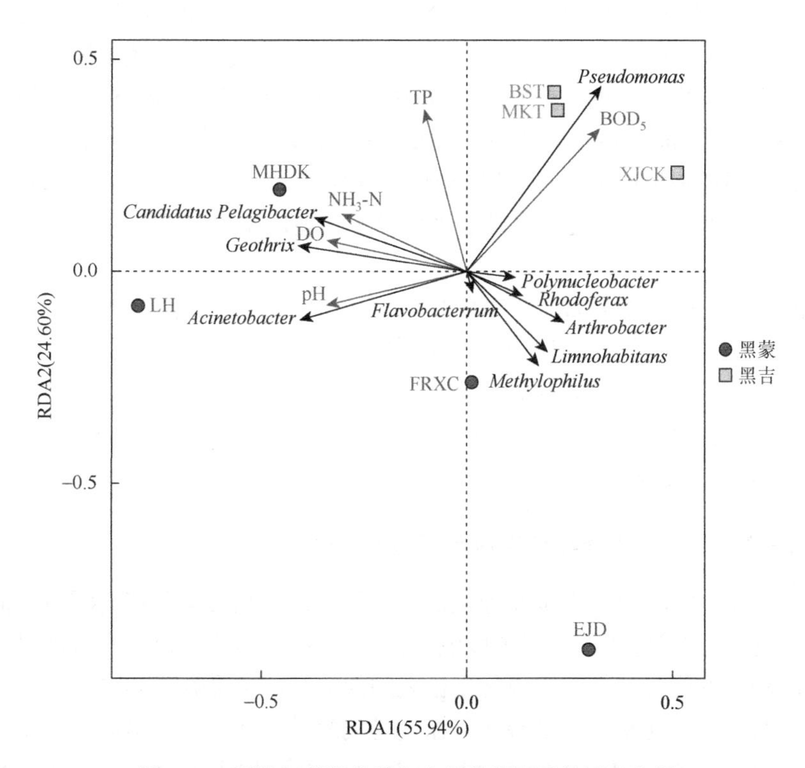

图 4-20　浮游细菌优势种与水质理化因子的冗余分析

图中第一排序轴的解释率为 55.94%，第二排序轴的解释率为 24.60%，两条坐标轴共解释了浮游细菌群落与环境因子相关性信息的 80.54%。从图中可以看出，BOD_5 与第一排序轴呈正相关，而 TP、NH_3-N、DO、pH 则与第一排序轴呈负相关，对冰封期内浮游细菌群落影响最大的水质指标是 TP 与 BOD_5。

研究水域冰封期内常见的 10 种浮游细菌优势种中，与水质理化指标相关性显著的有 *Pseudomonas*（假单胞菌属）、*Acinetobacter*（不动杆菌属）、*Candidatus Pelagibacter*（念珠杆菌属）和 *Geothrix*（地发菌属）。其中，*Pseudomonas*（假单胞菌属）与 BOD_5 和 TP 的夹角较小，说明 *Pseudomonas*（假单胞菌属）与水体中 BOD_5 和 TP 的含量呈正相关。有研究表明 *Pseudomonas*（假单胞菌属）广泛存在于土壤和水环境中，是一种高效除磷菌，只要水体中有足够的碳源，该菌属能够在好氧的环境中有效地除磷。所以，*Pseudomonas*（假单胞菌属）在图中距离黑吉省界缓冲区的断面近，丰度高，是黑吉省界缓冲区冰封期内水体中的有机污染物和氮磷类污染物的浓度都比黑蒙省（自治区）界缓冲区高导致的。

Acinetobacter（不动杆菌属）与 NH_3-N、DO 和 pH 的夹角较小，说明 *Acinetobacter*（不动杆菌属）与水中的 NH_3-N、DO 浓度及 pH 相关。*Acinetobacter*（不动杆菌属）在自然界中分布广泛，在水体中可以聚集存在，该菌属可以降解除草剂（氮类污染物、有机污染物）、有机磷农药和多种石油烃组分等（刘玉华等，2016）。所以，*Acinetobacter*（不动杆菌属）在 LH 断面的丰度明显高于其他断面，是因为该断面所在地的地方行业以制糖、制淀粉以及蔬菜种植为主，都是有机污染、氮磷类污染较重的行业，而且在采集浮游细菌样品时，断面内 NH_3-N 的浓度也较高。

Candidatus Pelagibacter（念珠杆菌属）、*Geothrix*（地发菌属）与 NH_3-N、TP、DO 和 pH 的夹角都较小，且分布在 LH 和 MHDK 断面的丰度均较高。这是因为 MHDK 与 LH 断面的水质理化特征相似，含磷类污染物的浓度略高，而且在采集浮游细菌的样品时，断面内的 DO 浓度和 pH 也较高，适合 *Candidatus Pelagibacter*（念珠杆菌属）和 *Geothrix*（地发菌属）的生长。

2. 浮游动植物优势种与环境因子间的相关性

采用 2019 年 12 月 7 个典型监测断面的五项水质指标监测值与浮游动植物群落中排名前 10 的优势种的相对丰度值进行冗余分析，得到了研究水域冰封期内常见的浮游动植物优势种与水质理化指标之间的关系，结果见图 4-21。

图4-21 中两条坐标轴共解释了浮游动植物群落组成与水环境因子间相关性信息的 60.53%。其中，pH、NH_3-N 和 DO 与第一轴呈正相关，而 TP 和 BOD_5 与第一轴呈负相关。从图中可以看出，冰封期内对浮游动植物群落影响较大的水质指标有 TP、BOD_5 与 pH。

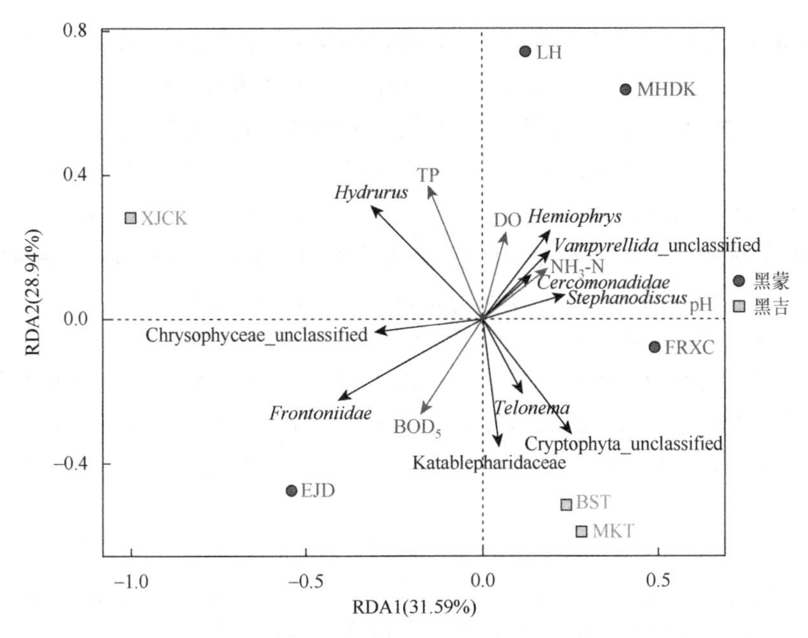

图 4-21 浮游动植物优势种与水质理化因子的冗余分析

研究水域冰封期内常见的 10 个浮游动植物优势种中，*Hydrurus*（水树藻属）与 TP 和 DO 的夹角都较小，说明 *Hydrurus*（水树藻属）的丰度与 TP 与 DO 的含量呈正相关。*Hydrurus*（水树藻属）属于金藻门，最适的生长环境为冬季接近 0℃的河流底部，而且对氧气的要求很高。*Hydrurus*（水树藻属）可作为清水带的指示物种，水环境中 *Hydrurus*（水树藻属）的丰度较高说明水体清洁并具有一定的溶解矿物质（如磷酸盐、硝酸盐和碳酸盐）。*Hydrurus*（水树藻属）在 XJCK 和 LH 断面内的丰度明显高于其他断面，是因为采样期内 XJCK 与 LH 断面的水质单因子评价结果都为Ⅲ类，水质均达标。因此，研究水域冰封期内 *Hydrurus*（水树藻属）丰度较高的水体水质清洁，并有一定浓度的含磷物质与 DO。

一般来说，金藻、甲藻丰度高，而绿藻和蓝藻数量少的水体水质较好，反之则代表水质受到了污染。冰封期内 EJD 断面的水质最好，XJCK 断面水质清洁，所以两个断面中 Chrysophyceae_unclassified（金藻纲）的丰度均较高，与多项水质指标呈负相关。由此可见，研究水域冰封期内 Chrysophyceae_unclassified（金藻纲）丰度较高的水体水质较好。

Cryptophyta_unclassified（隐藻门）和 Katablepharidaceae_unclassified（尖眼藻科）与 BOD_5 的含量呈正相关。其中，Cryptophyta_unclassified（隐藻门）是全球水环境中十分常见的单细胞鞭毛藻类，倾向于生存在温度较低且有机物和氮含量丰富的水体中。Katablepharidaceae（尖眼藻科）属于隐藻门，为淡水物种，与

Cryptophyta（隐藻门）的特征相似。Katablepharidaceae_unclassified（尖眼藻科）和 Cryptophyta_unclassified（隐藻门）在 BST 与 MKT 断面内的丰度均较高，是因为冰封期内这两个断面中有机污染物和氮类污染物的浓度普遍较高。

Hemiophrys（半眉虫）属于纤毛亚门，能够分泌有机磷及摄食细菌，提高磷的转化率。图中 *Hemiophrys*（半眉虫）与 TP、pH 和 DO 均呈正相关，是 MHDK 断面特有的优势种，这是因为 MHDK 与 LH 断面的水质特征相似，冰封期内 TP 和 DO 的浓度相对较高，适合 *Hemiophrys*（半眉虫）的生存。

*Vampyrellida*_unclassified 是一类异养的、裸露的吞噬性变形虫，以藻类为食，在淡水、海水及土壤中分布广泛，其中一些在溶解矿物质含量高的水环境中生存。图中 *Vampyrellida*_unclassified 与 NH_3-N、TP 和 DO 均呈正相关，在 FRXC 与 LH 断面内的丰度均较高，是因为冰封期内这两个断面中磷类污染物的浓度普遍较高。

Stephanodiscus（冠盘藻属）属于硅藻门，在湖库、河流中均有分布。硅藻对水质理化情况的变化十分敏感，常被用于水质评价中，其中，*Stephanodiscus*（冠盘藻属）是耐有机污染的指示藻种之一，也是五种水质带中甲型中污带的指示藻种之一。*Stephanodiscus*（冠盘藻属）在 LH、MHDK、BST 和 MKT 断面内的丰度均较高，是因为冰封期内 LH 断面中有机污染物和磷类污染物的浓度普遍偏高，MHDK 与 LH 断面的水质特征相似，BST 与 MKT 断面中有机物和氮磷类污染物的浓度也普遍较高。

3. 浮游生物优势种可指示的水质指标

从断面浮游细菌和浮游动植物优势种与水质理化指标的相关性分析可以看出，水质理化特征相似的断面其浮游生物的优势物种也相似，含有相同优势种的断面其水质的理化特征也相似。因此，可以用浮游生物的优势种来反映水质的理化情况。将松花江流域涉及黑龙江省的省界缓冲区冰封期内与水质理化因子相关性显著的浮游生物优势种及其可指示的水质指标统计如下，见表 4-4。

表 4-4　浮游生物优势种及其可指示的水质指标

浮游生物	物种名称	可指示的水质指标
浮游细菌	*Pseudomonas*（假单胞菌属）	BOD_5、TP
	Acinetobacter（不动杆菌属）	NH_3-N、DO、pH
	Candidatus Pelagibacter（念珠杆菌属） *Geothrix*（地发菌属）	NH_3-N、TP、DO、pH
浮游植物	*Hydrurus*（水树藻属）	水质清洁、TP、DO
	Chrysophyceae_unclassified（金藻纲）	水质清洁

续表

浮游生物	物种名称	可指示的水质指标
浮游植物	Cryptophyta_unclassified（隐藻门） Katablepharidaceae_unclassified（尖眼藻科）	BOD_5
	Stephanodiscus（冠盘藻属）	BOD_5、NH_3-N、TP
浮游动物	*Hemiophrys*（半眉虫）	TP、DO
	*Vampyrellida*_unclassified	TP

在松花江流域涉及黑龙江省的省界缓冲区中，冰封期内 *Pseudomonas*（假单胞菌属）丰度较高的水环境中有机污染物、磷类污染物的浓度会同时较高；*Acinetobacter*（不动杆菌属）丰度较高的水环境中有机污染指标和氮、磷类污染指标的浓度会相对较高，水中的 DO 和 pH 也较高；*Candidatus Pelagibacter*（念珠杆菌属）或 *Geothrix*（地发菌属）丰度较高的水环境中氮或磷是主要的污染指标，水中的 DO 浓度也会相对偏高；*Hydrurus*（水树藻属）丰度较高的水体水质清洁，并有一定浓度的含磷物质与 DO；Chrysophyceae_unclassified（金藻纲）丰度较高的水体水质较好；Cryptophyta_unclassified（隐藻门）或 Katablepharidaceae_unclassified（尖眼藻科）丰度较高的水环境中有机物和含氮污染物的浓度会相对较高；*Stephanodiscus*（冠盘藻属）丰度较高的水环境中有机物是主要的污染指标，氮磷类污染物的浓度也会偏高；*Hemiophrys*（半眉虫）丰度较高的水环境中磷类污染指标与 DO 的浓度会略高；*Vampyrellida*_unclassified 丰度较高的水环境中的主要污染指标是磷。

4.4　本章小结

（1）冰封期内，松花江流域涉及黑龙江省的省界缓冲区的 7 个典型断面中共有浮游细菌的 OTU 6825 个，其中，繁荣新村断面的 OTU 数目最多（2853 个），肖家船口断面的 OTU 数目最少（1583 个），而且黑吉省界缓冲区中断面的浮游细菌 OTU 数目整体低于黑蒙省（自治区）界缓冲区中的断面。7 个断面中共有浮游动植物的 OTU 2065 个，其中位于黑吉省界缓冲区内的白沙滩断面的 OTU 数目最多（701 个），位于黑蒙省（自治区）界缓冲区内的二节地断面的 OTU 数目最少（268 个）。不论浮游细菌还是浮游动植物，7 个断面共有的 OTU 比例均较低，说明黑蒙与黑吉省（自治区）界缓冲区冰封期内浮游生物的群落组成差异较大。

（2）冰封期内浮游细菌多样性最高的是繁荣新村断面，多样性最低的是肖家船口断面。浮游动植物多样性最高的是白沙滩断面，多样性较低的是马克图和肖家船口断面。7 个典型断面浮游细菌和浮游动植物的 Shannon 指数都大于 3，典型断面冰封期的水质都为轻度污染或无污染状态。而且黑蒙省（自治区）界缓冲区浮游生物的丰度与多样性均明显高于黑吉省界缓冲区，说明黑蒙省（自治区）界缓冲区的水质要优于黑吉省界缓冲区。

（3）不同断面浮游生物的群落组成不同，丰度较高的优势物种也不尽相同。黑蒙、黑吉省（自治区）界缓冲区内浮游细菌和浮游动植物的物种差异均较大，其中，黑吉省界缓冲区中 *Pseudomonas*（假单胞菌属）及浮游藻类的含量明显高于黑蒙省（自治区）界缓冲区，可能是因为黑吉省界缓冲区所处的纬度较低，水温相对较高，而且水环境中 NH_3-N、TP 和有机污染指标的浓度相对较高。

（4）黑蒙和黑吉省（自治区）界缓冲区水环境中浮游细菌与浮游动植物的群落组成差异均较大。7 个典型断面中拉哈与莫呼渡口、白沙滩与马克图这两组断面的浮游生物群落结构相似度高，而二节地和肖家船口的浮游生物群落组成与其他断面相差较大。结合典型断面基于水质理化指标的聚类结果来看，水质特征相似的断面其浮游生物群落结构也相似，说明浮游生物的群落组成能够反映断面的水质理化特征。

（5）对典型断面浮游生物的优势种与水质理化因子进行冗余分析，发现对研究水域冰封期内浮游生物群落影响较大的水质指标有 TP、BOD_5 和 pH。能够指示研究水域冰封期水质理化特征的浮游生物有 *Pseudomonas*（假单胞菌属）、*Acinetobacter*（不动杆菌属）、*Candidatus Pelagibacter*（念珠杆菌属）、*Geothrix*（地发菌属）、*Hydrurus*（水树藻属）、Chrysophyceae_unclassified（金藻纲）、Cryptophyta_unclassified（隐藻门）、Katablepharidaceae（尖眼藻科）、*Stephanodiscus*（冠盘藻属）、*Hemiophrys*（半眉虫）和 *Vampyrellida*_unclassified。

第5章　辽河流域水资源保护、治理与利用研究

辽河流域是我国重要的老工业基地、粮食基地和林业基地。人多水少、水资源时空分布不均、水土资源与生产力布局不匹配的基本水情决定了辽河流域的水资源保护工作将继续面临巨大的压力。多年来，受粗放式经济发展影响，辽河流域水污染十分严重。本章选取东辽河流域开展水功能区水质保护研究，以城市集中式饮用水水源地为重点，进行水源地保护策略研究；实施入河排污口布局与治理方案优化；实施跨流域引水与区域节水方案；构建吉林省辽河流域水资源质量监管体系，实现吉林省辽河流域水资源保护的智能预测等。

5.1　概　　述

5.1.1　研究背景

辽河流域是我国七大流域之一，吉林省辽河流域位于整个辽河流域上游，主要包括东辽河、西辽河、招苏台河、条子河等，涉及四平市、辽源市和公主岭市等，流域面积1.58万km^2，约占吉林省总面积的8.2%。辽河流域是全国重要的优质商品粮基地，也是吉林省重要的菜篮子产品生产供应基地，肩负着保证国家粮食安全的重任，在农业现代化建设大局中占有举足轻重的战略地位。

辽河流域水环境问题十分突出，存在源头区水源涵养能力弱、城市河段水体黑臭、支流普遍污染严重，水质型缺水和水量型缺水叠加等问题。“十三五”以来，辽河流域水环境质量总体呈恶化趋势。2016～2017年，辽河流域6个国考断面中，优良水体占比为0%，Ⅴ类水体占比为33.3%，劣Ⅴ类水体占比高达66.7%。2018年1～3月6个国考断面全部为劣Ⅴ类，水污染问题比较严重，已成为区域经济社会可持续发展的瓶颈和全面建成小康社会的明显短板。辽河流域水污染和生态破坏问题是长期积累而成的，具有复杂性、综合性，治理难度大，成为影响吉林省辽河流域经济可持续发展的重要因素。为此，宏观技术指导旨在基于流域水资源保护、治理与利用提出系统工程设计方案。

5.1.2　研究目的

通过分析吉林省辽河流域水资源现状，调查研究该流域水资源保护现存问

题，提出保护该流域的具体方案，实现水资源治理与智能监控管理，并在一定时间内达到以下目标。

到 2020 年，江河湖泊水功能区水质有效改善，重要江河湖泊水功能区水质达标比例提高到 77%以上，重要城市集中式饮用水水源地水质达标比例达到 93%，规模以上入河排污口得到有效监控，到 2020 年，农田灌溉水有效利用系数提高到 0.6，主要江河湖泊水生态系统得到基本保护。到 2030 年，江河湖泊水功能区基本达标，重要江河湖泊水功能区水质达标比例达到 95%以上，城市基本消除黑臭水体，湖库水体富营养化状况得到显著改善，重要城市集中式饮用水水源地水质基本达标，规模以上入河排污口布局合理、得到有效整治和监控，地下水水质有所改善，受损的重要地表水和地下水生态系统得到基本修复，江河湖泊水生态系统得到有效改善。

5.1.3　主要研究内容

（1）分析吉林省辽河流域水资源利用状况，总结吉林省辽河流域水资源保护所面临的主要问题；

（2）划分流域内重点区域，提出针对各个区域的治理措施；

（3）研究水源地保护策略，重点研究保护城市集中式饮用水水源地方案；

（4）合理规划入河排污口布局并优化污染段治理方案；

（5）建立吉林省辽河流域水资源质量监管体系，实现吉林省辽河流域水资源保护的在线监控及智能预测。

5.2　现 状 分 析

5.2.1　地理位置

吉林省辽河流域位于吉林省西南部，地处 122°05′E～125°35′E，42°37′N～44°41′N，流域内主要河流有东辽河、招苏台河和西辽河，主要辖区为吉林省的四平市和辽源市。

5.2.2　地质、地势和地貌

吉林省辽河流域的地质构造属于中国东部黑龙江亚板块，按地质力学划分，处于阴山-天山纬向构造带的东段，新华夏系东北段的复合地区。全区地层主要分松辽平原区和吉林-延边分区。古近系-新近系以内陆盆地相为主要特征，第四系出露齐全，哺乳动物化石丰富。

吉林省辽河流域位于松辽平原的中部，海拔为 99～622m，大黑山脉海拔最高 622m，地势由东南向西北缓降。流域内兼备了低山、丘陵和平原三种地貌类型，上游是典型的低山丘陵区，地貌为剥蚀型的低山和丘陵，表现为山体较高而山谷较宽，在山体间会夹杂一些小的沟川平地，这种类型的地貌土质肥沃；中游地区属于台地平原区；下游地区为沙丘覆盖平原区，在中下游地区具有起伏的台地和平原两种地貌，流域内的东辽河、招苏台河和条子河沿河两岸地势低平，为河漫滩地貌。

5.3　吉林省辽河流域水资源状况分析与保护目标

吉林省辽河流域地处吉林省西南部，低山、丘陵和平原兼备，位于辽河流域上游，地势由东南向西北缓降，海拔 99～622m。东南部为低山丘陵地带，山高谷宽，山间夹杂小的沟川平地，土质肥沃。中西部为平原区，为起伏的台地和平缓的平原。河流穿行其间，沿河两岸地势低平。地表大部分为松散覆盖层，仅有少部分基岩裸露。流域属东部季风区中温带半湿润气候，四季分明，春季干燥多风，夏季温湿多雨，多年平均降水量为 545mm，多年平均蒸发量为 1020mm。

5.3.1　吉林省辽河流域水环境质量

吉林省辽河流域水质情况如表 5-1 和表 5-2 所示，干流水质总体好于支流，干流个别断面水质为重度污染，支流总体水质为重度污染，主要超标污染指标为氨氮、总磷、五日生化需氧量、化学需氧量、高锰酸盐指数、挥发酚、氟化物。

表 5-1　2013～2017 年主要河流水环境质量

河流名称	断面名称	2013 年	2014 年	2015 年	2016 年	2017 年	2020 年水质目标
东辽河	河清	劣Ⅴ	Ⅴ	劣Ⅴ	劣Ⅴ	劣Ⅴ	Ⅴ
	城子上	Ⅳ	Ⅴ	Ⅴ	劣Ⅴ	Ⅴ	Ⅳ
	四双大桥	Ⅳ	Ⅳ	Ⅳ	Ⅴ	Ⅴ	Ⅳ
招苏台河	六家子	劣Ⅴ	Ⅴ	Ⅳ	劣Ⅴ	劣Ⅴ	Ⅴ
条子河	林家	劣Ⅴ	劣Ⅴ	劣Ⅴ	劣Ⅴ	劣Ⅴ	Ⅴ
西辽河	金宝屯	Ⅳ	Ⅳ	Ⅳ	Ⅴ	Ⅴ	Ⅳ

表 5-2　2013～2017 年饮用水水源地水质

城市名称	水源地名称	2013 年	2014 年	2015 年	2016 年	2017 年
四平市	山门水库	Ⅲ	Ⅲ	Ⅲ	Ⅲ	Ⅲ
	二龙山水库	Ⅲ	Ⅲ	Ⅲ	劣Ⅴ	Ⅴ
	下三台水库	Ⅲ	Ⅲ	Ⅲ	Ⅲ	Ⅲ
辽源市	杨木水库	Ⅲ	Ⅲ	Ⅲ	Ⅲ	Ⅲ
公主岭市	卡伦水库	Ⅲ	Ⅲ	Ⅲ	劣Ⅴ	Ⅳ

辽河流域 2013～2017 年 6 个断面的水质情况为Ⅴ类、劣Ⅴ类水体占比达 70%以上。2018 年以来，流域水环境质量较 2017 年同期下降，1～7 月 6 个国考断面有 5 个为劣Ⅴ类，水污染问题比较严重，辽源市河清断面和公主岭市城子上断面已经无法完成国家考核年度任务目标。

通过对入河支流进行补充监测，有 21 条河流的支流水质均为Ⅴ类和劣Ⅴ类。饮用水水源地水质 2013～2017 年主要城市集中式饮用水水源水质状况除了 2016～2017 年四平市二龙山水库、公主岭市卡伦水库两个水源地水质不能满足Ⅲ类水外，四平市山门水库、下三台水库和辽源市杨木水库水源水质均达Ⅲ类标准。

2016 年，二龙山水库饮用水水源地水质为劣Ⅴ类，超标污染指标为总磷，超标 3.06 倍。卡伦水库饮用水水源地水质为劣Ⅴ类，超标污染指标为氨氮、总磷和挥发酚，超标倍数分别为 2.03 倍、2.6 倍和 43 倍。

2017 年，二龙山水库饮用水水源地水质为Ⅴ类，超标污染指标为氨氮，超标倍数为 0.88 倍。公主岭市的卡伦水库饮用水水质为Ⅳ类，属于轻度污染，主要超标污染指标为总磷、挥发酚，其中，总磷最大超标 2 倍，挥发酚超标 3 倍。

吉林省辽河流域属资源型重度缺水地区。因地处辽河水系上游区，无过境水，受气候变化影响该地区持续性降水也偏少，呈现资源型缺水。流域人均水资源量 495m^3，仅为全省人均值的 31%、全国人均值的 23%。东辽河主要支流、西辽河年内大部分时间基本呈现河道断流、滞流状态。条子河河道水以四平城区污水处理尾水和溢流污水为主。招苏台河典型枯水期时污水量占总径流量的 80%以上。加之城市工业、生活用水挤占生态用水，水体自净能力弱，环境容量很小或无，河流断流问题日益突出。

吉林省辽河流域“十三五”期间水污染持续加重，2016～2017 年，辽河流域 6 个国考断面中，全部为Ⅴ类、劣Ⅴ类水体，其中，Ⅴ类水体占比 41.67%，劣Ⅴ类水体占比高达 58.33%。2018 年 1～6 月，6 个国考断面中 5 个为劣Ⅴ类水体，其中，西辽河金宝屯断面为新增劣Ⅴ类水体。水污染问题比较严重，城市内河黑臭水体污染问题突出，流域内三条黑臭水体尚未完成整治工作，未被截流的污水和河道内常年积聚淤泥严重影响下游水质，仙人河对东辽河河清断面、红嘴河对条子河林家断面污染贡献极大。

现有公主岭市、双辽市6座污水处理厂仍执行一级B排放标准，四平市、辽源市和公主岭市污水处理厂扩能工程建设滞后，部分污水直排，辽源市、公主岭市、东辽县污水管网雨污分流改造进展缓慢，渭津镇、怀德镇等10个重点建制镇尚未建设污水收集处理设施。排水管网覆盖不全，未铺设污水管网区域的废水以散排为主，直接入河，污染水质。汛期雨水量较大超出排水管网截流倍数时，存在部分混合污水直排入河的情形。

辽河流域为国家商品粮主产区，化肥农药施用量大，沿河两岸无生态缓冲带，种植使用的未被吸收的农药化肥经地表径流直接进入河流，丰水期对水体水质造成一定影响。乡镇环境基础设施严重不足，生活垃圾集中收集转运建设严重滞后，村屯农村垃圾得不到有效处理，村屯生活垃圾和畜禽粪便随意在河道中堆置、倾倒的问题比较突出，化冰期及雨季污染物进入河流。

辽河流域内以农田生态系统为主，农田生态系统占流域土地面积的50%以上，森林、草地生态系统分布较少，生态空间明显少于农业与城镇空间。流域内河岸缓冲带农业种植和坡耕地普遍存在，河道内和水库滩地被耕种，以及城市河道硬质化改造等严重挤占了生态空间，弱化了生态系统功能，城镇化、工业化、基础设施建设等开发建设活动割裂了生态系统的完整性和连通性，生态空间破碎化状况明显。东辽河干流河道岸线及河道外200m岸边带开发利用率分别达到63.6%和89.7%，干流二龙湖水库2km岸边带开发率高达85.1%。

吉林省辽河流域内东辽河干流至河清断面15.3km河段、小梨树河约28.3km河段为辽源市与辽宁省界，条子河、招苏台河为四平市与辽宁省界河。其中，干流至河清断面河段、小梨树河跨省界河段西岸存在来源于西丰县平岗镇和天德镇的生活污水，种植业、养殖业跨界污染的问题。条子河出四平城区至林家断面约17km河段为四平市与辽宁省昌图县的界河，北岸为吉林省四平市梨树县，南岸为辽宁省昌图县，昌图县八面城镇和平安堡镇存在生活污水，种植业、养殖业跨界污染问题。

5.3.2　水环境监测

辽河流域吉林控制区地表水资源量小，污染负荷重，河道径污比高，水质改善难度大，整体水质情况和改善目标如表5-3和表5-4所示。吉林控制区地表水资源总量缺乏，多年平均径流深79.6mm，地表水资源量仅8.3亿m^3，且河道长度短，控制区内水资源利用程度高，大部分河道季节性干涸、断流和水环境容量下降，加剧了河道内水生态环境的退化。吉林控制区是辽河流域重要的商品粮基地和食品加工基地，随着区域经济和城镇化的快速发展、新农村建设步伐的加快和规模化畜禽养殖的蓬勃发展，加之水土流失问题突出，吉林控制区城市生活、种植业、农村生活源污染日益严重，河道污径比高，水质改善难度极大（吴佳曦，2013）。

表 5-3　辽河流域国考断面水质目标

地区	断面名称	2018 年行动目标	2019 年行动目标	2020 年行动目标
四平市	林家断面	除氨氮≤10mg/L，其他指标达到Ⅴ类水体	除氨氮≤7mg/L，其他指标达到Ⅴ类水体	除氨氮≤6mg/L，其他指标达到Ⅴ类水体
	六家子断面	Ⅴ类水体	Ⅴ类水体	Ⅴ类水体
	四双大桥断面	Ⅳ类水体	Ⅳ类水体	Ⅳ类水体
	金宝屯断面	Ⅳ类水体	Ⅳ类水体	Ⅳ类水体
辽源市	河清断面	除氨氮≤6mg/L，其他指标达到Ⅴ类水体	Ⅴ类水体	Ⅴ类水体
公主岭市	城子上断面	Ⅴ类水体	Ⅴ类水体	Ⅳ类水体

表 5-4　集中式饮用水水源地水质改善目标清单

<table>
<tr><th>水源地名称</th><th>2018 年改善目标</th><th>2020 年改善目标</th></tr>
<tr><td>四平市二龙山水库</td><td rowspan="2">达到Ⅲ类水质目标要求</td><td rowspan="3">全省城市集中式饮用水水源地水质达到或优于Ⅲ类比例达到 100%</td></tr>
<tr><td>公主岭市卡伦水库</td></tr>
<tr><td>其他县级以上城市集中饮用水水源地</td><td>稳定达标</td></tr>
</table>

据调查，对吉林省辽河流域地下水质进行分析，辽河流域地下水的主要污染因子是总硬度、高锰酸盐指数、氨氮、铁、锰等。辽阳高锰酸盐指数超标；80%的城市氨氮浓度都严重超标；80%的城市铁离子浓度严重超标。辽阳部分地下公用水源受到不同程度的污染。

自辽河流域 1996 年被列入国家“三河三湖”污染治理“黑名单”以来，辽河区不断加强流域及区域的水污染防治和水资源保护力度，构建了水资源管理“三条红线”控制指标体系、水功能区分级分类管理体系及城市水源地核准和安全评估制度；建立了入河排污口监督管理制度、省界水体水质监测制度；制定了重要江河湖泊分阶段限制排污总量意见，加强了工业点源和城市生活污水治理；推进了地下水超采治理，流域水资源保护及水生态文明建设工作逐步得到加强，加强管理后的水质情况见表 5-5。

表5-5　省界断面监测情况表

序号	监测断面名称	水功能区名称	水功能区起始断面	水功能区终止断面	水功能区长度/km	水质目标	所在水系
1	巴彦塔拉	西辽河蒙吉缓冲区	巴彦塔拉镇	蒙吉省（自治区）界	23	Ⅲ	西辽河
2	白市	西辽河蒙吉缓冲区	巴彦塔拉镇	蒙吉省（自治区）界	23	Ⅲ	西辽河
3	王奔桥	西辽河吉蒙缓冲区	203公路桥	巴嘎呼萨	20	Ⅲ	西辽河
4	巴嘎呼萨	西辽河吉蒙缓冲区	203公路桥	巴嘎呼萨	20	Ⅲ	西辽河
5	西靠山	新开河蒙吉缓冲区	西靠山屯	入西辽河河口	25	Ⅲ	西辽河
6	敖吉	新开河蒙吉缓冲区	西靠山屯	入西辽河河口	25	Ⅲ	西辽河
7	四双大桥	东辽河吉辽、蒙辽缓冲区	东明镇	东西辽河汇合口	87	Ⅲ	东辽河
8	福德店东	东辽河吉辽、蒙辽缓冲区	东明镇	东西辽河汇合口	87	Ⅲ	东辽河
9	两家子	招苏台河吉辽缓冲区	三棵树	黑岗	27	Ⅳ	辽河
10	后义和	条子河吉辽缓冲区	条子河村	林家	25	Ⅳ	辽河

重要江河湖泊水功能区水质监测情况如下：

（1）积极参与国家水资源监控能力建设相关工作。推动国家水资源监控能力建设二期建设有关工作，组织召开水利部松辽水利委员会水资源监控能力建设项目应急管理系统完善启动会议，编制完成了《松辽委水资源应急管理系统完善详细设计报告》。针对应急管理系统所涉及数据库建设、基础软硬件环境配置、水质预测预报模型部署、地图服务调用、与国控平台子系统数据信息交换等问题，进行了技术讨论，启动系统开发工作。

（2）逐步提升水功能区和监测断面覆盖率。2017年，松辽委对流域内5个缓冲区及其他重要水功能区上的10个水质监测断面按月实施了监测，水功能区覆盖率和水质监测断面覆盖率均达到100%。

5.4　水质分析与评价

5.4.1　东辽河断面水质分析

选取东辽河的7个重点监测断面，即西孟桥、辽河源、拦河闸、河清（入二龙山水库）、城子上、周家河口、四双大桥进行水质分析。

由2017～2019年吉林省东辽河水质数据可知，除辽河源断面属水源保护区未受污染外，其余监测断面水质多为Ⅳ类、Ⅴ类及劣Ⅴ类，西孟桥断面污染最严重时，氨氮、五日生化需氧量、化学需氧量、总磷、阴离子表面活性剂、高锰酸盐指数、挥发酚、氟化物均超标，至2019年10～12月断面监测结果已为轻度污染。河清和拦河闸及城子上断面的2017年水质数据显示超标项目为总磷、五日生化需氧量、高锰酸盐指数、化学需氧量，2018～2019年有所改善。周家河口断面2017年水质重度污染，通过治理，2019年该断面水质已得到改善。四双大桥断面的水质重轻度污染反复交替，2019年水质总体轻度污染。

5.4.2　单因子评价法

单因子评价项目包括pH、溶解氧、高锰酸盐指数、五日生化需氧量、氨氮、石油类、挥发酚、总磷、铜、锌、氟化物、硒、砷、汞、镉、铬、铅、氰化物、阴离子表面活性剂、硫化物、化学需氧量21项。

单因子污染指数法是将评价因子与评价标准进行比较，确定各个评价因子的水质类别，在所有项目的水质类别中选取水质最差类别作为水体的水质类别。单因子污染指数法的计算结果见表5-6。

表5-6　2017～2019年吉林省东辽河重点断面的水质状况

序号	断面名称	2017年	2018年	2019年
1	西孟桥	劣Ⅴ类	劣Ⅴ类	劣Ⅴ类
2	辽河源	Ⅱ类	Ⅱ类	Ⅱ类
3	拦河闸	劣Ⅴ类	劣Ⅴ类	劣Ⅴ类
4	河清（入二龙山水库）	劣Ⅴ类	劣Ⅴ类	劣Ⅴ类
5	城子上	劣Ⅴ类	劣Ⅴ类	劣Ⅴ类
6	周家河口	劣Ⅴ类	劣Ⅴ类	劣Ⅴ类
7	四双大桥	劣Ⅴ类	劣Ⅴ类	劣Ⅴ类

依据监测数据，计算东辽河2017～2019年的水质超标倍数，从表5-7得出，东辽河11项水质评价指标超标严重的有氨氮（NH_3-N）、总磷（TP）、化学需氧量（COD）。

表 5-7　2017～2019 年东辽河重点断面的水质指标超标倍数

监测断面	2017 年	2018 年	2019 年
西孟桥	4.490（NH_3-N）	7.850（NH_3-N）	5.400（NH_3-N）
辽河源	1（BOD_5）	1（Hg）	1（COD）
拦河闸	4.445（NH_3-N）	2.85（TP）	1.7（TP）
河清	4.11（NH_3-N）	6.55（NH_3-N）	3.78（NH_3-N）
城子上	5.7（NH_3-N）	10.575（TP）	2.155（NH_3-N）
周家河口	2.005（NH_3-N）	1.455（NH_3-N）	2.4（TP）
四双大桥	2.005（NH_3-N）	1.455（NH_3-N）	2.4（TP）

5.4.3　水质标识指数法

水质标识指数（I_{wq}）法是一种水质评价方法，该法解决了劣Ⅴ类水质的连续性描述问题，能够对劣Ⅴ类水进行科学合理评价。

其结构为

$$I_{wq} = X_1 X_2 X_3 X_4 \tag{5-1}$$

式中，X_1、X_2 由计算获得；X_3 和 X_4 根据比较结果得到。其中，X_1 为河流总体的水质类别；X_2 为水质在 X_1 类水质变化区间内所处位置，从而实现在同类水中进行水质优劣比较；X_3 为参与水质评价的水质指标中，劣于水功能区目标的单项指标个数；X_4 为水质类别与水功能区类别的比较结果，视水质的污染程度，X_4 为一位或两位有效数字。选取溶解氧（DO）、高锰酸盐指数（COD_{Mn}）、五日生化需氧量（BOD_5）、氨氮（NH_3-N）、化学需氧量（COD）、总氮（TN）、总磷（TP）共 7 项具有代表性的水质监测项目指标进行分析评价，具体的水质标识指数评价结果见表 5-8，水质评价见表 5-9。

表 5-8　东辽河水质标识指数评价结果

断面名称	年份	DO /(mg/L)	COD_{Mn} /(mg/L)	BOD_5 /(mg/L)	NH_3-N /(mg/L)	COD /(mg/L)	TN /(mg/L)	TP /(mg/L)	I_{wq}
西孟桥	2017	4.70	6.31	6.21	9.54	7.32	—	8.03	7.052
	2018	4.20	4.90	7.12	12.97	6.71	—	6.51	7.142
	2019	4.00	5.00	6.31	10.45	7.42	—	6.61	6.641
辽河源	2017	1.50	2.90	2.00	2.90	2.00	—	2.90	2.400
	2018	1.80	2.90	2.00	2.90	2.00	—	2.90	2.400
	2019	2.50	2.80	1.50	2.90	2.00	—	2.90	2.400

续表

断面名称	年份	DO /(mg/L)	COD_{Mn} /(mg/L)	BOD_5 /(mg/L)	NH_3-N /(mg/L)	COD /(mg/L)	TN /(mg/L)	TP /(mg/L)	I_{wq}
拦河闸	2017	2.50	4.60	4.50	9.45	5.51	—	6.62	5.521
	2018	3.00	5.21	5.11	3.10	5.81	—	7.93	5.041
	2019	1.50	4.90	3.80	3.80	5.31	—	6.72	4.320
河清	2017	4.00	5.70	6.41	9.14	6.41	8.43	6.21	6.651
	2018	4.00	5.70	6.31	11.66	6.41	13.48	6.31	7.762
	2019	5.00	5.20	6.21	8.83	6.21	12.75	6.41	7.252
城子上	2017	6.41	6.91	5.10	10.65	7.62	12.47	10.75	8.663
	2018	3.90	8.53	9.34	9.74	10.85	13.08	12.17	9.764
	2019	3.20	4.00	5.20	7.22	5.70	8.83	5.40	5.720
周家河口	2017	4.10	3.90	4.80	7.43	4.80	22.518	6.41	7.733
	2018	4.80	4.90	4.90	4.50	5.01	14.510	5.80	6.332
	2019	3.50	4.60	5.01	4.50	4.70	10.66	5.31	5.531
四双大桥	2017	2.30	4.20	6.12	7.03	5.51	8.54	4.40	5.441
	2018	1.40	4.00	4.80	6.02	5.91	7.83	6.02	5.141
	2019	2.60	3.80	6.02	5.51	7.03	7.33	7.43	5.751

表 5-9　2017～2019 年东辽河水质评价

监测断面	年份	水质标识指数	水质级别	水环境功能区达标评价
西孟桥	2017	7.052	黑臭	未达标
	2018	7.142	黑臭	未达标
	2019	6.641	劣Ⅴ类但不黑臭	未达标
辽河源	2017	2.400	Ⅱ类	达标
	2018	2.400	Ⅱ类	达标
	2019	2.400	Ⅱ类	达标
拦河闸	2017	5.521	Ⅴ类	未达标
	2018	5.041	Ⅴ类	未达标
	2019	4.320	Ⅳ类	达标
河清	2017	6.651	劣Ⅴ类但不黑臭	未达标
	2018	7.762	黑臭	未达标
	2019	7.252	黑臭	未达标
城子上	2017	8.663	黑臭	未达标
	2018	9.764	黑臭	未达标
	2019	5.720	Ⅴ类	达标

续表

监测断面	年份	水质标识指数	水质级别	水环境功能区达标评价
周家河口	2017	7.733	黑臭	未达标
	2018	6.332	劣Ⅴ类但不黑臭	未达标
	2019	5.531	Ⅴ类	未达标
四双大桥	2017	5.441	Ⅴ类	未达标
	2018	5.141	Ⅴ类	未达标
	2019	5.751	Ⅴ类	未达标

注：水质标识指数 $6.0 < I_{wq} \leqslant 7.0$ 为劣Ⅴ类但不黑臭；$I_{wq} > 7.0$ 为黑臭。

5.4.4　水质标识指数评价结论

与其他评价方法相比，水质标识指数法将定性、定量评价有机结合，对劣Ⅴ类河流进行水质评价，并判别河流水体是否黑臭。

从 7 个断面的单因子水质标识指数评价结果来看，2017～2018 年水质总体变化不明显，2019 年均有不同程度的改善，周家河口和四双大桥断面氨氮指标水质有转好的趋势，达到河流水质目标的只有辽河源断面，2017～2019 年水质均为Ⅱ类水。7 个监测项目中 TN、TP、NH_3-N 是超标的主要指标，从超标程度来看，城子上断面 2018 年超标最为严重，7 项监测项目 6 项超标。由表 5-9 可知，除辽河源达标外，其余监测断面均超标。西孟桥断面 2017～2018 年、河清断面 2018～2019 年、城子上断面 2017～2018 年、周家河口断面 2017 年水质为黑臭。与单因子评价相区别的是，水质标识指数法用均化后的指标反映河流总体的水质情况，而单因子水质标识指数法中加入了总氮的计算，总氮（TN）在已有 6 个监测断面中（除辽河源）显示均超标严重，最严重的断面总氮浓度达到 22.518mg/L，能够真实反映河湖水质单因子指标的优劣程度。与单因子评价法相比，水质标识指数法充分考虑了各种水质因子的影响，可直观地表达水质类别和达标情况，达到定性和定量综合评估。

5.5　模糊综合评价法

模糊综合评价法首先通过单指标评价分别计算各个评价指标在各评价等级的隶属度，建立模糊关系矩阵；然后确定各评价指标在所有指标中的指标权重；最后通过模糊关系运算对水质进行分析评价。

5.5.1　模糊关系的建立

根据监测河段的水质状况及现有的监测数据，选择各污染指标对某一标准的超标倍数的次数统计结果，采用溶解氧（DO）、化学需氧量（COD）、氨氮（NH_3-N）、总氮（TN）、总磷（TP）为评价因子，取评价集V = { Ⅰ类，Ⅱ类，Ⅲ类，Ⅳ类，Ⅴ类}。

考虑运算的实际性，采用“降半梯形分布法”来计算。将各监测断面的监测数据代入隶属函数中，建立每个断面的单因子模糊评价矩阵 $\boldsymbol{R}$。

5.5.2　组合赋权法确定权重

1. 熵权法

熵权法计算步骤为

（1）原始数据由 n 个评价指标、m 个评价对象形成 $n \times m$ 矩阵。对 $n \times m$ 矩阵归一化处理，对于越小越优指标采用以下公式进行标准化：

$$r_{ij} = \frac{\max x_{ij} - x_{ij}}{\max x_{ij} - \min x_{ij}} \tag{5-2}$$

对于越大越优指标采用以下公式进行标准化：

$$r_{ij} = \frac{x_{ij} - \min x_{ij}}{\max x_{ij} - \min x_{ij}} \tag{5-3}$$

（2）得到归一化处理后的矩阵 $\boldsymbol{C} = (c_{ij})n \times m$，其中，$c_{ij}$ 表示在第 i 个评价对象下指标值 r_{ij} 的权重：

$$c_{ij} = \frac{r_{ij}}{\sum_{i=1}^{m} r_{ij}} \tag{5-4}$$

（3）根据熵的定义，有 n 个评价指标，m 个评价对象，第 i 个指标的熵定义为

$$H_i = \frac{-\sum_{j=1}^{m} c_{ij} \ln c_{ij}}{\ln m} \tag{5-5}$$

显然当 $c_{ij} = 0$ 时，$\ln c_{ij}$ 无意义，因此对 c_{ij} 的计算加以修正，将其定义为

$$c'_{ij} = (1 + c_{ij}) \Big/ \left(\sum_{i=1}^{m} (1 + c_{ij}) \right) \tag{5-6}$$

（4）熵权可用下式计得

$$h_i = \frac{1-H_i}{n-\sum_{i=1}^{n} H_i} \tag{5-7}$$

式中，$\sum_{i=1}^{n} H_i = 1$。

2. *超标倍数法*

超标倍数法是一种主要因素突出型赋权方法，突出了主要污染物的影响，强调污染较为严重的水质指标在所有指标中的重要性，同时增加其对最终评分的影响力，其计算式为

$$W_i = \frac{X_i / S_i}{\sum_{i=1}^{n} X_i / S_i} \tag{5-8}$$

式中，W_i 为第 i 项指标的权重值；S_i 为第 i 项指标 n 个类别的平均值；X_i 为第 i 项指标的实际质量浓度。

利用熵权对评价指标的权重进行调整：

$$w_i' = \frac{w_i \times h_i}{\sum w_i \times h_i} \tag{5-9}$$

5.5.3　模糊运算与综合评价

根据两种不同计算权重的方法改进了传统的模糊评价法，采用最大隶属度原则，其综合评判结果见表 5-10。

表 5-10　改进熵权法水质评价结果

断面	年份	隶属度					水质
		I	II	III	IV	V	
西孟桥	2017	0.005	0.004	0	0.234	0.758	V类
	2018	0.184	0	0.018	0.205	0.594	V类
	2019	0.194	0.015	0.063	0.195	0.533	V类
辽河源	2017	0.092	0.625	0.081	0.151	0.051	II类
	2018	0.112	0.728	0.154	0.006	0	II类
	2019	0.115	0.597	0.249	0.039	0	II类

续表

断面	年份	隶属度					水质
		I	II	III	IV	V	
拦河闸	2017	0.194	0.241	0.266	0.197	0.103	III类
	2018	0.215	0.158	0.330	0.176	0.121	III类
	2019	0.391	0.199	0.160	0.130	0.121	III类
河清	2017	0.178	0.027	0.047	0.339	0.411	V类
	2018	0.147	0	0.099	0.195	0.559	V类
	2019	0.151	0	0.230	0.212	0.406	V类
城子上	2017	0.139	0.221	0.074	0.165	0.401	V类
	2018	0.221	0	0	0.068	0.710	V类
	2019	0.159	0.234	0.085	0.106	0.415	V类
周家河口	2017	0.269	0.203	0.235	0.021	0.271	V类
	2018	0.131	0.240	0.373	0.127	0.130	III类
	2019	0.164	0.260	0.301	0.179	0.097	III类
四双大桥	2017	0.188	0.205	0.156	0.356	0.095	IV类
	2018	0.223	0.166	0.253	0.136	0.222	III类
	2019	0.204	0.256	0.234	0.025	0.296	V类

5.5.4 模糊综合评价结论

采用基于超标倍数法和熵权法的组合赋权法，对东辽河水质指标进行权重赋值，不仅考虑了最大污染指标对水质的影响，也综合考虑了各评价指标间的相互影响，使权重系数能准确、客观地反映各指标对水质的作用（聂英芝等，2020）。从水质数据结果来看，水质中主要的污染物为氨氮、总氮、总磷。拦河闸断面水质为III类水的主要原因是拦河闸断面水质数据缺测较多，熵权的均值性忽略了较重污染因子对水质的影响，因此对组合权重产生影响，进而影响最终的水质评价。由图 5-1 可知，四双大桥断面总氮在 2018 年有所下降，2019 年又陡然增长。氨氮虽波动变化，但总体趋势在一直减小，与组合权重的模糊评价方法计算结果一致，表明该方法较传统方法能更好地反映监测断面水质达标情况。

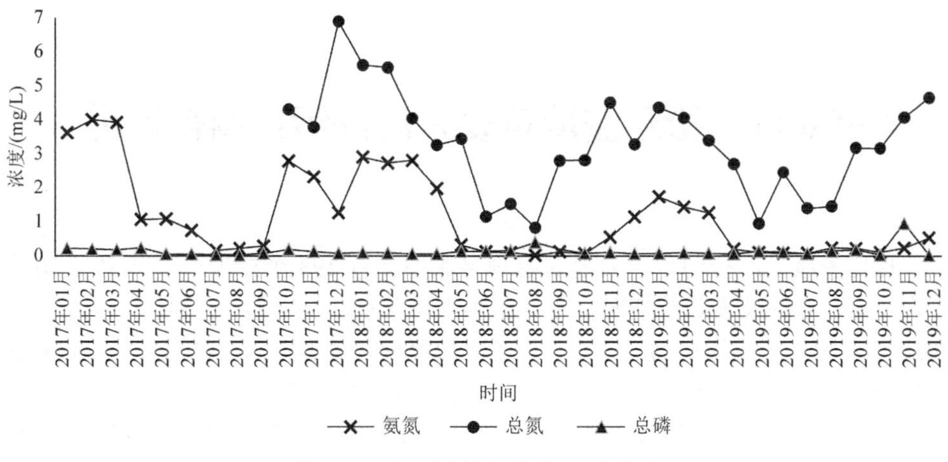

图 5-1　四双大桥断面超标因子分析

5.6　本 章 小 结

（1）从 2017～2019 年的水质监测数据来看，除辽河源观测断面的水质满足水功能区要求外，其他 6 个断面均处于Ⅴ类、劣Ⅴ类或黑臭（采用综合水质标识指数结果）。导致东辽河各断面水质达不到水功能区要求的原因是，氨氮、总氮和总磷严重超标。

（2）单因子水质标识指数反映单个指标随时间的变化情况，水质综合标识指数反映整个断面的水质状况，较单因子与模糊综合评价方法，水质标识指数法能有效判断水质指标的发展趋势，对于评价东辽河综合水质状况，方法合理，评价结果符合实际水质情况。

（3）单因子指数法计算最简单，能清晰明了地判断出主要污染因子，但不能全面反映评价区域的水质状况。与传统模糊综合评价法相比，基于超标倍数法和熵权法的模糊综合评价法可以更好地辨识细微水质差别，权重计算与评价结果更为合理，更适用于劣Ⅴ类以内的水质。目前已有对劣Ⅴ类水质改进的模糊综合评价方法，该方法将劣Ⅴ类作为评价集之一，将各级别水质标准上下限的中间值作为准则求取隶属度，可判断劣Ⅴ类水质。

（4）就河流实际水质评价而言，单因子评价法最简单，但结果表现为过保护；改进的模糊综合评价计算复杂，适用于低污染河道的水质评价；水质标识指数法直观，更适用于劣Ⅴ类和黑臭水体的水质评价。

第6章　松辽流域重要入河排污口调查评价

松辽流域入河排污口重要监督管理名录中原有293个排污口，其中有46个存在取缔、合并及删除等情况，有4个为不排入水功能区的入河排污口。因此，2017年实际入河排污口为243个。为了有效区分各种类型入河排污口，特进行如下划分：生活，主要代表“市政生活入河排污口”等；工业，主要代表“企业（工厂）入河排污口”等；混合，主要代表“混合废污水入河排污口”“污水处理厂排放口”及“支流口”等；雨污合流，代表雨污合流市政排水口等。

6.1　入河排污口分布情况

6.1.1　按水资源分区分类

松花江流域入河排污口有139个，占松辽流域入河排污口总数的约57%。松花江流域入河排污口主要分布在松花江干流、西流松花江和嫩江，其分别占松花江流域入河排污口总数的35%、25%和24%，占松辽流域入河排污口总数的20%、14%和14%。松花江流域水资源二级区入河排污口分布情况见图6-1。

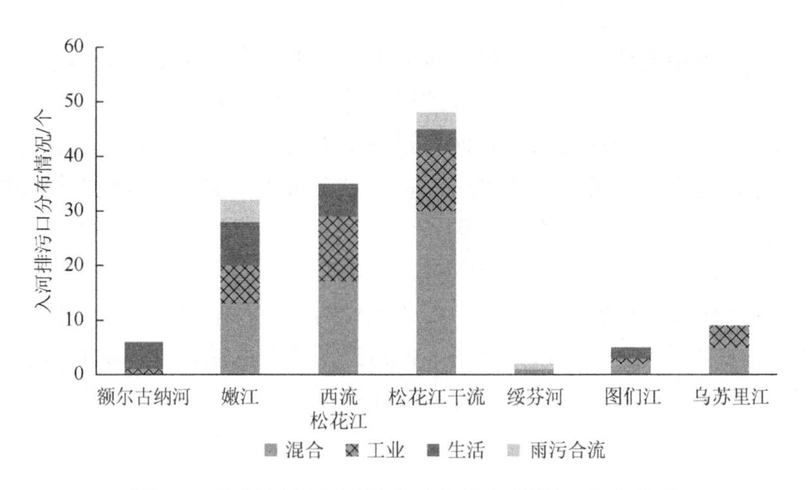

图6-1　松花江流域水资源二级区入河排污口分布情况

辽河流域入河排污口有 104 个，占松辽流域入河排污口总数的 43%。这些入河排污口主要分布在浑太河、辽河干流和西辽河，分别占辽河流域入河排污口总数的 34%、25%和 13%，占松辽流域入河排污口总数的 14%、11%和 6%。辽河流域各水资源分区各类入河排污口分布情况详见图 6-2。松辽流域各水资源分区入河排污口分布情况统计见表 6-1。

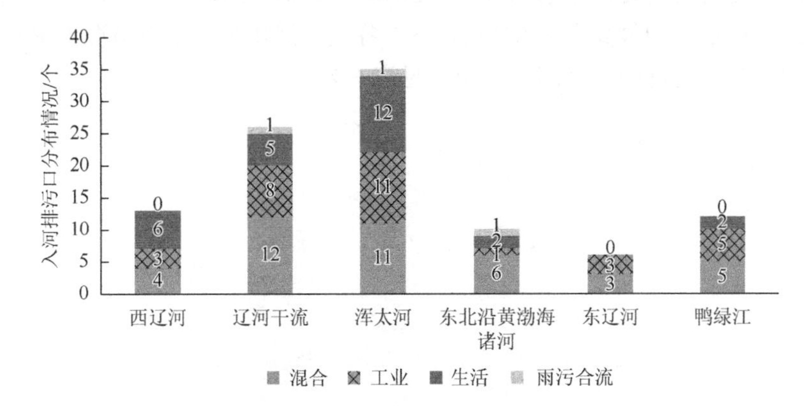

图 6-2　辽河流域各水资源分区各类入河排污口分布情况

表 6-1　松辽流域各水资源分区入河排污口分布情况统计

水资源分区		混合	工业	生活	雨污合流	合计	总占比
松花江	额尔古纳河	0 个	2 个	5 个	0 个	7 个	3%
	嫩江	13 个	8 个	8 个	4 个	33 个	14%
	西流松花江	17 个	12 个	6 个	0 个	35 个	14%
	松花江干流	30 个	11 个	4 个	3 个	48 个	20%
	绥芬河	1 个	0 个	0 个	1 个	2 个	1%
	图们江	2 个	1 个	2 个	0 个	5 个	2%
	乌苏里江	5 个	4 个	0 个	0 个	9 个	4%
	小计	68 个	38 个	25 个	8 个	139 个	57%
	占比	49%	27%	18%	6%	100%	—
辽河	西辽河	4 个	3 个	7 个	0 个	14 个	6%
	辽河干流	12 个	7 个	6 个	1 个	26 个	11%
	浑太河	11 个	11 个	12 个	1 个	35 个	14%
	东北沿黄渤海诸河	6 个	1 个	2 个	1 个	10 个	4%
	东辽河	3 个	3 个	0 个	0 个	6 个	2%
	鸭绿江	5 个	6 个	2 个	0 个	13 个	5%
	小计	41 个	31 个	29 个	3 个	104 个	43%
	占比	39%	30%	28%	3%	100%	—
总计		109 个	69 个	54 个	11 个	243 个	—

6.1.2 按省（自治区）分类

松辽流域各省（自治区）入河排污口占比情况如图 6-3 所示，黑龙江省、辽宁省和吉林省的所占比例分别为 33%、30%和 26%。在各个省（自治区）中混合类型的排污口占比均最高。各省（自治区）各类入河排污口分布情况见图 6-4，各省（自治区）入河排污口监测情况统计见表 6-2。

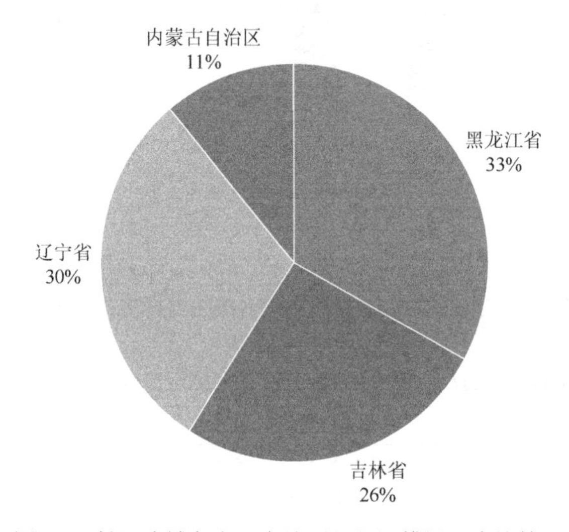

图 6-3 松辽流域各省（自治区）入河排污口占比情况

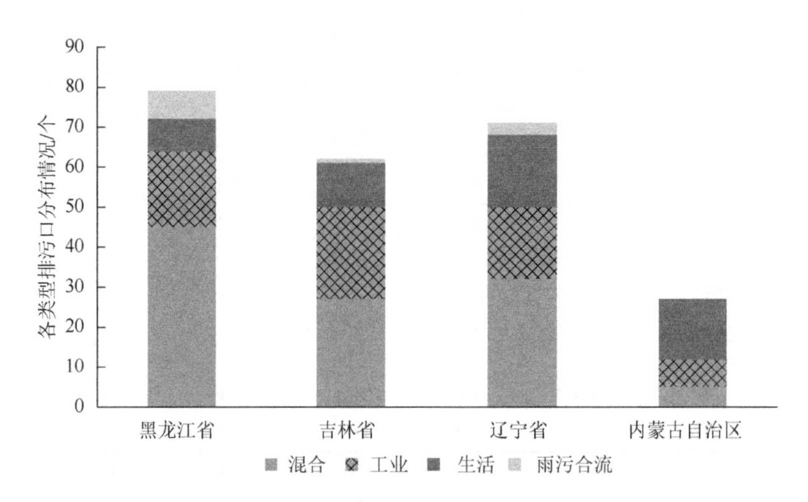

图 6-4 松辽流域各省（自治区）入河排污口分布情况

表 6-2　松辽流域各省（自治区）入河排污口监测情况统计表

省（自治区）	混合/个	工业/个	生活/个	雨污合流/个	总计/个	占比/%
黑龙江省	45	19	8	7	79	33
吉林省	27	23	11	1	62	26
辽宁省	32	18	19	3	72	30
内蒙古自治区	5	9	16	0	30	12
总计	109	69	54	11	243	100

6.1.3　按入河排污口类型分类

按入河排污口类型统计，在 243 个入河排污口中，混合入河排污口有 109 个，工业入河排污口有 69 个，生活入河排污口有 54 个，雨污合流入河排污口有 11 个。各类型入河排污口占比情况见图 6-5。松辽流域各类型入河排污口情况统计见表 6-3。

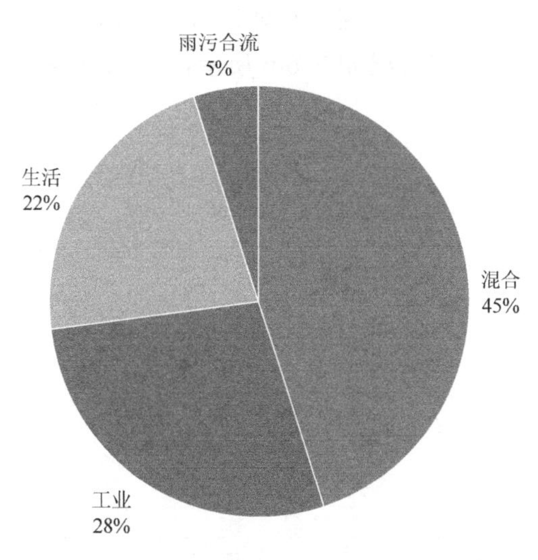

图 6-5　松辽流域各类型入河排污口占比情况

表 6-3　松辽流域各类型入河排污口情况统计表

入河排污口类型	数量/个	占比/%
混合入河排污口	109	45
工业入河排污口	69	28

续表

入河排污口类型	数量/个	占比/%
生活入河排污口	54	22
雨污合流入河排污口	11	5
总计	243	100

从表 6-1 还可以看出，混合入河排污口是松辽流域最多的入河排污口类型，分别占松花江流域入河排污口的 49%和辽河流域入河排污口的 39%。在各个省（自治区）中混合类型的排污口占比也最高，各类型排污口分布情况统计见表 6-2。

6.1.4 按水功能区分类

按水功能区类型统计，在松辽流域的 243 个入河排污口中，保护区内共有 4 个入河排污口，保留区内有 11 个入河排污口，缓冲区内有 21 个入河排污口，开发利用区内有 207 个入河排污口。在一级水功能区中开发利用区入河排污口占比最高，占一级水功能区入河排污口总数的 85%。在二级水功能区中农业用水区入河排污口占比最高，占二级水功能区入河排污口总数的 36%。松辽流域各水功能区入河排污口分布情况如图 6-6 所示，松辽流域各水功能区入河排污口情况统计见表 6-4。

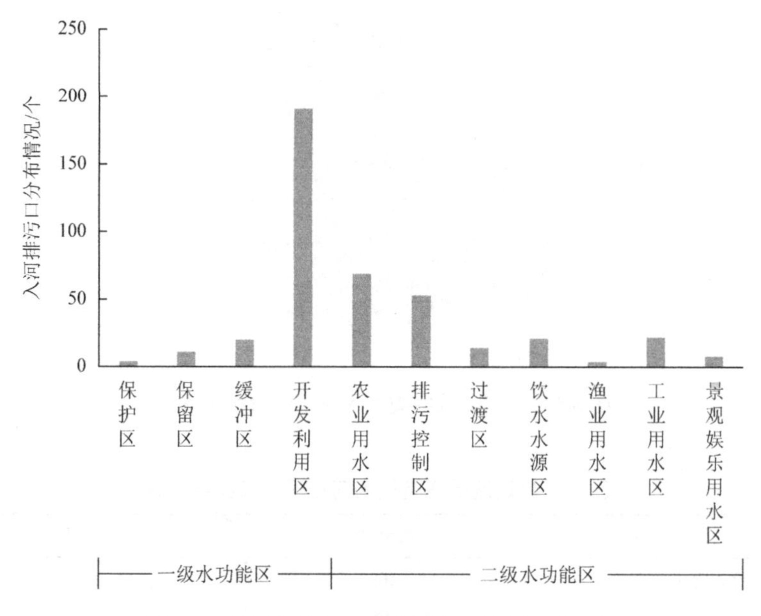

图 6-6　松辽流域各水功能区入河排污口分布图

表 6-4　松辽流域各水功能区入河排污口情况统计表

水功能区		数量/个	占比/%
一级水功能区	保护区	4	2
	保留区	11	5
	缓冲区	21	9
	开发利用区	207	85
	小计	243	100
二级水功能区	农业用水区	74	36
	排污控制区	54	26
	过渡区	18	9
	饮用水源区	23	11
	渔业用水区	4	2
	工业用水区	25	12
	景观娱乐用水区	9	4
	小计	207	100

6.2　名录中具有监测数据的入河排污口统计情况

根据调查摸底成果，名录中共有 229 个入河排污口（涉及 141 个水功能区）具有较全的监测数据。为了掌握这些入河排污口的分布情况，作者对其进行了单独统计。

6.2.1　按水资源分区分类

松花江流域入河排污口有 134 个，占松辽流域入河排污口总数的 59%。在松花江流域，松花江干流、嫩江和西流松花江是主要的入河排污口，分别占松花江流域入河排污口总数的 40%、24%和 19%。松花江流域各水资源分区入河排污口分布见图 6-7。

辽河流域入河排污口有 95 个，占松辽流域入河排污口总数的 41%。在辽河流域，浑太河、辽河干流和西辽河是主要的入河排污口，分别占辽河流域入河排污口总数的 36%、22%和 15%。各水资源分区入河排污口分布见图 6-8。松辽流域各水资源分区入河排污口统计见表 6-5。

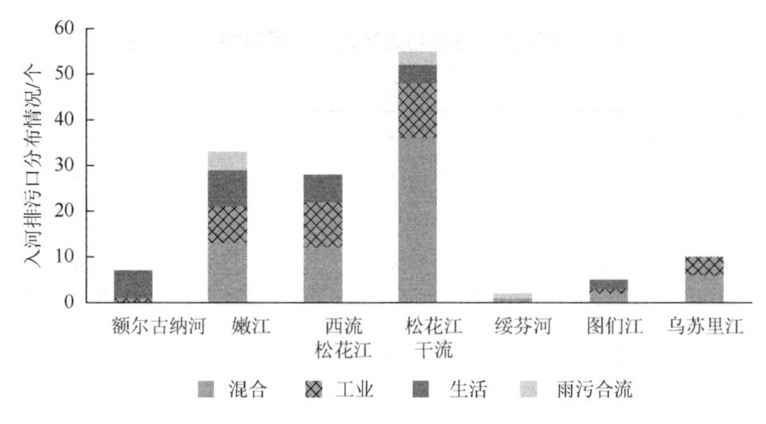

图 6-7　松花江流域各水资源分区入河排污口分布图

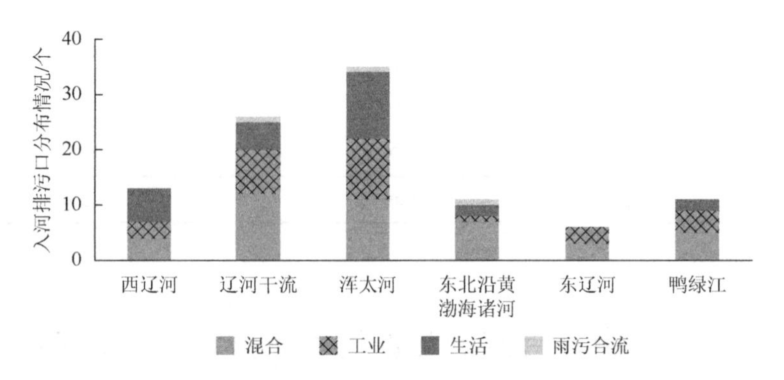

图 6-8　辽河流域各水资源分区入河排污口分布图

表 6-5　松辽流域各水资源分区入河排污口统计表

水资源分区		混合/个	工业/个	生活/个	雨污合流/个	合计/个	各水资源分区占比/%	总占比/%
松花江	额尔古纳河	0	2	5	0	7	5	3
	嫩江	13	7	8	4	32	24	14
	西流松花江	13	8	5	0	26	19	11
	松花江干流	34	12	4	3	53	40	23
	绥芬河	1	0	0	1	2	1	1
	图们江	2	1	2	0	5	4	2
	乌苏里江	5	4	0	0	9	7	4
	小计	68	34	24	8	134	100	59
辽河	西辽河	4	3	7	0	14	15	6
	辽河干流	10	4	6	1	21	22	9
	浑太河	10	11	12	1	34	36	15

续表

水资源分区		混合/个	工业/个	生活/个	雨污合流/个	合计/个	各水资源分区占比/%	总占比/%
辽河	东北沿黄渤海诸河	6	1	2	1	10	11	4
	东辽河	3	3	0	0	6	6	3
	鸭绿江	3	5	2	0	10	11	4
	小计	36	27	29	3	95	100	41
总计		104	61	53	11	229	—	—

6.2.2　按省（自治区）分类

各省（自治区）入河排污口占比情况如图 6-9 所示。在所有省（自治区）入河排污口占比中，黑龙江省最高，其次为辽宁省和吉林省，内蒙古自治区最低，具体所占比例分别为 34%、28%、25%、13%。各省（自治区）入河排污口分布情况见图 6-10。

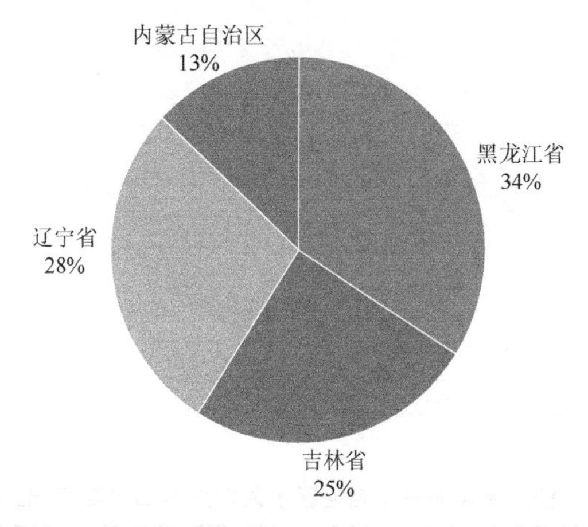

图 6-9　松辽流域各省（自治区）入河排污口占比情况

6.2.3　按入河排污口类型分类

按松辽流域入河排污口类型统计，在 229 个入河排污口中，混合入河排污口有 103 个，占比 45%；工业入河排污口有 62 个，占比 27%；生活入河排污口有 53 个，占比 23%；雨污合流入河排污口有 11 个，占比 5%。各类型入河排污口占比情况如图 6-11 所示。松辽流域各省（自治区）入河排污口监测情况统计见表 6-6。

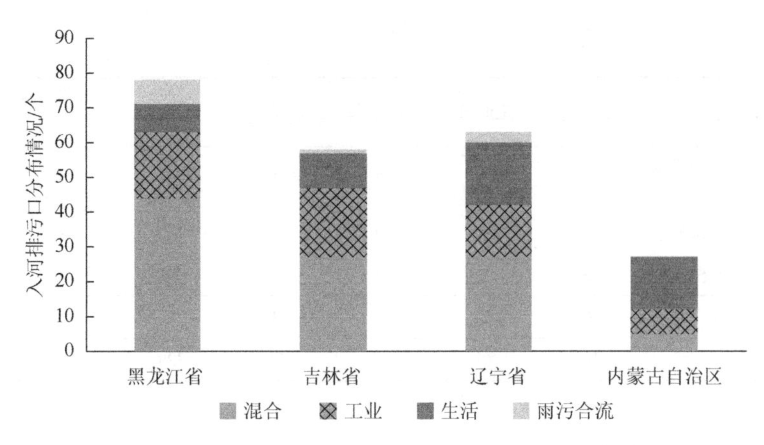

图 6-10　松辽流域各省（自治区）入河排污口分布情况

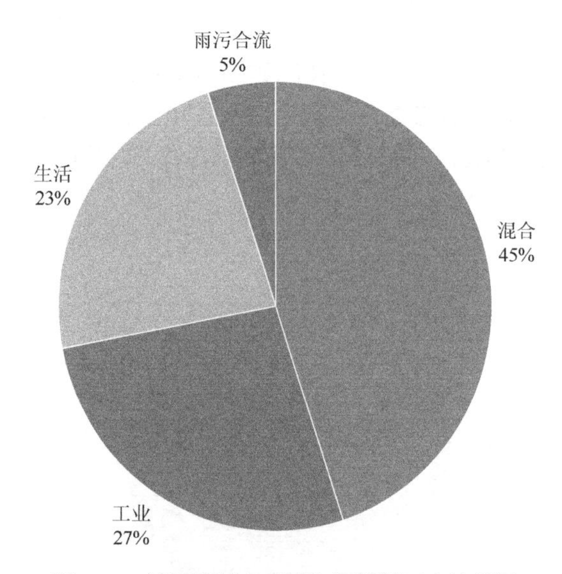

图 6-11　松辽流域各类型入河排污口占比情况

表 6-6　松辽流域各省（自治区）入河排污口监测情况统计表

省（自治区）	混合/个	工业/个	生活/个	雨污合流/个	总计/个	占比/%
黑龙江省	44	19	8	7	78	34
吉林省	27	20	10	1	58	25
辽宁省	27	15	19	3	64	28
内蒙古自治区	5	8	16	0	29	13
总计/个	103	62	53	11	229	100
占比/%	45	27	23	5	100	—

6.2.4　按水功能区分类

按松辽流域一级水功能区入河排污口统计，保护区共有 4 个入河排污口，占比 2%；保留区有 10 个入河排污口，占比 4%；缓冲区有 21 个入河排污口，占比 9%；开发利用区有 194 个入河排污口，占比 85%，开发利用区入河排污口占比占绝对多数。在二级水功能区入河排污口中，农业用水区占比最高，占二级水功能区总数的 37%，其次依次为排污控制区 28%、工业用水区 11%、饮用水源区 10%、过渡区 7%、景观娱乐用水区 4%、渔业用水区 2%。各水功能区入河排污口分布如图 6-12 所示。松辽流域各水功能区入河排污口情况统计见表 6-7。

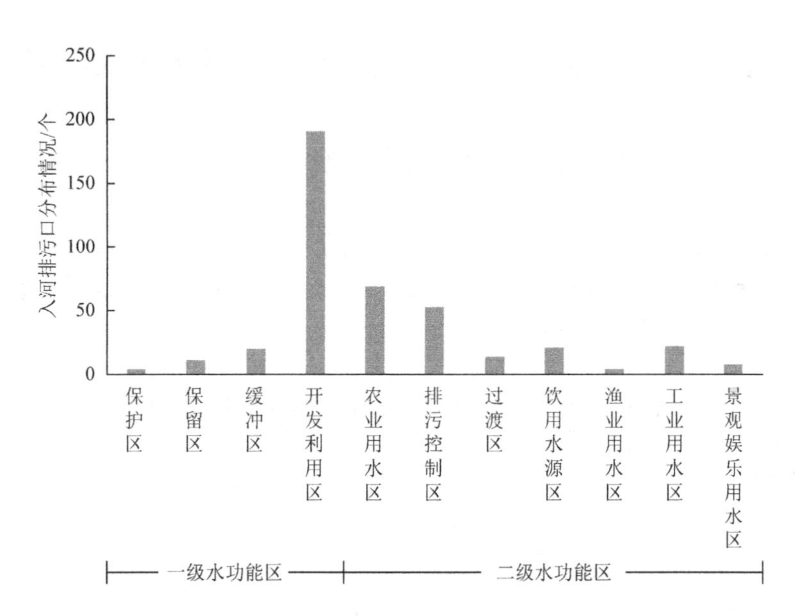

图 6-12　松辽流域各水功能区入河排污口分布图

表 6-7　松辽流域各水功能区入河排污口情况统计表

水功能区		排污口个数/个	占比/%
一级水功能区	保护区	4	2
	保留区	10	4
	缓冲区	21	9
	开发利用区	194	85
	小计	229	100

续表

水功能区		排污口个数/个	占比/%
二级水功能区	农业用水区	72	37
	排污控制区	54	28
	过渡区	14	7
	饮用水源区	20	10
	渔业用水区	4	2
	工业用水区	22	11
	景观娱乐用水区	8	4
	小计	194	100

6.3 名录中具有监测数据的入河排污口污染物入河量统计

6.3.1 松辽流域废污水及污染物入河量统计

据统计，松辽流域有 229 个入河排污口，其全年废污水年入河总量为 29.08 亿 t，化学需氧量（COD）为 16.36 万 t，氨氮（NH_3-N）为 1.79 万 t。松辽流域水资源分区污染物年入河量统计见表 6-8。

表 6-8　松辽流域水资源分区污染物年入河量统计表

水资源分区		废污水入河量/亿 t	COD/万 t	NH_3-N/万 t	废污水占比/%	COD 占比/%	NH_3-N 占比/%
松花江	额尔古纳河	0.19	0.04	0.03	1	0	3
	嫩江	1.61	1.14	0.17	11	11	20
	西流松花江	5.19	3.53	0.26	34	35	30
	松花江干流	6.91	4.86	0.39	46	49	45
	绥芬河	0.32	0.06	0.00	2	1	0
	图们江	0.52	0.12	0.01	3	1	1
	乌苏里江	0.38	0.25	0.01	3	3	1
	小计	15.12	10.00	0.87	100	100	100
辽河	西辽河	0.54	0.24	0.05	4	4	5
	辽河干流	2.10	0.87	0.08	15	14	9
	浑太河	8.33	4.21	0.70	60	66	76

续表

水资源分区		废污水入河量/亿 t	COD/万 t	NH_3-N/万 t	废污水占比/%	COD 占比/%	NH_3-N 占比/%
辽河	东北沿黄渤海诸河	2.01	0.67	0.06	14	11	7
	东辽河	0.40	0.09	0.00	3	1	0
	鸭绿江	0.58	0.28	0.03	4	4	3
	小计	13.96	6.36	0.92	100	100	100
总计		29.08	16.36	1.79	—	—	—

6.3.2　按水资源分区统计

1. *废污水入河量*

松花江流域废污水年入河量为 15.12 亿 t。其中，松花江干流、西流松花江及嫩江废污水入河量排名前三，分别占松花江流域废污水入河总量的 46%、34%及 11%。

辽河流域废污水年入河量为 13.96 亿 t。其中，浑太河、辽河干流及东北沿黄渤海诸河废污水入河量排名前三，分别占辽河流域废污水入河总量的 60%、15%及 14%。

松花江、辽河流域水资源分区的废污水年入河量分布分别见图6-13和图6-14。松辽流域水资源分区入河排污口的废污水年入河量见表 6-8。

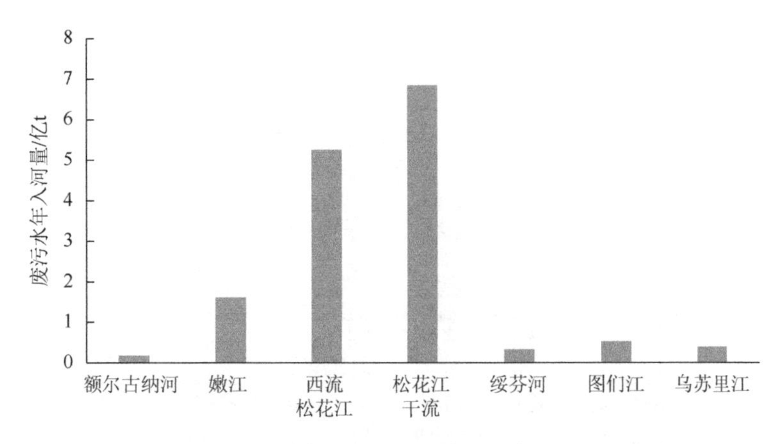

图 6-13　松花江流域水资源分区废污水年入河量分布图

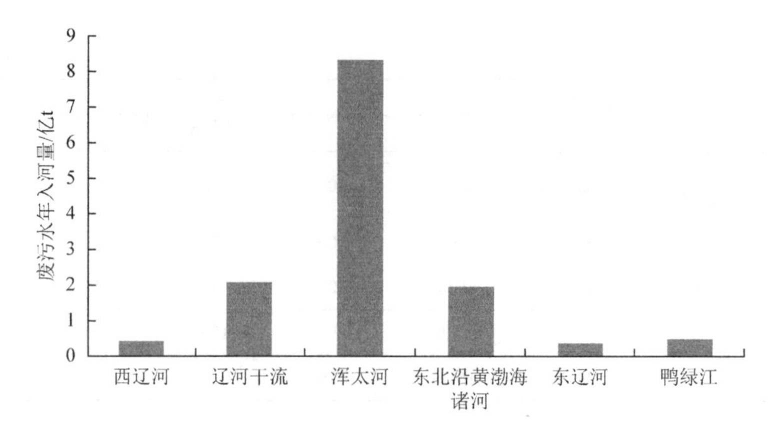

图 6-14 辽河流域水资源分区废污水年入河量分布图

2. 污染物入河量

松花江流域的污染物年入河量包括 COD 10.00 万 t，NH_3-N 0.87 万 t。其中松花江干流、西流松花江及嫩江的污染物入河量排名前三，COD 的排放量分别占 49%、35%及 11%，NH_3-N 的排放量分别占 45%、30%、20%。

辽河流域的污染物年入河量包括 COD 6.36 万 t，NH_3-N 0.92 万 t。其中，浑太河、辽河干流及东北沿黄渤海诸河的污染物入河量排名前三，COD 的排放量分别占辽河流域总 COD 年入河量的 66%、14%及 11%，NH_3-N 的排放量分别占 76%、9%及 7%。

松花江流域、辽河流域的水资源分区 COD、NH_3-N 年入河量分布情况分别见图 6-15～图 6-18。松辽流域水资源分区入河排污口的 COD、NH_3-N 年入河量见表 6-8。

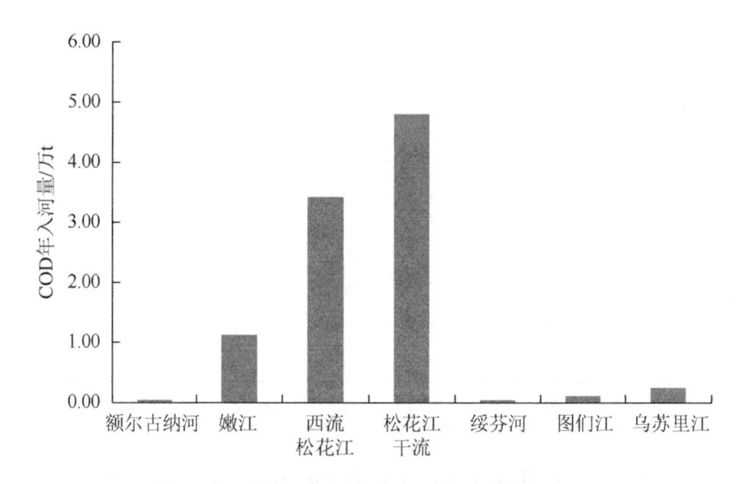

图 6-15 松花江流域 COD 年入河量分布图

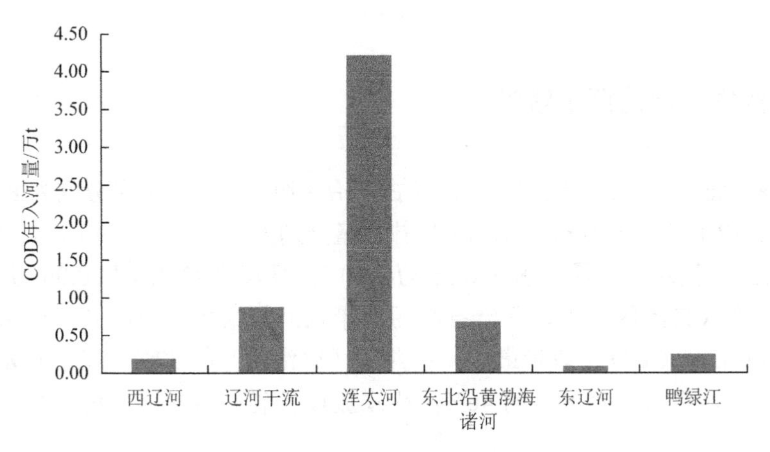

图 6-16　辽河流域 COD 年入河量分布图

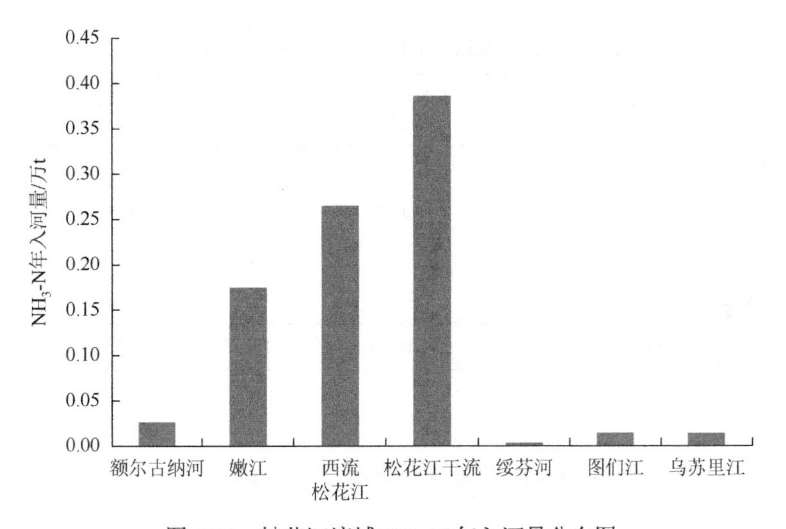

图 6-17　松花江流域 NH_3-N 年入河量分布图

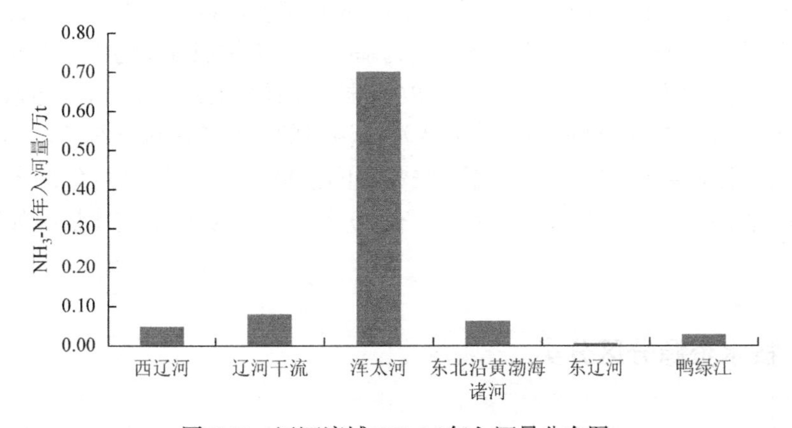

图 6-18　辽河流域 NH_3-N 年入河量分布图

6.3.3 按省（自治区）统计

黑龙江省、吉林省、辽宁省和内蒙古自治区废污水年入河量分别为 8.81 亿 t、7.25 亿 t、12.13 亿 t 和 0.89 亿 t；COD 排放量分别为 6.08 万 t、4.46 万 t、5.56 万 t 和 0.26 万 t；氨氮排放量分别为 0.55 万 t、0.35 万 t、0.83 万 t 和 0.06 万 t。可以看出，四省（自治区）中，辽宁省废污水年入河量最大，占四省（自治区）的 42%；黑龙江省 COD 排放量最大，占四省（自治区）的 37%；辽宁省氨氮排放量最大，占四省（自治区）的 46%。松辽流域各省（自治区）污染物排放统计见表 6-9。

表 6-9 松辽流域各省（自治区）污染物排放统计表

省（自治区）	废污水入河量/亿 t	占比/%	COD 排放量/万 t	占比/%	氨氮排放量/万 t	占比/%
黑龙江省	8.81	30	6.08	37	0.55	31
吉林省	7.25	25	4.46	27	0.35	20
辽宁省	12.13	42	5.56	34	0.83	46
内蒙古自治区	0.89	3	0.26	2	0.06	3
总计	29.08	100	16.36	100	1.79	100

6.4 名录中具有监测数据的入河排污口达标分析

根据名录中具有监测数据的入河排污口统计情况，以 229 个入河排污口的废污水排放量、COD、NH_3-N 的监测数据为基础，严格按照各排污口所对应的执行排放标准［《城镇污水处理厂污染物排放标准》（GB 18918—2002）、《污水综合排放标准》（GB 8978—1996）等］，对入河排污口的达标情况进行统计。其中，达标的入河排污口共有 151 个，占比为 66%；不达标的入河排污口共有 58 个，占比为 25%；废污水量不详的入河排污口共有 20 个，占比为 9%。占比情况如图 6-19 所示。

6.4.1 按水资源分区分类

松花江水资源分区共有入河排污口 134 个，其中达标排放的入河排污口有

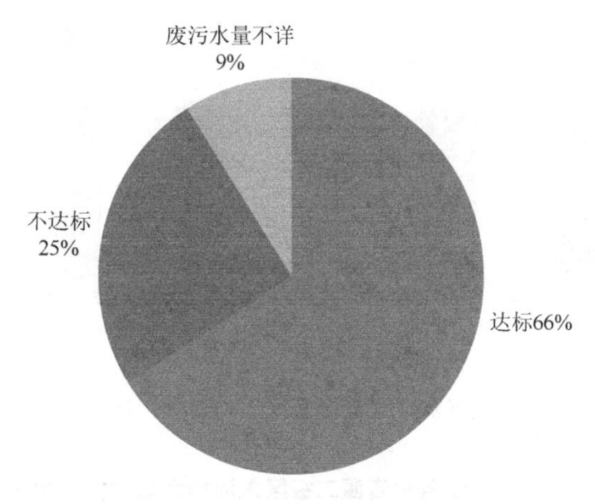

图6-19　入河排污口达标情况占比图

88个，不达标排放的入河排污口有42个，废污水量不详的入河排污口有4个，达标比例为66%。其中，达标排放比例最高的三个区分别为绥芬河、图们江和额尔古纳河，其达标比例分别为100%、100%、82%；达标情况最差的是嫩江，达标比例为59%。

辽河水资源分区共有入河排污口95个，其中达标排放的入河排污口有63个，不达标排放的入河排污口有17个，废污水量不详的入河排污口有15个，达标比例为66%。其中，达标排放比例最高的三个分区分别为东辽河、西辽河和东北沿黄渤海诸河，其达标比例分别为100%、86%、70%；达标情况最差的是浑太河，达标比例为53%。水资源分区入河排污口达标占比见图6-20和图6-21。松辽流域各水资源二级区入河排污口达标个数统计见表6-10。

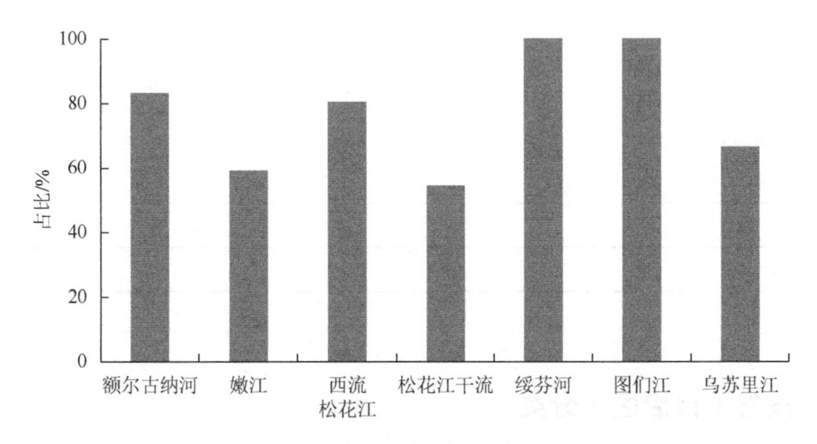

图6-20　松花江流域水资源分区入河排污口达标占比图

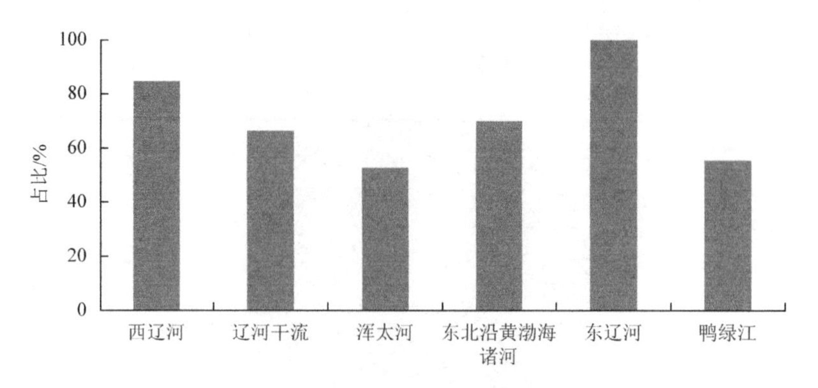

图 6-21　辽河流域水资源分区入河排污口达标占比图

表 6-10　松辽流域各水资源二级区入河排污口达标个数统计表

水资源分区		达标个数/个	不达标个数/个	废污水量不详个数/个	总个数/个	达标比例/%
松花江	额尔古纳河	6	1	0	7	86
	嫩江	19	13	0	32	59
	西流松花江	21	7	4	32	66
	松花江干流	29	18	0	47	62
	绥芬河	2	0	0	2	100
	图们江	5	0	0	5	100
	乌苏里江	6	3	0	9	67
	小计	88	42	4	134	66
辽河	西辽河	12	0	2	14	86
	辽河干流	14	5	2	21	67
	浑太河	18	8	8	34	53
	东北沿黄渤海诸河	7	3	0	10	70
	东辽河	6	0	0	6	100
	鸭绿江	6	1	3	10	60
	小计	63	17	15	95	66
总计		151	59	19	229	66

6.4.2　按省（自治区）分类

按省（自治区）统计，黑龙江省达标排放的入河排污口共有 48 个，不达标排放的入河排污口共有 30 个，达标比例为 62%；吉林省达标排放的入河排污口共有 40 个，不达标排放的入河排污口共有 10 个，废污水量不详的入河排污口共有 8 个，达标比例为 69%；辽宁省达标排放的入河排污口共有 39 个，不达标排放的入河排污口共有 15 个，废污水量不详的入河排污口共有 10 个，达标比例为 61%；内蒙古自治区达标排放的入河排污口共有 24 个，不达标排放的入河排污口共有 4 个，废污水量不详的入河排污口共有 1 个，达标比例为 83%。辽宁省入河排污口达标比例较低，内蒙古自治区达标比例最高。松辽流域各省（自治区）入河排污口达标情况见图 6-22 和表 6-11。

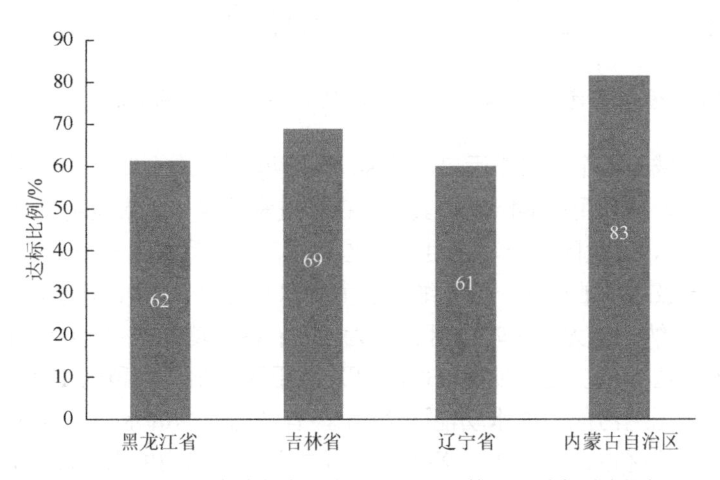

图 6-22　松辽流域各省（自治区）入河排污口达标比例图

表 6-11　松辽流域各省（自治区）入河排污口达标个数统计表

省（自治区）	达标个数/个	不达标个数/个	废污水量不详个数/个	总个数/个	达标比例/%
黑龙江省	48	30	0	78	62
吉林省	40	10	8	58	69
辽宁省	39	15	10	64	61
内蒙古自治区	24	4	1	29	83
总计	151	59	19	229	66

6.5　松辽流域相关水功能区达标分析

据统计，松辽流域的 229 个入河排污口分布于流域内的 141 个水功能区（保护区 2 个、保留区 7 个、缓冲区 12 个、开发利用区 120 个）。其中，在开发利用区中，农业用水区 32 个、排污控制区 37 个、过渡区 11 个、饮用水源区 18 个、渔业用水区 1 个、工业用水区 16 个、景观娱乐用水区 5 个。

6.5.1 入河排污口排污量对水功能区纳污能力影响分析

依据《全国重要江河湖泊水功能区限制排污总量控制方案》(张建永等，2015)提供的松辽流域各水功能区纳污能力（2020 年与 2030 年的各水功能区纳污能力数值相同，因此本节将其合并为一个规划期)，对本次 229 个入河排污口在各自所涉及的水功能区内排放的污染物量进行对比分析，得到如下结果。

1. 入河排污口排污量对松花江水功能区纳污能力影响分析

松花江流域 134 个入河排污口涉及 80 个水功能区（保护区 1 个、保留区 7 个、缓冲区 8 个、开发利用区 64 个）。其中，在开发利用区中，农业用水区 20 个、排污控制区 23 个、过渡区 4 个、饮用水源区 9 个、工业用水区 6 个、景观娱乐用水区 2 个。在一级水功能区中，已无纳污能力的水功能区 33 个，有纳污能力的水功能区 47 个，无纳污能力的水功能区占比为 41%；各水功能区中无纳污能力的水功能区占比前三位的依次是缓冲区 63%、开发利用区 42%、保留区 14%。在二级水功能区中，已无纳污能力的水功能区 27 个，有纳污能力的水功能区 37 个，无纳污能力的水功能区占比为 42%；各水功能区中无纳污能力的水功能区占比前三位的依次是过渡区 75%、饮用水源区 56%、景观娱乐用水区 50%。松花江流域水功能区纳污能力分布见图 6-23 和表 6-12。

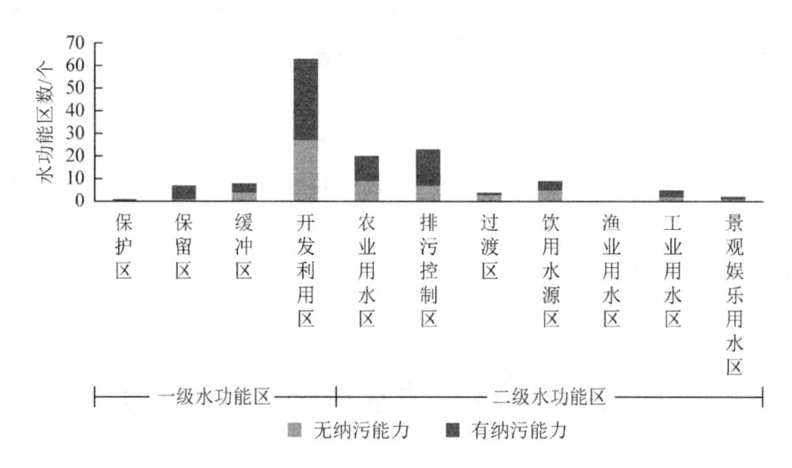

图 6-23　松花江流域水功能区纳污能力分布图

表 6-12　松花江流域水功能区纳污能力统计表

水功能区		无纳污能力/个	有纳污能力/个	总数/个	无纳污能力占比/%
一级水功能区	保护区	0	1	1	0
	保留区	1	6	7	14
	缓冲区	5	3	8	63
	开发利用区	27	37	64	42
	小计	33	47	80	41
二级水功能区	农业用水区	9	11	20	45
	排污控制区	7	16	23	30
	过渡区	3	1	4	75
	饮用水源区	5	4	9	56
	渔业用水区	0	0	0	—
	工业用水区	2	4	6	33
	景观娱乐用水区	1	1	2	50
	小计	27	37	64	42

2. 入河排污口排污量对辽河水功能区纳污能力影响分析

辽河流域 95 个入河排污口涉及 61 个水功能区（保护区 1 个、缓冲区 4 个、开发利用区 56 个）。其中，在开发利用区中，农业用水区 12 个、排污控制区 14 个、过渡区 7 个、饮用水源区 9 个、渔业用水区 1 个、工业用水区 10 个、景观娱乐用水区 3 个。在一级水功能区中，已无纳污能力的水功能区 34 个，有纳污能力的水功能区 27 个，无纳污能力的水功能区占比为 56%；各水功能区中无纳污能力的水功能区占比前三位的依次是保护区 100%、缓冲区 75%、开发利用区 54%。在二级水功能区中，已无纳污能力的水功能区 30 个，有纳污能力的水功能区 26 个，无纳污能力的水功能区占比为 54%；各水功能区中无纳污能力的水功能区占比前三位的依次是过渡区 100%、饮用水源区 78%、排污控制区 50%和农业用水区 50%。辽河流域水功能区纳污能力统计见图 6-24 和表 6-13。

6.5.2　入河排污口排污量对水功能区限制排污总量影响分析

依据《全国重要江河湖泊水功能区限制排污总量控制方案》提供的松辽流域 2020 年、2030 年各水功能区限制排污总量，对本次 229 个入河排污口在各自所涉及的水功能区内排放的污染物量进行对比分析，得到如下结果。

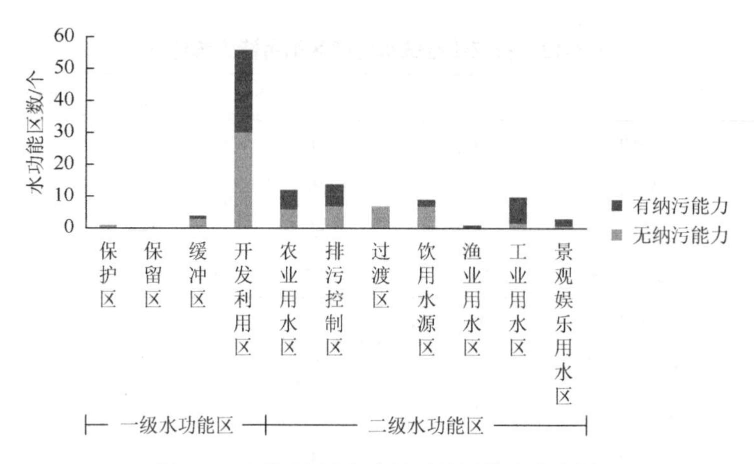

图 6-24　辽河流域水功能区纳污能力分布图

表 6-13　辽河流域水功能区纳污能力统计表

水功能区		无纳污能力/个	有纳污能力/个	总数/个	无纳污能力占比/%
一级水功能区	保护区	1	0	1	100
	保留区	0	0	0	—
	缓冲区	3	1	4	75
	开发利用区	30	26	56	54
	小计	34	27	61	56
二级水功能区	农业用水区	6	6	12	50
	排污控制区	7	7	14	50
	过渡区	7	0	7	100
	饮用水源区	7	2	9	78
	渔业用水区	0	1	1	0
	工业用水区	2	8	10	20
	景观娱乐用水区	1	2	3	33
	小计	30	26	56	54

1. 入河排污口排污量对松花江水功能区限制排污总量影响

1）入河排污口排污量对松花江水功能区 2020 年限制排污总量影响分析

松花江流域 134 个入河排污口涉及 80 个水功能区。在一级水功能区中，超 2020 年规划限制排污总量的水功能区有 37 个，未超限制排污总量的水功能区有 43 个，超限制排污总量的水功能区占比为 46%；各水功能区中超限制排污总量的数量占比前三位的依次是保护区 100%、缓冲区 88%、开发利用区 42%。在二级水功能区中，超限制排污总量的水功能区有 27 个，不超限制排污总量的水功能区有 37 个，超限制排污总量的水功能区占比为 42%；各水功能区中超限制排污总量的数量占比前三位的依次是饮用水源区 89%、过渡区 50%、景观娱乐用水区 50%。松花江流域水功能区 2020 年规划限制排污总量超限排数分布统计见图 6-25 和表 6-14。

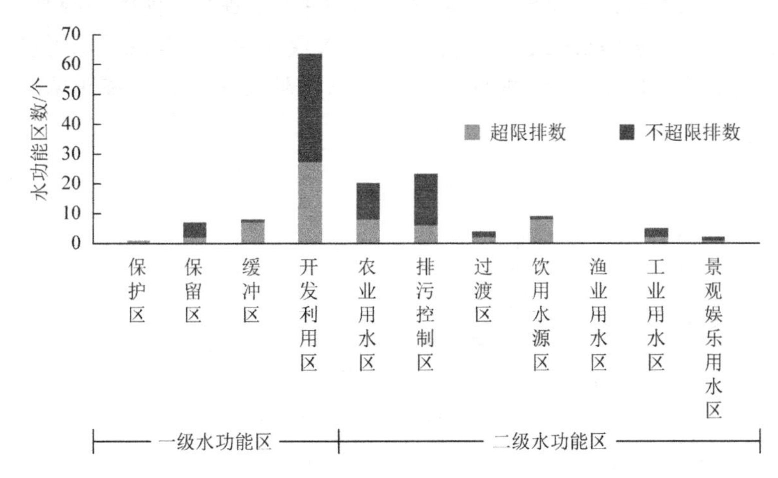

图 6-25　松花江流域水功能区 2020 年规划限制排污总量超限排数分布图

表 6-14　松花江流域水功能区 2020 年规划限制排污总量超限排数统计表

水功能区		超限排数/个	不超限排数/个	总数/个	超限排数占比/%
一级水功能区	保护区	1	0	1	100
	保留区	2	5	7	29
	缓冲区	7	1	8	88
	开发利用区	27	37	64	42
	小计	37	43	80	46
二级水功能区	农业用水区	8	12	20	40
	排污控制区	6	17	23	26
	过渡区	2	2	4	50
	饮用水源区	8	1	9	89
	渔业用水区	0	0	0	—
	工业用水区	2	4	6	33
	景观娱乐用水区	1	1	2	50
	小计	27	37	64	42

2）入河排污口排污量对松花江水功能区 2030 年限制排污总量影响分析

松花江流域 134 个入河排污口涉及 80 个水功能区。在一级水功能区中，超 2030 年规划限制排污总量的水功能区有 39 个，不超限制排污总量的水功能区有 41 个，超限制排污总量的水功能区占比为 49%；各水功能区超限制排污总量的数量占比前三位的依次是保护区 100%、缓冲区 88%、开发利用区 45%。在二级水功能区中，超限制排污总量的水功能区有 29 个，不超限制排污总量的水功能区有 35 个，超限制排污总量的水功能区占比为 45%；各水功能区超限制排污总量的数量占比前三位的依次是饮用水源区 89%、过渡区 50%、景观娱乐用水区 50%。松花江流域水功能区 2030 年规划限制排污总量超限排数分布统计见图 6-26 和表 6-15。

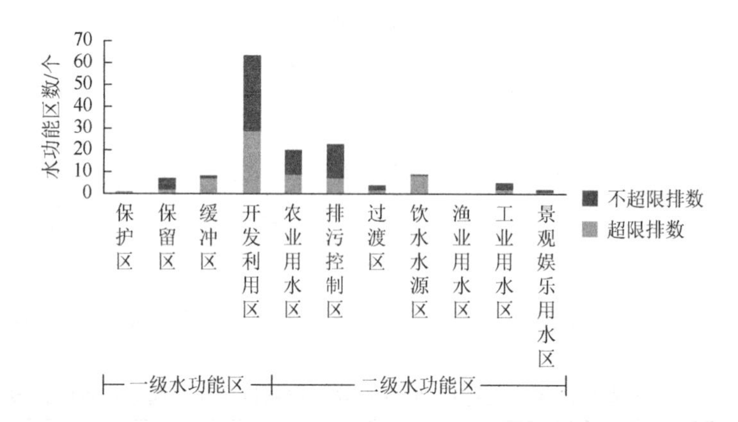

图 6-26　松花江流域水功能区 2030 年规划限制排污总量超限排数分布图

表 6-15　松花江流域水功能区 2030 年规划限制排污总量超限排数统计表

水功能区		超限排数/个	不超限排数/个	总数/个	超限排数占比/%
一级水功能区	保护区	1	0	1	100
	保留区	2	5	7	29
	缓冲区	7	1	8	88
	开发利用区	29	35	64	45
	小计	39	41	80	49
二级水功能区	农业用水区	9	11	20	45
	排污控制区	7	16	23	30
	过渡区	2	2	4	50
	饮用水源区	8	1	9	89
	渔业用水区	0	0	0	—

续表

水功能区		超限排数/个	不超限排数/个	总数/个	超限排数占比/%
二级水功能区	工业用水区	2	4	6	33
	景观娱乐用水区	1	1	2	50
	小计	29	35	64	45

2. 入河排污口排污量对辽河水功能区限制排污总量影响分析

辽河流域 95 个入河排污口涉及 61 个水功能区。由于 2020 年与 2030 年的各水功能区规划限制排污总量数值相同，因此将其合并为一个规划期。在一级水功能区中，超限制排污总量的水功能区有 33 个，不超限制排污总量的水功能区有 28 个，超限制排污总量的水功能区占比为 54%；各水功能区超限制排污总量的数量占比前三位的依次是保护区 100%、缓冲区 75%、开发利用区 52%。在二级水功能区中，超限制排污总量的水功能区有 29 个，不超限制排污总量的水功能区有 27 个，超限制排污总量的水功能区占比为 52%；各水功能区超限制排污总量的数量占比前三位的依次是饮用水源区 100%、过渡区 100%、景观娱乐用水区 67%。辽河流域水功能区限制排污总量超限排数分布统计见图 6-27 和表 6-16。

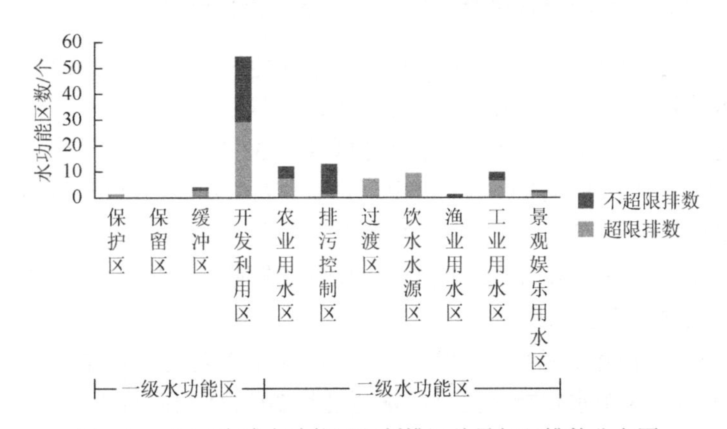

图 6-27　辽河流域水功能区限制排污总量超限排数分布图

表 6-16　辽河流域水功能区限制排污总量超限排数统计表

水功能区		超限排数/个	不超限排数/个	总数/个	超限排数占比/%
一级水功能区	保护区	1	0	1	100
	保留区	0	0	0	—
	缓冲区	3	1	4	75

续表

水功能区		超限排数/个	不超限排数/个	总数/个	超限排数占比/%
一级水功能区	开发利用区	29	27	56	52
	小计	33	28	61	54
二级水功能区	农业用水区	7	5	12	58
	排污控制区	1	13	14	7
	过渡区	7	0	7	100
	饮用水源区	9	0	9	100
	渔业用水区	0	1	1	0
	工业用水区	3	7	10	30
	景观娱乐用水区	2	1	3	67
	小计	29	27	56	52

6.5.3　水功能区达标情况与纳污限排情况对比分析

1. 松花江流域水功能区达标情况与纳污限排情况对比分析

在所评价的 80 个水功能区内，有 27 个水功能区没有参与 2017 年水质评价，其中主要为排污控制区，其余还有农业用水区、保留区和过渡区。因此，可以与水功能区达标情况进行对比分析的水功能区共有 53 个。

在 2017 年水质达标的水功能区中，仍有 12 个水功能区已无纳污能力，有 16 个水功能区排污量超过 2020 年、2030 年规划的限制排污总量，可以说明这些排污口目前虽然没有对水功能区的水质产生显著影响，但随着时间的推移将会面临其水功能区水质变差的风险。

在 2017 年水质不达标的水功能区中，有 13 个水功能区的排污量超过其规划的纳污能力，有 13 个水功能区的排污量超过其 2020 年的限排量，有 14 个水功能区的排污量超过其 2030 年的限排量。因此，要重点加强这些水功能区的排污口整治和监管工作。虽然 20 个水功能区水质不达标，但其中仍有 7 个水功能区有纳污能力，有 7 个水功能区排污量没有超过 2020 年规划的限制排污总量，有 6 个水功能区排污量没有超过 2030 年规划的限制排污总量。这可能是水文情势、环境滞后效应及信息统计的不完全所致。松花江流域 2017 年水功能区水质与纳污、限排对比见表 6-17。

表 6-17　松花江流域 2017 年水功能区水质与纳污、限排对比表　（单位：个）

项目			2017 年水功能区		总数
			达标	不达标	
纳污能力		无纳污能力	12	13	25
		有纳污能力	21	7	28
限排总量	2020 年	超限排数	16	13	29
		不超限排数	17	7	24
	2030 年	超限排数	16	14	30
		不超限排数	17	6	23

2. 辽河流域水功能区达标情况与纳污限排情况对比分析

在所评价的 61 个水功能区内，有 20 个水功能区没有参与 2017 年水质评价，其中主要为排污控制区，其余还有工业用水区、农业用水区、过渡区和渔业用水区。因此，可以与水功能区达标情况进行对比分析的水功能区共有 40 个。

在 2017 年水质达标的水功能区中，仍有 9 个水功能区已无纳污能力，有 10 个水功能区排污量超过限制排污总量，可以说明这些排污口目前虽然没有对水功能区的水质产生显著影响，但随着时间的推移将会面临其水功能区水质变差的风险。

在 2017 年水质不达标的水功能区中，有 13 个水功能区的排污量超过其规划的纳污能力，有 17 个水功能区的排污量超过其限排量。因此，要重点加强这些水功能区的排污口的整治和监管工作。虽然 25 个水功能区水质不达标，但其中仍有 12 个水功能区有纳污能力，有 8 个水功能区排污量没有超过规划的限制排污总量。这可能是水文情势、环境滞后效应及信息统计的不完全所致。辽河流域 2017 年水功能区水质与纳污、限排对比情况见表 6-18。

表 6-18　辽河流域 2017 年水功能区水质与纳污、限排对比表　（单位：个）

项目		2017 年水功能区		总数
		达标	不达标	
纳污能力	无纳污能力	9	13	22
	有纳污能力	6	12	18
限排总量	超限排数	10	17	27
	不超限排数	5	8	13

6.6 本章小结

（1）松辽流域入河排污口重要监督管理名录原有 293 个，其中有 46 个存在取缔、合并及删除等情况，有 4 个为不排入水功能区的入河排污口。因此，2017 年实际入河排污口为 243 个，其中，松花江流域入河排污口有 139 个，辽河流域入河排污口有 104 个。

（2）按水功能区类型统计，在松辽流域的 243 个入河排污口中，保护区有 4 个，保留区有 11 个，缓冲区有 21 个，开发利用区有 207 个。在一级水功能区中，开发利用区入河排污口占比最高，在二级水功能区中农业用水区入河排污口占比最高。

（3）名录中共有 229 个入河排污口（涉及 141 个水功能区）具有较全的监测数据。其中，松花江流域入河排污口有 134 个，辽河流域入河排污口有 95 个。按松辽流域一级水功能区入河排污口统计，保护区有 4 个，保留区有 10 个，缓冲区有 21 个，开发利用区有 194 个。

（4）在松辽流域 229 个入河排污口中，废污水年入河总量共有 29.08 亿 t，COD 共有 16.36 万 t，NH_3-N 共有 1.79 万 t。其中，达标的入河排污口共有 151 个，占比为 66%；不达标的入河排污口共有 58 个，占比为 25%；废污水量不详的入河排污口共有 20 个，占比为 9%。松花江区共有入河排污口 134 个，其中达标排放的入河排污口有 88 个，不达标排放的入河排污口有 42 个，废污水量不详的入河排污口有 4 个。辽河区共有入河排污口 95 个，其中达标排放的入河排污口有 63 个，不达标排放的入河排污口有 17 个，达标情况不详的入河排污口有 15 个。

第7章　松辽流域地下水评价

在我国社会经济发展过程中，地下水资源的过度开采，导致水资源供需矛盾加剧，并引发一系列水环境问题。同时，地下水普遍受到不同程度的污染，加之很多地域存在天然的劣质地下水，直接威胁供水安全（姜丽杰等，2014）。松辽流域作为我国北方水资源紧缺地区之一，加强松辽地区的地下水评价十分重要。本书借鉴国外地下水监测的先进经验，系统分析了我国地下水水质评价现状，并针对地下水水环境监测中存在的主要问题，提出了松辽流域地下水科学研究的优先领域，对开展松辽流域地下水评价工作提出了具体建议。

7.1　地下水水质基本情况

7.1.1　松花江区

松花江区地下水的形成与赋存条件复杂，在气候、地形地貌、水文等自然地理和地层、地质构造等因素的控制下，表现出不同的水文地质特征。尤其，丘陵山区和平原区的水文地质条件差异较大。平原区主要为松嫩平原、三江平原等，是中生代以来持续下降的地区，为地下水的汇集中心，巨厚的中新生代碎屑岩及松散堆积层中赋存丰富的多层地下水。然而，丘陵山区为侏罗系岩浆岩、碎屑岩及碳酸盐岩等，节理裂隙比较发育，具有很大的供水意义。

1. 山丘区

山丘区指相对高程较大，地形起伏，第四系松散沉积物较薄且分布零星，地表以岩石为主的区域。地下水类型以裂隙水为主，零星分布有松散岩类孔隙水。

在长白山山地，大小兴安岭等中低山、丘陵地区，主要分布着侏罗系火山岩及其以前的沉积岩（包括火山熔岩及火山碎屑岩）、变质岩和岩浆岩，其节理和裂隙多发育，形成了基岩裂隙水，富水性以大兴安岭和长白山系的西坡为佳，而东坡较差。在断裂构造发育地区，常赋存有断裂带脉状水。在其间的众多小型构造盆地中，则赋存着孔隙裂隙潜水和承压水；由于各含水岩组岩性的不同，在一些地区发育有碳酸盐岩类裂隙溶洞水和玄武岩孔洞裂隙水。

在山地中发育有深度、大小不等的沟谷，这些沟谷大多是沿新华夏系构造体系中的张性、张扭性断裂发育的，沿沟谷有厚度不等的第四系砂砾石层等松散堆积物，其是基岩山区局部地段的地下水排泄通道和汇集场所。它们的富水性不均，但一般较为富水。

在大兴安岭的最北端（51°10′N 以北），受纬度和高程影响，广泛分布有多年冻土，富水性较好；在多年冻土区的河谷中发育的冻结层上潜水，受大气降水补给和河水补给，含水层厚度随季节而变化，一般不超过 15m，富水性较差。

在大兴安岭西麓、小兴安岭东麓、长白山系，还赋存风化带网状裂隙水，岩性为华力西期及燕山期花岗岩、古生代变质岩，中生代火山岩、火山碎屑岩等，强风化带厚 10～30m，富水性差，中等风化带厚 10～20m，富水性较好，弱风化带基本不含水。

以上基岩裂隙水、冻结层下裂隙承压水、层间孔隙裂隙水、岩溶水、孔洞裂隙水都具有一定的供水意义。

2. 平原区

平原区是指地表起伏较小、地形切割较浅、第四系松散沉积物较厚、分布连续的宽广平地。地下水类型主要为松散岩类孔隙水。

松花江区平原区包括松嫩平原、三江平原、穆棱兴凯低平原、逊河平原（山间平原）、呼伦贝尔高平原。

1）松嫩平原

松嫩平原是一个潜水普遍分布，包括古近系-新近系始新统—渐新统依安组、中新统大安组、上新统太康组和下更新统承压水在内的多层叠置结构的大型蓄水盆地，可分为东部高平原、中部低平原、西部大兴安岭山前倾斜平原及河谷平原四个水文地质区。东部高平原和西部大兴安岭山前倾斜平原，既是山区基岩裂隙水的排泄区，又是中部承压水盆地的主要补给区。

（1）东部高平原水文地质区。

该平原大致为讷河—安达—前郭一线以东的地区，其上覆盖有黄土状亚黏土。在东部高平原中的河谷冲积平原，分布砂和砂砾石，潜水位埋藏浅，有利于大气降水补给，富水性较好，水量丰富。

东部高平原区主要为白垩系碎屑岩裂隙孔隙层间承压水，一般厚度 5～12m，累积厚度 20～40m，水位埋深 10～30m，局部在背斜轴部及其小型构造盆地中，富水性较好。

（2）中部低平原水文地质区。

中部低平原是松嫩平原的核心，它的主要含水系统自下而上是由古近系-新近系始新统—渐新统依安组承压水、中新统大安组承压水、上新统泰康组—下更新统承压水、下更新统承压水和上部冲积层孔隙潜水叠置组成的多层结构，是以承压水为主的大型蓄水盆地。整个低平原潜水含铁、氟量较高，承压水水质良好，是一个地下水资源丰富、水质良好的大型蓄水构造。

冲积层孔隙潜水水位埋深多小于5m，单井涌水量一般小于100m^3/d。潜水中铁锰氟含量和矿化度大部分地区偏高，不宜饮用。

第四系孔隙承压水广泛分布于低平原区。含水层岩性主要为含高岭土砂砾石，部分地区与下伏泰康组砂岩直接接触，形成统一的含水岩组。含水层厚度变化自北向南、自西向东递减。最厚处齐齐哈尔一带厚达100m，富水性良好。

古近系-新近系泰康组裂隙孔隙承压水伏于第四系承压含水层之下，其分布范围较小。含水层岩性主要为砂岩和砂砾岩，成岩较差，结构疏松，厚度10～100m，隔水顶板为上部泥岩，埋深40～140m。

（3）西部大兴安岭山前倾斜平原水文地质区。

该平原分布于西部大兴安岭山前地带，东部与平原区相接，地下水主要赋存于砂砾石台地和砂砾石扇形地中。

砂砾石台地潜水主要分布在霍林河和绰尔河之间的山前倾斜平原中。含水层岩性主要为下更新统白土山组含高岭土的砂砾石、卵砾石，厚5～30m。富水性为中等到强，水位埋深一般为10～20m。

砂砾石扇形地潜水分布于霍林河、洮儿河、绰尔河、雅鲁河、阿伦河及诺敏河等河流的山前扇形地，含水层岩性主要为中下更新统冲洪积砾卵石和砂砾石层，夹薄层黏性土。含水层厚度一般为10～60m，水位埋深5～8m，富水性强，地下水资源丰富。扇形地前缘常有地下水溢出。

（4）河谷平原水文地质区。

该平原沿嫩江、松花江等河流及其支流的河谷分布，宽度在1～30km。含水层以砂砾石、砾卵石、中粗砂为主。地下水循环条件好，与河水联系密切，水量丰富，水质好，矿化度低。在阶地上普遍分布有黏性土，形成下部为砂砾石，上部为黏性土的二元结构。

2）三江平原

三江平原是中、新生代以来形成的沉积盆地，自第四纪以来沉积了厚约300m的松散沉积物，西、南、东三面环山，北、东北为黑龙江、乌苏里江，由于它是三条江汇流的冲积湖积平原，颗粒较粗，透水性强，垂向上没有很好的隔水层。

区内绥滨、萝北一带，含水层为砂砾石、砾卵石、中粗砂，颗粒粗大，透水性强，水量较大，含水层厚80～300m，水位埋深2～6m；在挠力河中游一带，含水层以中细砂、含砾中砂、砂砾石为主，颗粒相对较细，透水性相对较弱，含水层厚20～50m，水位埋深3～10m，水量较小；在区内富锦、同江、前进农场一带以边滩相沉积为主，含水层为含砾中粗砂、中粗砂、砂砾石，颗粒大，透水性强，水量丰富，含水层厚 50～200m，水位埋深 3～7m；在街津山—乌尔古力山—花马山沿线以东地区，顶部沉积了约 3m 的亚黏土，降水入渗弱。孔隙含水层底部为古近系-新近系泥岩、砂岩，为弱透水性或不透水层。

3）穆棱兴凯低平原

兴凯湖平原为自中、新生代以来形成的沉积盆地，第四纪以来沉积了厚约 100～150m 的松散沉积物，北、西部为低山区，东部为乌苏里江。区域含水层颗粒较细，透水性一般，垂向上没有很好的隔水层。穆棱河河谷平原一带，含水层为砂砾石、砾卵石、中粗砂，厚 50～100m，透水性强，水量丰富，水位埋深 2～6m。其余大部分地区含水层为细砂和砂、砂砾石，含水层中夹有 10～20m 厚的亚黏土相对隔水层。

4）逊河平原

河谷平原第四系松散岩类孔隙潜水，含水层为粗砂、砂砾石，厚度为 3～8m。

白垩系裂隙孔隙承压水：分布于逊河平原底部，含水层为砂岩、砂砾岩，厚度 10～70m。

5）呼伦贝尔高平原

河谷平原区松散岩类孔隙水分布于较大河流的河谷平原区，含水层由全新统、上更新统、中更新统的砂、砂砾石组成，厚 10～30m；高平原区松散岩类孔隙水不连续分布于高平原区，含水层由下更新统和中更新统的砂、砂砾石构成。在高平原的西南部，含水层厚 5～25m，中东部含水层厚 8～15m。

碎屑岩类裂隙孔隙水主要分布于海拉尔盆地内，埋藏于松散岩类孔隙水之下，含水岩组由侏罗系、白垩系及新近系的砂岩、砂砾岩组成。

构造裂隙水赋存于火山岩、火山碎屑岩及花岗岩的构造裂隙中。东西向和北东向压（扭）性储水断裂带，北西向张（扭）性储水断裂带。

风化裂隙水主要分布于丘陵区，东部富水，西部与北部中等富水。

3. 地下水化学特征

松花江区平原区地下水化学类型以 HCO_3-Ca（Mg）为主，面积占松花江区平原区面积的 75.3%，其次是水化学类型 HCO_3^--SO_4^{2-}-CL^--Na^+-Ca（Mg），面积占 23.9%。平原区地下水矿化度小于 1g/L（属淡水）的面积占平原区面积的 88.8%，矿化度 1～3g/L（属弱碱水）的地下水面积占 11.2%。

平原区地下水总硬度优于Ⅲ类水质的占松花江区面积的 88.3%，劣于Ⅲ类水质的地下水占 11.7%。平原区大部分地下水总硬度小于 450mg/L，总体上水质较软。平原区 pH 6.5～8.0（呈中性、微碱性）的地下水占松花江区面积的 93.8%，pH 5.5～6.5（呈偏酸性）的地下水占松花江区面积的 5.0%。

4. 水文地球化学异常区

主要为铁和氟异常区，由原生环境引起，在地下水中含量较高。由于异常区铁、氟超标，异常区地下水分别为Ⅳ类水质和Ⅴ类水质。

松花江区平原区的铁异常区分布范围较广，总面积为 7.87 万 km^2，占松花江区平原区面积的 26.2%。其中，黑龙江省分布面积最大，为 6.10 万 km^2，占铁异常区的 77.5%。氟异常区总面积为 3.23 万 km^2，占松花江区平原区面积的 10.8%。其中，吉林省分布面积最大，为 1.91 万 km^2，占氟异常区的 59.1%。

7.1.2　辽河区

辽河区地下水的形成与赋存条件复杂，在气候、地形地貌、水文等自然地理和地层、地质构造等因素的控制下，表现出不同的水文地质特征。尤其，丘陵山区和平原区的水文地质条件差异较大。平原区主要为东辽河平原、西辽河平原、下辽河平原等，是中生代以来持续下降的地区，为地下水的汇集中心，巨厚的中新生代碎屑岩及松散堆积层中赋存丰富的多层地下水。然而，丘陵山区为侏罗系岩浆岩、碎屑岩及碳酸盐岩等，节理裂隙比较发育，具有很大的供水意义。

1. 丘陵山区

丘陵山区指相对高程较大，地形起伏，第四系松散沉积物较薄且分布零星，地表以岩石为主的区域。地下水类型以各种岩类裂隙水、岩溶裂隙水为主，零星分布有松散岩类孔隙水。

在辽西山地等中低山、丘陵地区，主要分布着侏罗系火山岩及其以前的沉积岩（包括火山熔岩及火山碎屑岩）、变质岩和岩浆岩，其节理和裂隙多发育，形成了基岩裂隙水。

辽河区本溪、辽阳、鞍山等碳酸盐岩分布地区，岩溶化程度较高，溶洞裂隙发育，赋存丰富的裂隙岩溶水，但富水性不均。本溪地区的灰岩地层溶洞发育，富含岩溶裂隙水。在白山市、通化市的供水水源主要是碳酸盐岩类裂隙岩溶水，燕山山地，在南票、朝阳、喀左等地区也发育有碳酸盐岩类裂隙岩溶水，其富水性较好，在构造断裂及向斜盆地地段富水程度更强。

燕山山地以安山岩、混合花岗岩、片麻岩等为主，裂隙较发育，富水性相对较好。

以上基岩裂隙水、岩溶水、孔洞裂隙水都具有一定的供水意义。

2. 平原区

平原区是指地表起伏较小，地形切割较浅，第四系松散沉积物较厚且分布连续的宽广平地。地下水类型主要为松散岩类孔隙水。

辽河平原又分为东辽河、西辽河和下辽河平原。

1）东辽河平原

东辽河平原主要由丘陵、河漫滩、一级阶地、二级阶地所组成。区内地下水主要赋存于松散岩类的砂、砂砾石孔隙之中及白垩系碎屑岩裂隙之中。

松散岩类孔隙潜水：分布于东辽河平原河流的一、二级阶地，地下水赋存于全新统、上更新统的冲积砂、砂砾石层的孔隙中。沿东辽河两岸一级阶地水量丰富，含水层以中粗砂、砂砾石为主，厚度5～40m。地下水埋深2～6m；招苏台河及东辽河二级阶地后缘水量中等，含水层以粉砂、细砂、粗砂为主，厚度3～15m，水位埋深2.3～8.5m；其余地区，水量贫乏，含水层岩性为含砾黄土状亚黏土，厚5～25m。

碎屑岩裂隙孔隙水：分布面积很小，仅在康平、昌图、四平一带有分布，水量较丰富。含水层为白垩系泉头组一、二段中砂岩、中粗砂岩、砂砾岩，厚度28.3～77.6m，顶板埋深5.4～40.1m，最大自流高度9.6m。地下水位最大埋深20余米。

基岩裂隙水：仅零星分布于调兵山及昌图附近，局部以泉的形式出露，泉流量小于1L/s。

2）西辽河平原

西辽河平原是一个北、东接松嫩平原，西北以大兴安岭山地丘陵为屏障，南靠努鲁儿虎山，向东南开口的拗陷盆地。自中、新生代以来，该盆地一直处于下降阶段，也伴有局部抬升运动，古近系-新近系沉积物不连续，但第四系松散岩类则广为堆积。区内地下水的形成与分布受地质、地貌、构造、气象、水文等诸多因素控制，在不同地区表现为不同特征。

南部低山-丘陵水文地质区：分布于南部的低中山、低山丘陵区及北部的大兴安岭山前台地区，断裂构造较发育，在地貌、构造条件有利地段，存在着脉状富水地段。含水层岩性主要为古生代的变质岩，中生代的火山岩及华力西晚期、燕山期的花岗岩。在低山丘陵区构造发育，在构造适合部位赋存有断裂带脉状水。河谷地带，含水层分布稳定，厚度增大，富水性较好。

中部西辽河平原水文地质区：除东部保康镇以北存在第四系松散岩类孔隙承压含水层（下更新统白土山组）外，其余广大地区的松散岩类孔隙水均为潜水。含水层由泥质砂砾（卵）石、中粗砂、中细砂、细砂、粉细砂组成。形成了厚度为130～200m的巨厚含水体。水量丰富，水位埋深小于3m。古近系-新近系碎屑岩类裂隙孔隙承压含水岩组主要岩性为砂砾岩、含砾粗砂岩、细粉砂岩等，弱胶结，具有良好的蓄水条件。由于含水层上部普遍有泥岩分布，该裂隙孔隙水具有承压性。

北部大兴安岭山前台地水文地质区：分布于工作区北部边缘地带，由台地、山前冲洪积扇及河谷组成。台地区岩石构造裂隙及风化裂隙均较发育，易于接受大气降水补给，为地下水的补给区。地下水以泉的方式向河谷中排泄，泉流量小于 1L/s，同时还以地下径流的方式向河谷及山前冲洪积扇运动；一般在河谷区及较大河流出山口处形成的冲洪积扇区地下水较丰富，而在其余地区富水性相对较弱。

3）下辽河平原

下辽河平原是一个西、北、东为山丘所环绕，中部为广阔平原的沉降盆地。自燕山构造期以来一直下降，因此沉积了巨厚的白垩系、古近系-新近系和第四系碎屑物。地下水类型在中部为孔隙潜水和承压水，在东西两侧为孔隙潜水，呈环带状分布。北部因康法丘陵隆起的影响，也分布着孔隙潜水。整个下辽河平原显示出东、西、北三面为补给区，中部为承压径流区，古近系-新近系基底向西南倾斜的向斜盆地的水文地质特征。含水层垂向上厚度巨大，地下水可划分为第四系松散岩类孔隙水和古近系-新近系孔隙裂隙水。

第四系松散岩类孔隙水：第四系松散岩类孔隙水主要赋存于第四系含砾粗砂、中细砂、粉细砂中，水量丰富，局部地段为潜水。含水层厚度由两侧山前的 20～30m 递增至中部平原的 200～300m，颗粒相应由粗变细。主要含水组之上覆盖有厚度不等的亚砂土和亚黏土。地下水埋深，山前为 8～9m，向平原中部递变为 1～2m。

在平原中部以中更新统顶部相对稳定的亚黏土（厚 3～5m）为隔水层，将第四系松散岩类孔隙水分为上、下两层。上层孔隙水：在各冲洪积扇轴部，水量极为丰富，在东部扇前及黑山、北宁一带，平原中部，北部水量递减。下层孔隙水分布于平原中部，含水岩组由中更新统的中细砂和粉细砂组成。

古近系-新近系孔隙裂隙承压水：古近系-新近系孔隙裂隙承压水深埋于第四系松散岩类孔隙水之下，分布面积近 10000km^2，可分为明化镇孔隙裂隙承压水和馆陶组孔隙裂隙承压水。

明化镇孔隙裂隙承压水含水层岩性主要由砂岩、砂砾岩构成，厚度 100～600m，含水岩组顶板埋深一般在 100～300m，底板埋深变化较大，在 130～1190m，富水性各地不一。一般中部富水性较好，水量丰富。

馆陶组孔隙裂隙承压水分布在明化镇之下，含水层以冲积、冲洪积含砾砂岩、砂砾岩、细砾岩及含漂砾砂砾岩为主，厚度变化较大，15～350m，两侧薄而中间厚。顶板埋深 130～1190m，底板埋深 330～1430m。在中南部地区，单井出水量可达 3000～5000m^3/d；向四周富水性渐弱，水量较丰富，单井出水量为 1000～

$3000m^3/d$；周边地区，富水性差，水量中等至贫乏。该层地下水水质较好。该组地下水中偏硅酸和锶的含量较高，多处达到医疗矿水浓度要求。下辽河平原地区馆陶组中蕴藏着丰富的地下热水，属中型地热田。

3. 地下水化学特征

辽河区平原区地下水化学类型以 HCO_3-Ca（Mg）为主，面积占辽河区平原区面积的 80.3%。平原区地下水矿化度小于 1g/L（属淡水）的面积占平原区面积的 79.2%。平原区地下水总硬度优于Ⅲ类水质的面积为 8.74 万 km^2，占平原区面积的 89.5%。平原区大部分地下水总硬度小于 450mg/L，总体上水质较软。平原区地下水 pH 大部分为 7.0 左右，呈中性、微碱性，变化范围在 6.5～8.0。

4. 水文地球化学异常区

辽河区平原区水文地球化学异常区，主要为铁和氟异常区，由原生环境引起。由于异常区铁氟超标，异常区地下水为Ⅳ类水质或Ⅴ类水质。平原区铁异常区分布范围较广，占辽河区平原区面积的 40.8%。

7.2 水质检测

7.2.1 监测范围

本次地下水评价用监测井 452 个。其中，松花江区有 220 个，辽河区有 232 个；从省（自治区）分布上看，黑龙江省 144 个，含 1 个重点水源地；吉林省 128 个；辽宁省 129 个；内蒙古自治区 51 个，含 4 个重点水源地。452 个监测点中有 5 个流域重点地下水水源地监测点，分别为黑龙江省佳木斯市江北饮用水水源地、兴安盟地下水水源地、赤峰市地下水水源地、呼伦贝尔地下水水源地和通辽市科尔沁区集中式饮用水水源地。监测井布设情况见表 7-1 和表 7-2。

表 7-1 监测井布设情况表

区域	地下水监测点个数/个
松花江区	220
辽河区	232
合计	452

表 7-2　各省（自治区）地下水监测点布设情况表

省（自治区）	地级市	地下水监测点个数/个	重点地下水水源地个数/个
黑龙江省（144 个）	绥化市	24	0
	佳木斯市	21	1
	大庆市	11	0
	双鸭山市	13	0
	鹤岗市	11	0
	七台河市	3	0
	鸡西市	6	0
	牡丹江市	3	0
	黑河市	8	0
	伊春市	1	0
	哈尔滨市	16	0
	大兴安岭区	2	0
	齐齐哈尔市	2	0
吉林省（128 个）	松原市	22	0
	长春市	18	0
	白城市	20	0
	吉林市	13	0
	延吉市	12	0
	通化市	10	0
	辽源市	6	0
	白山市	5	0
	梅河口市	1	0
	四平市	21	0
辽宁省（129 个）	沈阳市	29	0
	鞍山市	12	0
	营口市	8	0
	阜新市	9	0
	大连市	7	0
	抚顺市	3	0
	本溪市	3	0
	铁岭市	13	0

续表

省（自治区）	地级市	地下水监测点个数/个	重点地下水水源地个数/个
辽宁省（129 个）	丹东市	3	0
	葫芦岛市	5	0
	朝阳市	6	0
	锦州市	17	0
	盘锦市	1	0
	辽阳市	13	0
内蒙古自治区（51 个）	通辽市	27	1
	兴安盟	8	1
	赤峰市	8	1
	呼伦贝尔市	8	1

7.2.2　水质检测项目和频次

根据《水利部办公厅关于开展流域地下水水质监测工作的通知》(办水文〔2013〕235 号)及水利部水文局《关于印发流域地下水水质监测工作会议纪要的通知》(水文质〔2013〕187 号）的要求，结合松辽流域地下水水质实际情况，2018 年松辽流域地下水水质检测参数如下。

常规检测项目中重点检测参数 31 项：色（度）、嗅和味、浑浊度、肉眼可见物、pH、总硬度、溶解性总固体、硫酸盐、氯化物、铁、锰、铜、锌、挥发性酚类、阴离子表面活性、高锰酸盐指数、硝酸盐、亚硝酸盐、氨氮、氟化物、氰化物、汞、砷、镉、硒、铬（六价）、铅、总大肠菌群数、细菌总数、钠、硫化物。

选测参数 8 项：三氯甲烷、四氯化碳、苯、甲苯铍、放射性 α、放射性 β、铝、碘。

非常规检测项目：硼、锑、钡、镍、钴、钼、银、铊、二氯甲烷、1, 2-二氯乙烷、1, 1, 1-三氯乙烷、1, 1, 2-三氯乙烷、1, 2-二氯丙烷、三溴甲烷、氯乙烯、1, 1-二氯乙烯、1, 2-二氯乙烯、三氯乙烯、四氯乙烯、氯苯、邻二氯苯、对二氯苯、三氯苯、乙苯、二甲苯（总量）、苯乙烯、2, 4-二硝基甲苯、2, 6-二硝基甲苯、萘、蒽、荧蒽、苯并（b）荧蒽、苯并（a）芘、多氯联苯（总量）、邻苯二甲酸二（2-乙基己基）酯、2, 4, 6-三氯酚、五氯酚、六六六（总量）、Y-六六六（林丹）、滴滴涕、六氯苯、七氯、2, 4-滴、敌敌畏、甲基对硫磷、马拉硫磷、乐果、毒死蜱、百菌清、莠去津、克百威、涕灭威、草甘膦。

2018 年地下水标准中的常规项目多为必测参数，非常规检测项目多为选测参数。

松花江流域的 220 个地下水监测点多数检测 1 次，主要集中在 6 月，其中包括黑龙江省 144 个监测点，吉林省 56 个监测点，辽宁省 3 个监测点，内蒙古自治区 17 个监测点。辽河流域的 232 个地下水监测点多数检测 1 次，其中包括吉林省 72 个监测点，辽宁省 126 个监测点，内蒙古自治区 34 个监测点。5 个流域重点地下水水源地的检测频次为每月 1 次，共检测 12 次。平水期 10 月检测的点为黑龙江省 6 个，辽宁省 8 个，吉林省 12 个，内蒙古自治区 3 个。

非常规检测项目每年检测 1 次，共检测 155 个点，其中，辽宁省丹东市 3 个检测样点，吉林省检测 128 个样点；黑龙江省佳木斯市江北水源地 1 个；内蒙古自治区 23 个样点，其中包括 4 个水源地样点。

7.2.3　水质检测方法

根据《地下水环境监测技术规范》(HJ 164—2020)，结合松辽流域仪器设备情况，检测分析采用表 7-3 所列方法。

表 7-3　地下水水质检测分析方法一览表

序号	检测项目	分析方法	最低检出浓度（量）	有效数字最多位数	小数点后最多位数（5）	方法依据
1	水温	温度计法	0.1℃	3	1	GB/T 13195—1991
2	色度	铂钴比色法	—	—	—	GB/T 11903—1989
3	臭和味	臭气和尝味法	—	—	—	
4	浑浊度	1. 分光光度法	3 度	3	0	GB/T 13200—1991
		2. 目视比浊法	1 度	3	0	GB/T 13200—1991
		3. 浊度计法	1 度	3	0	
5	pH	玻璃电极法	0.1（pH）	1	1	GB/T 6920—1986
			0.01（pH）	2	2	
6	溶解性总固体	重量法	4mg/L	3	0	GB/T 11901—1989
7	总矿化度	重量法	4mg/L	3	0	

续表

序号	检测项目	分析方法	最低检出浓度（量）	有效数字最多位数	小数点后最多位数（5）	方法依据
8	全盐量	重量法	10mg/L	3	0	HJ/T 51—1999
9	电导率	电导率仪法	1μS/cm（25℃）	3	0	
10	总硬度	1. EDTA 滴定法	5.00mg/L（以 $CaCO_3$ 计）	3	2	GB/T 7477—1987
		2. 钙镁换算法	—	—	—	
		3. 流动注射法	—	—	—	
11	溶解氧	1. 碘量法	0.2mg/L	3	1	GB/T 7489—1987
		2. 电化学探头法	—	3	1	GB/T 11913—1989
12	高锰酸盐指数	1. 酸性高锰酸钾氧化法	0.5mg/L	3	1	GB/T 11892—1989
		2. 碱性高锰酸钾氧化法	0.5mg/L	3	1	GB/T 11892—1989
		3. 流动注射连续测定法	0.5mg/L	3	1	
13	化学需氧量	重铬酸盐法	5mg/L	3	0	GB/T 11914—1989
14	生化需氧量	1. 稀释与接种法	2mg/L	3	1	GB/T 7488—1987
		2. 微生物传感器快速测定法	—	3	1	HJ/T 86—2002
15	挥发性酚类	1. 4-氨基安替比林萃取光度法	0.002mg/L	3	3	GB/T 7490—1987
		2. 蒸馏后溴化容量法	—	—	—	GB/T 7491—1987
16	石油类	1. 红外分光光度法	0.01mg/L	3	2	GB/T 16488—1996
		2. 非分散红外光度法	0.02mg/L	3	2	GB/T 16488—1996
17	亚硝酸盐氮	1. N-(1-萘基)-乙二胺分光光度法	0.003mg/L	3	3	GB/T 7493—1987
		2. 离子色谱法	0.05mg/L	3	2	
		3. 气相分子吸收法	5μg/L	3	1	
18	氨氮	1. 纳氏试剂光度法	0.025mg/L	3	3	GB/T 7479—1987
		2. 蒸馏和滴定法	0.2mg/L	3	1	GB/T 7478—1987
		3. 水杨酸分光光度法	0.01mg/L	3	2	GB/T 7481—1987
19	硝酸盐氮	1. 酚二磺酸分光光度法	0.02mg/L	3	2	GB/T 7480—1987
		2. 紫外分光光度法	0.08mg/L	3	2	
		3. 离子色谱法	0.04mg/L	3	2	
		4. 气相分子吸收法	0.03mg/L	3	2	
		5. 离子选择电极流动注射法	0.21mg/L	3	2	

续表

序号	检测项目	分析方法	最低检出浓度（量）	有效数字最多位数	小数点后最多位数（5）	方法依据
20	凯氏氮	蒸馏-光度法或滴定法	0.2mg/L	3	1	GB/T 11891—1989
21	酸度	1. 酸碱指示剂滴定法	—	3	1	
		2. 电位滴定法	—	4	2	
22	总碱度	1. 酸碱指示剂滴定法	—	4	1	
		2. 电位滴定法	—	4	2	
23	氯化物	1. 硝酸银滴定法	2mg/L	3	0	GB/T 11896—1989
		2. 电位滴定法	3.4mg/L	3	1	
		3. 离子色谱法	0.04mg/L	3	2	
		4. 离子选择电极流动注射法	0.9mg/L	3	1	
24	游离余氯和总氯	1. N, N-二乙基-1, 4-苯二胺滴定法	0.03mg/L	3	2	GB/T 11897—1989
		2. N, N-二乙基-1, 4-苯二胺分光光度法	0.05mg/L	3	2	GB/T 11898—1989
25	硫酸盐	1. 重量法	10mg/L	3	0	GB/T 11899—1989
		2. 铬酸钡光度法	1mg/L	3	0	
		3. 火焰原子吸收法	0.2mg/L	3	1	GB/T 13196—1991
		4. 离子色谱法	0.1mg/L	3	1	
26	氟化物	1. 离子选择电极法（含流动电极法）	0.05mg/L	3	2	GB/T 7484—1987
		2. 氟试剂分光光度法	0.05mg/L	3	2	GB/T 7483—1987
		3. 茜素磺酸锆目视比色法	0.05mg/L	3	2	GB/T 7482—1987
		4. 离子色谱法	0.02mg/L	3	2	
27	总氰化物	1. 异烟酸-吡唑啉酮比色法	0.004mg/L	3	3	GB/T 7486—1987
		2. 吡唑-巴比妥酸比色法	0.002mg/L	3	3	GB/T 7486—1987
28	硫化物	1. 亚甲基蓝分光光度法	0.005mg/L	3	3	GB/T 16489—1996
		2. 直接显色分光光度法	0.004mg/L	3	3	GB/T 17133—1997
		3. 间接原子吸收法	0.006mg/L	3	3	
		4. 碘量法	0.02mg/L	3	2	
29	碘化物	1. 催化比色法	1μg/L	3	1	
		2. 气相色谱法	1μg/L	3	1	

续表

序号	检测项目	分析方法	最低检出浓度（量）	有效数字最多位数	小数点后最多位数（5）	方法依据
30	砷	1. 硼氢化钾-硝酸银分光光度法	0.0004mg/L	3	4	GB/T 11900—1989
		2. 氢化物发生原子吸收法	0.002mg/L	3	3	
		3. 二乙基二硫化氨基甲酸银分光光度法	0.007mg/L	3	3	GB/T 7485—1987
		4. 等离子发射光谱法	0.1mg/L	3	1	
		5. 原子荧光法	0.5μg/L	3	1	
31	铍	1. 石墨炉原子吸收法	0.02μg/L	3	2	HJ/T 59—2000
		2. 铬天菁 R 光度法	0.2μg/L	3	1	HJ/T 58—2000
		3. 等离子发射光谱法	0.02μg/L	3	2	
32	镉	1. 在线富集流动注射-火焰原子吸收法	2μg/L	3	0	环监测〔1995〕079 号文
		2. 火焰原子吸收法	0.05mg/L（直接法）	3	2	GB/T 7475—1987
			1μg/L（螯合萃取法）	3	0	GB/T 7475—1987
		3. 石墨炉原子吸收法	0.10μg/L	3	2	
		4. 双硫腙分光光度法	1μg/L	3	0	GB/T 7471—1987
		5. 阳极溶出伏安法	0.5μg/L	3	1	
		6. 示波极谱法	10^{-6}mol/L	3	1	
		7. 等离子发射光谱法	0.006mg/L	3	3	
33	六价铬	二苯碳酰二肼分光光度法	0.004mg/L	3	3	GB/T 7467—1987
34	铜	1. 火焰原子吸收法	0.05mg/L（直接法）	3	2	GB/T 7475—1987
			1μg/L（螯合萃取法）	3	0	GB/T 7475—1987
		2. 石墨炉原子吸收法	1.0μg/L	3	1	
		3. 2, 9-二甲基-1, 10-菲罗啉分光光度法	0.06mg/L	3	2	GB/T 7473—1987
		4. 二乙氨基二硫代甲酸钠分光光度法	0.01mg/L	3	2	GB/T 7474—1987
		5. 在线富集流动注射-火焰原子吸收法	2μg/L	3	0	
		6. 阳极溶出伏安法	0.5μg/L	3	1	

续表

序号	检测项目	分析方法	最低检出浓度（量）	有效数字最多位数	小数点后最多位数（5）	方法依据
34	铜	7. 示波极谱法	10^{-6}mol/L	3	1	
		8. 等离子发射光谱法	0.02mg/L	3	2	
35	汞	1. 冷原子吸收法	0.1μg/L	3	1	GB/T 7468—1987
		2. 原子荧光法	0.01μg/L	3	2	
		3. 双硫腙光度法	2μg/L	3	0	GB/T 7469—1987
36	铁	1. 火焰原子吸收法	0.03mg/L	3	2	GB/T 11911—1989
		2. 邻菲罗啉分光光度法	0.03mg/L	3	2	
		3. 等离子发射光谱法	0.03mg/L	3	2	
37	锰	1. 火焰原子吸收法	0.01mg/L	3	2	GB/T 11911—1989
		2. 高碘酸钾氧化光度法	0.05mg/L	3	2	GB/T 11906—1989
		3. 等离子发射光谱法	0.001mg/L	3	3	
38	镍	1. 火焰原子吸收法	0.05mg/L	3	2	GB/T 11912—1989
		2. 丁二酮肟分光光度法	0.25mg/L	3	2	GB/T 11910—1989
		3. 等离子发射光谱法	0.01mg/L	3	2	
39	铅	1. 火焰原子吸收法	0.2mg/L（直接法）	3	1	GB/T 7475—1989
			10μg/L（螯合萃取法）	3	0	GB/T 7475—1989
		2. 石墨炉原子吸收法	1.0μg/L	3	1	
		3. 在线富集流动注射-火焰原子吸收法	5.0μg/L	3	1	环监〔1995〕079号文
		4. 双硫腙分光光度法	0.01mg/L	3	2	GB/T 7470—1987
		5. 阳极溶出伏安法	0.5mg/L	3	1	
		6. 示波极谱法	0.02mg/L	3	2	GB/T 13896—1992
		7. 等离子发射光谱法	0.05mg/L	3	2	
40	硒	1. 原子荧光法	0.5μg/L	3	1	
		2. 2, 3-二氨基萘荧光法	0.25μg/L	3	2	GB/T 11902—1989
		3. 3, 3′-二氨基联苯胺光度法	2.5μg/L	3	1	
41	锌	1. 火焰原子吸收法	0.02mg/L	3	2	GB/T 7475—1987
		2. 在线富集流动注射-火焰原子吸收法	2μg/L	3	0	
		3. 双硫腙分光光度法	0.005mg/L	3	3	GB/T 7472—1987

续表

序号	检测项目	分析方法	最低检出浓度（量）	有效数字最多位数	小数点后最多位数（5）	方法依据
41	锌	4. 阳极溶出伏安法	0.5mg/L	3	1	
		5. 示波极谱法	10^{-6}mol/L	3	1	
		6. 等离子发射光谱法	0.006mg/L	3	3	
42	钾	1. 火焰原子吸收法	0.03mg/L	3	2	GB/T 11904—1989
		2. 等离子发射光谱法	0.5mg/L	3	1	
43	钠	1. 火焰原子吸收法	0.010mg/L	3	3	GB/T 11904—1989
		2. 等离子发射光谱法	0.2mg/L	3	1	
44	钙	1. 火焰原子吸收法	0.02mg/L	3	2	GB/T 11905—1989
		2. EDTA 络合滴定法	1.00mg/L	3	2	GB/T 7476—1987
		3. 等离子发射光谱法	0.01mg/L	3	2	
45	镁	1. 火焰原子吸收法	0.002mg/L	3	3	GB/T 11905—1989
		2. EDTA 络合滴定法	1.00mg/L	3	2	GB/T 7477—1987（Ca、Mg 总量）
		3. 等离子发射光谱法	0.002mg/L	3	3	
46	挥发性卤代烃	1. 气相色谱法	0.01～0.10μg/L	3	2	GB/T 17130—1997
		2. 吹脱捕集气相色谱法	0.009～0.08μg/L	3	3	
		3. GC/MS 法	0.03～0.3μg/L	3	2	
47	苯系物	1. 气相色谱法	0.005mg/L	3	3	GB/T 11890—1989
		2. 吹脱捕集气相色谱法	0.002～0.003μg/L	3	3	
		3. GC/MS 法	0.01～0.02μg/L	3	2	
48	甲醛	1. 乙酰丙酮光度法	0.05mg/L	3	2	GB/T 13197—1991
		2. 变色酸光度法	0.1mg/L	3	1	
49	有机磷农药	1. 气相色谱法（乐果、对硫磷、甲基对硫磷、马拉硫磷、敌敌畏、敌百虫）	0.05～0.5μg/L	3	2	GB/T 13192—1991
		2. 气相色谱法（速灭磷、甲拌磷、二嗪农、异稻瘟净、甲基对硫磷、杀螟硫磷、溴硫磷、水胺硫磷、稻丰散、杀扑磷）	0.2～5.8μg/L	3	1	GB/T 14552—1993
50	有机氯农药（六六六、滴涕涕）	1. 气相色谱法	4～200ng/L	3	0	GB/T 7492—1987
		2. GC/MS 法	0.5～1.6ng/L	3	1	
51	阴离子表面活性剂	1. 电位滴定法	5mg/L	4	0	GB/T 13199—1991
		2. 亚甲蓝分光光度法	0.05mg/L	3	2	GB/T 7494—1987

续表

序号	检测项目	分析方法	最低检出浓度（量）	有效数字最多位数	小数点后最多位数（5）	方法依据
52	粪大肠菌群	1. 多管发酵法 2. 滤膜法	—	—	—	
53	细菌总数	培养法	—	—	—	
54	总α放射性	1. 有效厚度法	1.6×10^{-2}Bq/L	3	1	
		2. 比较测量法		3	1	
		3. 标准曲线法		3	1	
55	总β放射性	比较测量法	2.8×10^{-2}Bq/L	3	1	

资料来源：①《水和废水监测分析方法（第四版）》，中国环境科学出版社，2002年。

②《生活饮用水卫生规范》，中华人民共和国卫生部，2001年。

③《水和废水监测分析方法（第四版）》，中国环境科学出版社，2002年。

注：我国尚没有标准方法或国内标准方法达不到检出限要求的一些监测项目，可采用ISO、美国EPA或日本JIS相应的标准方法，但在测定实际水样之前，要进行适用性检验，检验内容包括：检出限、最低检出浓度、精密度、加标回收率等，并在报告数据时作为附件同时上报。考虑检测技术的进步，如溶解氧、化学需氧量、高锰酸盐指数等能实现连续自动监测的项目，可使用连续自动监测法，但使用前须进行适用性检验。

小数点后最多位数是根据最低检出浓度（量）的单元选定的，如单位改变，其相应的小数点后最多位数也随之改变。

7.3　水质评价

7.3.1　评价标准及方法

1. 评价标准

本次地下水水质评价采用《地下水质量标准》（GB/T 14848—2017），各水质评价指标的标准值见表7-4和表7-5。

表7-4　地下水质量常规指标

序号	指标	Ⅰ类	Ⅱ类	Ⅲ类	Ⅳ类	Ⅴ类
感官性状及一般化学指标						
1	色（铂钴色度单位）	≤5	≤5	≤15	≤25	>25
2	嗅和味	无	无	无	无	有
3	浑浊度/NTU[a]	≤3	≤3	≤3	≤10	>10
4	肉眼可见物	无	无	无	无	有
5	pH	6.5≤pH≤8.5			5.5≤pH<6.5 8.5<pH≤9.0	pH<5.5或 pH>9.0

续表

序号	指标	Ⅰ类	Ⅱ类	Ⅲ类	Ⅳ类	Ⅴ类
6	总硬度（以 $CaCO_3$ 计）/(mg/L)	≤150	≤300	≤450	≤650	>650
7	溶解性总固体/(mg/L)	≤300	≤500	≤1000	≤2000	>2000
8	硫酸盐/(mg/L)	≤50	≤150	≤250	≤350	>350
9	氯化物/(mg/L)	≤50	≤150	≤250	≤350	>350
10	铁/(mg/L)	≤0.1	≤0.2	≤0.3	≤2.0	>2.0
11	锰/(mg/L)	≤0.05	≤0.05	≤0.10	≤1.50	>1.50
12	铜/(mg/L)	≤0.01	≤0.05	≤1.00	≤1.50	>1.50
13	锌/(mg/L)	≤0.05	≤0.5	≤1.00	≤5.00	>5.00
14	铝/(mg/L)	≤0.01	≤0.05	≤0.20	≤0.50	>0.50
15	挥发性酚类（以苯酚计）/(mg/L)	≤0.001	≤0.001	≤0.002	≤0.01	>0.01
16	阴离子表面活性剂/(mg/L)	不得检出	≤0.1	≤0.3	≤0.3	>0.3
17	耗氧量（COD_{Mn} 法，以 O_2 计）/(mg/L)	≤1.0	≤2.0	≤3.0	≤10.0	>10.0
18	氨氮（以 N 计）/(mg/L)	≤0.02	≤0.10	≤0.50	≤1.50	>1.50
19	硫化物/(mg/L)	≤0.005	≤0.01	≤0.02	≤0.10	>0.10
20	钠/(mg/L)	≤100	≤150	≤200	≤400	>400
	微生物指标					
21	总大肠菌群数/(MPN[b]/100mL 或 CFU[c]/100mL)	≤3.0	≤3.0	≤3.0	≤100	>100
22	菌落总数/(CFU/mL)	≤100	≤100	≤100	≤1000	>1000
	毒理学指标					
23	亚硝酸盐（以 N 计）/(mg/L)	≤0.01	≤0.10	≤1.00	≤4.80	>4.80
24	硝酸盐（以 N 计）/(mg/L)	≤2.0	≤5.0	≤20.0	≤30.0	>30.0
25	氰化物/(mg/L)	≤0.001	≤0.01	≤0.05	≤0.1	>0.1
26	氟化物/(mg/L)	≤1.0	≤1.0	≤1.0	≤2.0	>2.0
27	碘化物/(mg/L)	≤0.04	≤0.04	≤0.08	≤0.50	>0.50
28	汞/(mg/L)	≤0.0001	≤0.0001	≤0.001	≤0.002	>0.002
29	砷/(mg/L)	≤0.001	≤0.001	≤0.01	≤0.05	>0.05
30	硒/(mg/L)	≤0.01	≤0.01	≤0.01	≤0.1	>0.1
31	镉/(mg/L)	≤0.0001	≤0.001	≤0.005	≤0.01	>0.01
32	铬（六价）/(mg/L)	≤0.005	≤0.01	≤0.05	≤0.10	>0.10
33	铅/(mg/L)	≤0.005	≤0.005	≤0.01	≤0.10	>0.10
34	三氯甲烷/(μg/L)	≤0.5	≤6	≤60	≤300	>300
35	四氯化碳/(μg/L)	≤0.5	≤0.5	≤2.0	≤50.0	>50.0

续表

序号	指标	Ⅰ类	Ⅱ类	Ⅲ类	Ⅳ类	Ⅴ类
36	苯/(μg/L)	≤0.5	≤1.0	≤10.0	≤120	>120
37	甲苯/(μg/L)	≤0.5	≤140	≤700	≤1400	>1400
			放射性指标[d]			
38	总 α 放射性/(Bq/L)	≤0.1	≤0.1	≤0.5	>0.5	>0.5
39	总 β 放射性/(Bq/L)	≤0.1	≤1.0	≤1.0	>1.0	>1.0

a，NTU 为散射浊度单位。

b，MPN 表示最可能数。

c，CFU 表示菌落形成单位。

d，放射性指标超过指导值，应进行核索分析和评价。

表 7-5　地下水质量非常规指标（毒理学指标）

序号	指标	Ⅰ类	Ⅱ类	Ⅲ类	Ⅳ类	Ⅴ类
1	铍/(mg/L)	≤0.0001	≤0.0001	≤0.002	≤0.06	>0.06
2	硼/(mg/L)	≤0.02	≤0.10	≤0.50	≤2.00	>2.00
3	锑/(mg/L)	≤0.0001	≤0.0005	≤0.005	≤0.01	>0.01
4	钡/(mg/L)	≤0.01	≤0.10	≤0.70	≤4.00	>4.00
5	镍/(mg/L)	≤0.002	≤0.002	≤0.02	≤0.10	>0.10
6	钴/(mg/L)	≤0.005	≤0.005	≤0.05	≤0.10	>0.10
7	钼/(mg/L)	≤0.001	≤0.01	≤0.07	≤0.15	>0.15
8	银/(mg/L)	≤0.001	≤0.01	≤0.05	≤0.10	>0.10
9	铊/(mg/L)	≤0.0001	≤0.0001	≤0.0001	≤0.001	>0.001
10	二氯甲烷/(μg/L)	≤1	≤2	≤20	≤500	>500
11	1, 2-二氯乙烷/(μg/L)	≤0.5	≤3.0	≤30.0	≤40.0	>40.0
12	1, 1, 1-三氯乙烷/(μg/L)	≤0.5	≤400	≤2000	≤4000	>4000
13	1, 1, 2-三氯乙烷/(μg/L)	≤0.5	≤0.5	≤5.0	≤60.0	>60.0
14	1, 2-二氯丙烷/(μg/L)	≤0.5	≤0.5	≤5.0	≤60.0	>60.0
15	三溴甲烷/(μg/L)	≤0.5	≤10.0	≤100	≤800	>800
16	氯乙烯/(μg/L)	≤0.5	≤0.5	≤5.0	≤90.0	>90.0
17	1, 1-二氯乙烯/(μg/L)	≤0.5	≤3.0	≤30.0	≤60.0	>60.0
18	1, 2-二氯乙烯/(μg/L)	≤0.5	≤5.0	≤50.0	≤60.0	>60.0
19	三氯乙烯/(μg/L)	≤0.5	≤7.0	≤70.0	≤210	>210

续表

序号	指标	Ⅰ类	Ⅱ类	Ⅲ类	Ⅳ类	Ⅴ类
20	四氯乙烯/(μg/L)	≤0.5	≤4.0	≤40.0	≤300	＞300
21	氯苯/(μg/L)	≤0.5	≤60.0	≤300	≤600	＞600
22	邻二氯苯/(μg/L)	≤0.5	≤200	≤1000	≤2000	＞2000
23	对二氯苯/(μg/L)	≤0.5	≤30.0	≤300	≤600	＞600
24	三氯苯（总量）/(μg/L)[a]	≤0.5	≤4.0	≤20.0	≤180	＞180
25	乙苯/(μg/L)	≤0.5	≤30.0	≤300	≤600	＞600
26	二甲苯（总量）/(μg/L)[b]	≤0.5	≤100	≤500	≤1000	＞1000
27	苯乙烯/(μg/L)	≤0.5	≤2.0	≤20.0	≤40.0	＞40.0
28	2, 4-二硝基甲苯/(μg/L)	≤0.1	≤0.5	≤5.0	≤60.0	＞60.0
29	2, 6-二硝基甲苯/(μg/L)	≤0.1	≤0.5	≤5.0	≤30.0	＞30.0
30	萘/(μg/L)	≤1	≤10	≤100	≤600	＞600
31	蒽/(μg/L)	≤1	≤360	≤1800	≤3600	＞3600
32	荧蒽/(μg/L)	≤1	≤50	≤240	≤480	＞480
33	苯并（b）荧蒽/(μg/L)	≤0.1	≤0.4	≤4.0	≤8.0	＞8.0
34	苯并（a）芘/(μg/L)	≤0.002	≤0.002	≤0.01	≤0.50	＞0.50
35	多氯联苯（总量）/(μg/L)[c]	≤0.05	≤0.05	≤0.50	≤10.0	＞10.0
36	邻苯二甲酸二（2-乙基己基）酯/(μg/L)	≤3	≤3	≤8.0	≤300	＞300
37	2, 4, 6-三氯酚/(μg/L)	≤0.05	≤20.0	≤200	≤300	＞300
38	五氯酚/(μg/L)	≤0.05	≤0.90	≤9.0	≤18.0	＞18.0
39	六六六（总量）/(μg/L)[d]	≤0.01	≤0.50	≤5.00	≤300	＞300
40	γ-六六六（林丹）/(μg/L)	≤0.01	≤0.20	≤2.00	≤150	＞150
41	滴滴涕（总量）/(μg/L)[e]	≤0.01	≤0.10	≤1.00	≤2.00	＞2.00
42	六氯苯/(μg/L)	≤0.01	≤0.10	≤1.00	≤2.00	＞2.00
43	七氯/(μg/L)	≤0.01	≤0.04	≤0.40	≤0.80	＞0.80
44	2, 4-滴/(μg/L)	≤0.1	≤6.0	≤30.0	≤150	＞150
45	克百威/(μg/L)	≤0.05	≤1.40	≤7.00	≤14.0	＞14.0
46	涕灭威/(μg/L)	≤0.05	≤0.60	≤3.00	≤30.0	＞30.0
47	敌敌畏/(μg/L)	≤0.05	≤0.10	≤1.00	≤2.00	＞2.00
48	甲基对硫磷/(μg/L)	≤0.05	≤4.00	≤20.0	≤40.0	＞40.0
49	马拉硫磷/(μg/L)	≤0.05	≤25.0	≤250	≤500	＞500

续表

序号	指标	Ⅰ类	Ⅱ类	Ⅲ类	Ⅳ类	Ⅴ类
50	乐果/(μg/L)	≤0.05	≤16.0	≤80.0	≤160	>160
51	毒死蜱/(μg/L)	≤0.05	≤6.00	≤30.0	≤60.0	>60.0
52	百菌清/(μg/L)	≤0.05	≤1.00	≤10.0	≤150	>150
53	莠去津/(μg/L)	≤0.05	≤0.40	≤2.00	≤600	>600
54	草甘膦/(μg/L)	≤0.1	≤140	≤700	≤1400	>1400

a，三氯苯（总量）为 1, 2, 3-三氯苯，1, 2, 4-三氯苯，1, 3, 5-三氯苯 3 种异构体加和。

b，二甲苯（总量）为邻二甲苯、间二甲苯、对二甲苯 3 种异构体加和。

c，多氯联苯（总量）为 PCB28、PCB52、PCB101、PCB118、PCB138、PCB153、PCB180、PCB194、PCB206 9 种多氯联苯单体加和。

d，六六六（总量）为 α-六六六、β-六六六、γ-六六六、δ-六六六 4 种异构体加和。

e，滴滴涕（总量）为 o, p'-滴滴涕，p, p'-滴滴伊、p, p'-滴滴滴、p, p'-滴滴涕 4 种异构体加和。

2. 评价方法

地下水水质评价按《地下水质量标准》（GB/T 14848—2017）中规定方法进行评价。

地下水质量单指标评价，按指标值所在的限值范围确定地下水质量类别，指标限值相同时，从优不从劣。

地下水质量综合评价，按单指标评价结果最差的类别确定，并指出最差类别的指标。

7.3.2　评价结果

对 2018 年松辽流域 447 个地下水水质监测点和 5 个地下水水源地的监测结果进行评价，结果显示，达到Ⅲ类水质以上标准的监测点有 33 个，水质为Ⅳ类水质标准的监测点有 105 个，水质为Ⅴ类水质标准的监测点有 314 个，占比分别为 7.30%、23.23%和 69.47%。在总大肠菌群数和菌落总数不参评的情况下，达到Ⅲ类水质以上标准的监测点有 106 个，水质为Ⅳ类水质标准的监测点有 139 个，水质为Ⅴ类水质标准的监测点有 207 个，占比分别为 23.45%、30.75%和 45.80%。与 2017 年相比，达到Ⅲ类水质以上标准的监测点增加了 9.29%，水质为Ⅳ类和Ⅴ类水质标准的监测点占比分别降低了 4.20%和 4.86%。

1. 主要超标项目

在参与评价的指标中，总大肠菌群数和菌落总数参评的情况下，其中常规指标中主要有 20 项指标超过Ⅲ类水质标准情况，各超标指标统计见表 7-6 和图 7-1。水源地采用年均值进行评价。

表 7-6　松辽流域地下水水质各评价指标超Ⅲ类标准监测点数量统计表

序号	超标指标	监测点数/个	2018 年超标点数/个	2018 年超过Ⅲ类水质标准监测点数比例/%	2017 年超过Ⅲ类水质标准监测点数比例/%	对比差值/%
1	菌落总数	452	252	55.75	—	—
2	总大肠菌群数	452	239	52.88	—	—
3	锰	452	171	37.83	45.58	−7.75
4	浑浊度	452	157	34.73	15.71	19.02
5	硝酸盐（以 N 计）	452	90	19.91	33.19	−13.28
6	色度	452	71	15.71	—	—
7	铁	452	58	12.83	24.78	−11.95
8	总硬度（以 $CaCO_3$ 计）	452	56	12.39	19.25	−6.86
9	溶解性总固体	452	54	11.95	8.85	3.10
10	氨氮（以 N 计）	452	52	11.50	41.59	−30.09
11	铬（六价）	452	47	10.40	—	—
12	耗氧量	452	44	9.73	12.61	−2.88
13	氟化物	452	42	9.29	12.17	−2.88
14	镉	452	23	5.09	—	—
15	钠	452	22	4.87	—	—
16	砷	452	14	3.10	—	—
17	氯化物	452	10	2.21	5.53	−3.32
18	硫酸盐	452	9	1.99	1.99	0.00
19	挥发性酚类	452	9	1.99	—	—
20	苯	452	9	1.99	—	—

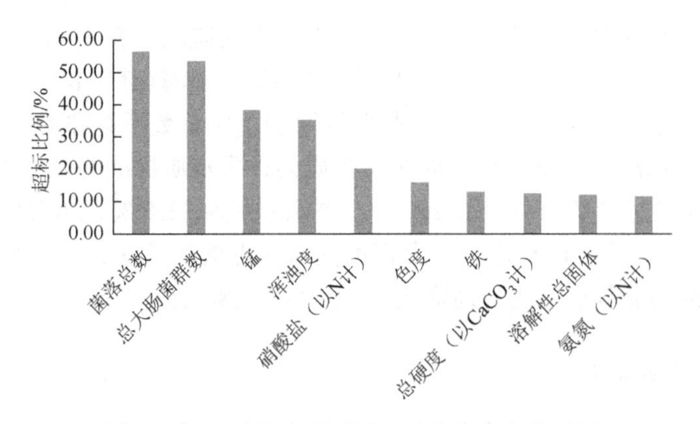

图 7-1　2018 年松辽流域地下水超标指标统计图

2018年，菌落总数超标的监测点有252个，占监测点总数的55.75%。总大肠菌群数超标的监测点有239个，占监测点总数的52.88%。除菌落总数和总大肠菌群数以外，锰超标的监测点有171个，占监测点总数的37.83%，比2017年减少7.75个百分点。浑浊度超标的监测点有157个，占监测点总数的34.73%，比2017年增加19.02个百分点。硝酸盐（以N计）超标的监测点有90个，占监测点总数的19.91%，比2017年减少13.28个百分点。色度超标的监测点有71个，占监测点总数的15.71%。铁超标的监测点有58个，占监测点总数的12.83%，比2017年减少11.95个百分点。总硬度（以$CaCO_3$计）超标的监测点有56个，占监测点总数的12.39%，比2017年减少6.86个百分点。溶解性总固体超标的监测点有54个，占监测点总数的11.95%，比2017年增加3.10个百分点。氨氮（以N计）超标的监测点有52个，占监测点总数的11.50%，比2017年减少30.09个百分点。耗氧量超标的监测点有44个，占监测点总数的9.73%，比2017年减少2.88个百分点。氟化物超标的监测点有42个，占监测点总数的9.29%，比2017年减少2.88个百分点。2017年和2018年超过Ⅲ类水质标准监测点数比例对比见图7-2。其中，铁、锰多为原生沉积环境造成的超标，氨氮、耗氧量等超标为环境污染所致。总体来说，松辽流域地下水水质有明显好转。

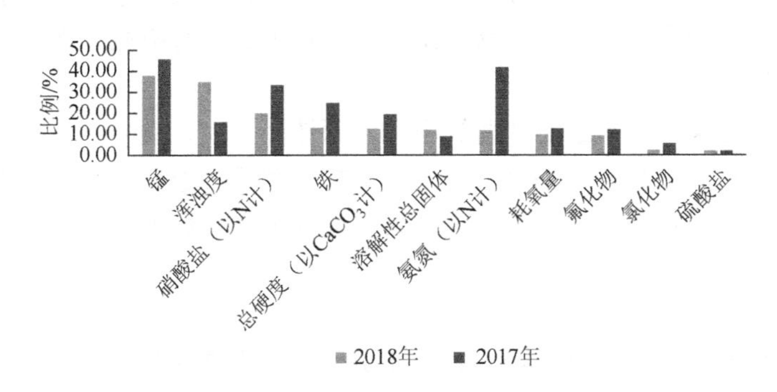

图7-2　2017年和2018年超过Ⅲ类水质标准监测点数比例对比图

2. 非常规检测项目

如表7-7所示，非常规检测项目超标项目主要有铍、硼、锑、钡、钴、钼、铊、1, 1, 2-三氯乙烷、1, 2-二氯丙烷、1, 2-二氯乙烯、三氯乙烯共11个项目。其中，铍超标的监测点有1个，硼超标的监测点有3个，锑超标的监测点有12个，1, 1, 2-三氯乙烷和1, 2-二氯丙烷超标的监测点分别有2个，钡、钴、钼、铊、1, 2-二氯乙烯、三氯乙烯超标的监测点均有1个。水源地均没有非常规检测项目超标。

表 7-7　非常规检测项目超标统计表

序号	非常规检测项目	超标监测点数/个
1	铍	1
2	硼	3
3	锑	12
4	钡	1
5	钴	1
6	钼	1
7	铊	1
8	1, 1, 2-三氯乙烷	2
9	1, 2-二氯丙烷	2
10	1, 2-二氯乙烯	1
11	三氯乙烯	1

3. 松辽流域水源地水质评价

2018 年松辽流域重点地下水监测点共有 5 个，分别为黑龙江省佳木斯市江北饮用水水源地、内蒙古自治区赤峰市地下水水源地、呼伦贝尔地下水水源地、通辽市地下水水源地和兴安盟地下水水源地；常规项目每月检测一次，非常规项目每年检测一次。

根据评价结果，佳木斯市江北饮用水水源地多为铁、锰超标。呼伦贝尔地下水水源地多为铁、锰超标，部分月份出现砷超标情况。通辽市地下水水源地多为锰和氨氮超标。赤峰市地下水水源地、兴安盟地下水水源地基本达到地下水III类水质标准。

7.3.3　松辽流域各省（自治区）地下水水质状况评价

1. 黑龙江省地下水水质状况评价

黑龙江省地下水监测点共有 144 个。其中，达到III类以上水质的监测点有 4 个，IV类水质监测点有 18 个，V类水质监测点有 122 个，占监测点总数的比例分别为 2.78%、12.50%和 84.72%。主要超标项目有氨氮、硝酸盐、锰、铁、总硬度、溶解性总固体、亚硝酸盐、高锰酸盐指数、氯化物、浑浊度等，其中，铁、锰主要受原生沉积环境影响。在总大肠菌群数和菌落总数不参评的条件下，达到III类以上水质的监测点有 27 个，IV类水质监测点有 38 个，V类水质监测点有 79 个，占监测点总数的比例分别为 18.75%、26.39%和 54.86%。达到III类以上水质的比例 2018 年比 2017 年提升 6.72%。

大喇叭村、新富、东风、长寿、红丰和西林子共 6 个监测点在 10 月监测 1 次，在总大肠菌群数和菌落总数不参评的情况下，达到Ⅲ类以上水质的监测点有 4 个，Ⅳ类水质的监测点有 1 个，Ⅴ类水质监测点有 1 个。同年相比，红丰监测点保持Ⅲ类水质，大喇叭村为Ⅳ类水质维持不变，其他 4 个监测点在下半年均有不同程度的好转。

2. 吉林省地下水水质状况评价

吉林省地下水监测点共 128 个。其中，达到Ⅲ类以上水质的监测点有 11 个，Ⅳ类水质监测点有 49 个，Ⅴ类水质监测点有 68 个，占监测点总数的比例分别为 8.59%、38.28%和 53.13%。主要超标项目有氨氮、硝酸盐、锰、铁、总硬度、亚硝酸盐、耗氧量、浑浊度等，其中，铁、锰主要受原生沉积环境影响。在总大肠菌群数和菌落总数不参评的条件下，达到Ⅲ类以上水质的监测点有 35 个，Ⅳ类水质监测点有 44 个，Ⅴ类水质监测点有 49 个，占监测点总数的比例分别为 27.34%、34.38%和 38.28%。达到Ⅲ类以上水质的比例 2018 年比 2017 年提升 13.11%。

10 月对储备库、程家窝堡、双山渠首水文站、荣军疗养院、辽河垦区种羊场、老坎子水文站、镇西水文站、水利局、莫莫格屯、白衣拉嘎乡政府、三井子镇和四间房共 12 个监测点进行监测。结果显示，在总大肠菌群数和菌落总数不参评的情况下，达到Ⅲ类以上水质的监测点有 1 个，Ⅳ类水质的监测点有 6 个，Ⅴ类水质的监测点有 5 个。同年相比，水质维持不变的是储备库、双山渠首水文站、荣军疗养院、老坎子水文站、白衣拉嘎乡政府、三井子镇，均为Ⅳ类和Ⅴ类，水质恶化的有辽河垦区种羊场、镇西水文站、四间房，水质好转的有程家窝堡、水利局、莫莫格屯。

3. 辽宁省地下水水质状况评价

辽宁省地下水监测点共 129 个。其中，达到Ⅲ类以上水质的监测点有 12 个，Ⅳ类水质监测点有 27 个，Ⅴ类水质监测点有 90 个，占监测点总数的比例分别为 9.30%、20.93%和 69.77%。主要超标项目有氟化物、浑浊度、锰、铁、总硬度、溶解性总固体、硝酸盐、肉眼可见物等，其中，铁、锰主要受原生沉积环境影响。在总大肠菌群数和菌落总数不参评的条件下，达到Ⅲ类以上水质的监测点有 31 个，Ⅳ类水质监测点有 42 个，Ⅴ类水质监测点有 56 个，占监测点总数的比例分别为 24.03%、32.56%和 43.41%。达到Ⅲ类以上水质的比例 2018 年比 2017 年提高 5.80%。

10 月对罗家房、蒲河、海城、大明屯、西海、双庙、王宝庆和马仲共 8 个监测点进行监测。结果显示，在总大肠菌群数和菌落总数不参评的情况下，达到Ⅲ类以上水质的监测点有 3 个，Ⅳ类水质的监测点有 2 个，Ⅴ类水质的监测点有

3 个。同年相比，水质维持不变的是罗家房、海城（Ⅲ类）、西海（Ⅲ类）、王宝庆（Ⅲ类）、马仲，水质恶化的有蒲河、大明屯，水质好转的有双庙。

4. 内蒙古自治区地下水水质状况评价

内蒙古自治区地下水监测点共 51 个。其中，达到Ⅲ类以上水质的监测点有 6 个，Ⅳ类水质监测点有 11 个，Ⅴ类水质监测点有 34 个，占监测点总数的比例分别为 11.76%、21.57%和 66.67%。主要超标项目有氟化物、浑浊度、锰、铁、硝酸盐等，其中，铁、锰主要受原生沉积环境影响。在总大肠菌群数和菌落总数不参评的条件下，达到Ⅲ类以上水质的监测点有 13 个，Ⅳ类水质监测点有 15 个，Ⅴ类水质监测点有 23 个，占监测点总数的比例分别为 25.49%、29.41%和 45.10%。达到Ⅲ类以上水质的比例 2018 年比 2017 年提升了 18.59%。

10 月对大德泉、乌斯吐村、大沁他拉镇三个监测点进行监测。结果显示，在总大肠菌群数和菌落总数不参评的情况下，达到Ⅲ类以上水质的监测点有 1 个，Ⅳ类水质的监测点有 2 个。同年相比，大德泉、乌斯吐村监测点保持Ⅳ类水质不变，大沁他拉镇水质有所改善。

7.4 本章小结

（1）对 2018 年松辽流域 447 个地下水水质监测点和 5 个地下水水源地的监测结果进行评价，结果显示，达到Ⅲ类水质以上标准的监测点有 33 个，水质为Ⅳ类水质标准的监测点有 105 个，水质为Ⅴ类水质标准的监测点有 314 个，占监测点总数的比例分别为 7.30%、23.23%和 69.47%。在总大肠菌群数和菌落总数不参评的情况下，达到Ⅲ类水质以上标准的监测点有 106 个，水质为Ⅳ类水质标准的监测点有 139 个，水质为Ⅴ类水质标准的监测点有 207 个，占监测站点总数的比例分别为 23.45%、30.75%和 45.80%。与 2017 年相比，达到Ⅲ类水质以上标准的监测点增加了 9.29%，水质为Ⅳ类和Ⅴ类水质标准的监测点占比分别降低了 4.20%和 4.86%。

（2）单项指标评价结果显示，锰超标的监测点占比 37.83%，比 2017 年减少 7.75 个百分点。浑浊度超标的监测点占比 34.73%，比 2017 年增加 19.02 个百分点。硝酸盐（以 N 计）超标的监测点占比 19.91%，比 2017 年减少 13.28 个百分点。铁超标的监测点占比 12.83%，比 2017 年减少 11.95 个百分点。总硬度（以 $CaCO_3$ 计）超标的监测点占比 12.39%，比 2017 年减少 6.86 个百分点。溶解性总固体超标的监测点占比 11.95%，比 2017 年增加 3.10 个百分点。氨氮（以 N 计）超标的监测点占比 11.50%，比 2017 年减少 30.09 个百分点。耗氧量超标的监测点占比 9.73%，比 2017 年减少 2.88 个百分点。氟化物超标的监测点占比 9.29%，比 2017 年减少 2.88 个百分点。

第 8 章　水库富营养化状况分析及营养物标准制定

近年来，水体富营养化问题在世界范围内已经成为地表水环境所面临的主要问题之一，尤其是作为水源地的地表水环境。存储着大量地表水的湖库对国家的发展起着至关重要的作用，具有防洪、灌溉、发电、城市供水、旅游等多项功能。近年来，工农业快速发展，大量的营养盐排入湖库，导致藻类大量繁殖，引发水体富营养化问题。发生富营养化的湖库水环境水质严重恶化，甚至威胁生态系统的稳定及人类的健康。被监测的 61 个湖库，贫营养、中营养、轻度富营养及中度富营养的湖库分别占 9.8%、67.2%、19.7%及 3.3%。因此，我国湖库富营养化问题亟待解决。

8.1　研 究 背 景

营养物基准是基于营养物在湖泊水体中的变化产生的生态效应影响到了正常水体功能或用途而提出的，是指营养物在湖泊水体中的变化对水体产生的生态效应不对水体正常功能与用途产生影响的营养物浓度，即用可靠的科学实验观测或监测数据表示水体中营养物的容许浓度和生态指标的阈值。一般情况下，这些数据并无法律效力。而在此基础上得出的营养物标准，其是为维护湖泊生态系统稳定、保护人类健康，综合考虑各种影响因素后而对湖泊中营养物浓度所做出的定量规定，具有法律强制性。湖库营养物基准及标准是科学控制湖泊富营养化问题的有效手段。美国 1998 年制定了区域性营养物水质标准，随后，又用 8 年时间制定了湖库、河流、河口海岸和湿地（草案）的营养物标准技术指南，有效地控制了湖库的富营养化程度。欧盟等地区也将不同使用功能的水体划分为不同类别，分别制定其水质标准。

我国湖泊众多，水体富营养化现象严重，不同区域湖库生态系统差异显著，水体存在的问题以及治理方案也存在明显的区域性差异，现有治理方案主要包括底泥清淤、注水稀释以及生态修复等，但是这些方法只是被动缓解高营养盐带来的后果。我国湖泊的营养问题主要源于氮、磷等营养盐的大量输入，若想从根本上改变湖库富营养化现象，应该限制营养盐的排放，制定相应指标的标准是最重要的管理依据。1983 年，我国首次发布了地表水环境质量评价标准，并历经三次修订逐步将其完善，于 2002 年正式修订了《地表水环境质量标准》（GB 3838—

2002），但是该标准是全国统一的水质标准，针对性不强，而美国各个州都要制定相应的水质标准，这样不会导致对湖泊的“过保护”或“欠保护”。湖库在我国分布于全国各地，按不同的区域可划分为东北平原、青藏高原、云贵高原、蒙新高原、东部平原五个湖区。由于各区域的气候存在较大差异，富营养化的营养盐阈值也存在着很大的差异。国内已经开始了对湖区进行生态分区，并制定了各个湖区的营养物基准与标准。然而，生态分区的营养物基准与标准并不能适用于分区内所有的湖库，因为同一生态分区内的湖库富营养化成因不同，湖盆形态、地理气候、流域地貌类型、土地利用格局、经济产业结构及发展方式等也不同，导致湖库之间的富营养化状态等也有较大差别。在总结多年来湖库水体富营养化的治理成功与失败的经验之后，我国正逐步摸索“一湖一策”的生态环境保护方法，迄今为止，已经有部分学者相继对洱海、滇池和抚仙湖等制定了单个湖库的营养物标准。新立城水库属于东北平原山地湖区，与其他库区气候差异显著，该库区寒暑温差大，冰封期较长，而南方地区几乎没有冰封期存在。同时，该库区不同季节的气候差异较大，气候特征的差异性决定了其营养物标准及富营养化评价标准的差异。鉴于此，分季节针对新立城水库制定切实可行的营养物基准与标准，为营养盐输入及富营养化的控制提供指导，对湖库富营养化现象治理具有重要意义。

新立城水库位于长春市东南部，是长春市重要的饮用水源地，以供水为主，兼顾养鱼、防洪、灌溉等综合功能。近年来，新立城水源保护区出现了诸多水环境问题，水库受到了严重污染。例如，2007 年及 2008 年汛期，蓝藻大量暴发，尤其在 2007 年暴发了大规模的水华。2008～2013 年，水体基本处于中营养水平，水库污染直接威胁长春市民的饮用水安全。本章综合评价其富营养化程度，探讨（叶绿素 a，Chl-a）浓度与理化因子关系，制定营养物标准体系，明确新立城水库生态控制与治理目标，以期为评估、控制及管理新立城水库水污染及富营养化问题提供理论基础与科学依据，具体目的意义如下。

（1）新立城水库是长春市重要地表水源地之一，对其进行富营养化防治与控制至关重要。本章分析了新立城水库各水质指标及富营养化状况的年际与季节变化规律，以期找出各指标含量变化及富营养化状况变化原因，并确定新立城水库主要污染源。同时，确定不同季节促进浮游植物生长的关键因子，找出不同季节富营养化的关键指标，为富营养化的评价与分析提供依据，同时，为营养物标准的制定奠定基础。

（2）我国湖库营养物基准与标准尚处于起步阶段，为了更好地预防并控制新立城水库富营养化问题的发生，分季节建立新立城水库营养物标准，并对所提出的标准进行实验验证。本章制定新立城水库不同季节的营养物标准，以期对新立城水库不同季节的富营养化控制提供明确的营养盐浓度控制依据，同时也为气候特征相近的东北平原山地湖区湖库富营养化的管理与控制提供重要的理论基础与科学依据。

8.2　湖库富营养化现状与危害

8.2.1　富营养化现状

通过分析联合国环境规划署（United Nations Environment Programme，UNEP）调查的结果，得出世界范围内有 30%～40%的湖库被污染。在欧洲，湖泊富营养化问题也是水生态面临的最大难题，在统计的 96 个湖泊中约有 80%受到不同程度的氮磷污染。南美、南非、墨西哥等很多地区出现了严重富营养化现象。在所调查的地区中，美国湖库的水体富营养化程度较为严重，76%的湖库被不同程度的污染。加拿大湖库众多，湖库的富营养化状态较美国略好，约 75%的湖库现处于贫富营养化状态。通过对西班牙的 800 座水库进行统计，其有 1/3 存在富营养化现象。亚洲南部的湖泊富营养化问题严重，水质较差。亚洲北部湖泊水质虽然不错，但是湖库的水质近几年也日益恶化，经常发生富营养化现象。被誉为北美乃至全世界重要湖泊群之一的美加五大湖中只有苏必利尔湖的水质尚好，其余水体均处于富营养化状态。

过去几十年里，由于工业的发展及污染物的大量排放，我国湖泊水生态受到了富营养化问题的严重威胁，且富营养化程度呈逐年加剧的趋势。调查结果表明，20 世纪 80 年代期间，短短的 10 年间，在所有调查的湖库中，富营养化湖泊所占比例由 41%增加到 61%，在 90 年代后期已达到 77%。从 70 年代到近期，我国部分湖泊富营养化程度在加重，湖泊富营养化面积增长了将近 60 倍，中国太湖、巢湖和滇池在 2007 年均出现了大面积的蓝藻暴发。

8.2.2　富营养化危害

湖泊/水库具有防洪、灌溉、发电、供水、航运、渔业等功能，而富营养化问题将导致各项功能不能正常发挥，其主要的危害如下。

（1）供水水质恶化、增加供水成本。藻类疯狂生长繁殖，使供水厂的部分设备（如格栅、筛网等）堵塞，难以发生混凝、沉淀。为保证出水水质达标，必须加大混凝剂与消毒剂的使用量，增加了供水成本。某些藻类自身也会释放出毒性物质，滋生致病微生物，对水生生物及人类的安全造成危害。发生富营养化状态的水体中因缺少氧气产生有害气体，水藻会产生部分有毒化学物质，因此，在制水过程中，对水处理的技术水准要求更高。

（2）降低水体的透明度（SD）。在水体富营养化的区域内，通常生长着大面积的以绿藻、蓝藻为优势种的水藻。这类水藻浮在湖面形成了“绿色浮渣”，造成水质混浊、SD 降低及水质感官性下降等问题，严重影响了湖库的景观生态。

（3）影响水体 DO 含量，并产生异味。漂浮在水体表面的藻类，首先会导致水体难以得到自然补充氧量，其次会阻碍阳光射入水中，使光合作用减弱，氧气释放量减少。同时，水中藻类的呼吸作用和生物尸体降解均需要 DO，水中 DO 含量逐渐降低，水体将由饱和氧过渡到不饱和甚至缺氧状态。当水体处于厌氧状态时，厌氧微生物就会成为优势种，释放出 CH_4、H_2S、NH_3 和硫醇等带有异味的还原性气体，给生态环境带来严重后果。

（4）藻类产生毒素危害。不完全统计表明，湖泊异常增长的部分藻类中，现阶段已经知道产生毒素的淡水蓝藻约有 12 属 26 种。蓝藻毒素主要是在细胞内合成的，当细胞藻类腐烂或死亡破裂分解后，细胞内的毒素将会被释放至水体中，人类在接触或饮用含毒素水体后会产生严重后果。近年来，国内发生的多次居民用水危机事件中就有因饮用水水源暴发蓝藻而造成用水危害的情况存在。

（5）破坏水生态平衡。通常情况下，水体中各类生物之间均保持互相平衡的状态。但当湖库水体内大量流入氮、磷等营养盐，水体受到污染进而发生富营养化状态时，会引发浮游生物的大规模繁殖、水体 DO 含量下降、水质变差、鱼类等生物大量死亡的现象。

8.3 营养物基准与标准

8.3.1 营养物基准与标准概述

近年来，我国大部分湖库已经或正面临着水体富营养化问题，严重影响了湖库的生态平衡。而现有的底泥清淤、注水稀释、生态修复及生物修复等治理措施不能从根本上遏制富营养化的发生。主要原因是这些措施只是被动地缓解富营养化水平，而没有从根本上降低大量营养盐的输入。若想从根本上降低湖库水环境中的营养盐水平，制定相应的控制标准是根本的解决方法之一（Xiao et al.，2019；Patil et al.，2012；Ding et al.，2020）。在水质标准体系中，湖泊营养物基准与标准是其重要的组成部分，是进行科学管理与有效控制湖泊富营养化的重要手段。

1. 营养物基准

营养物基准不同于传统的水质基准，两者在制定依据、所针对的对象及其表征方式上均存在着很大的差异。传统的水质基准一般是基于毒理学试验，应用有毒有害物质自身的浓度或者阈值来表征，其浓度与水生生物之间存在着负反馈机制。营养物基准研究的目的是保护生态的平衡及人类的健康，营养物基准的定义基于营养物在湖泊水体中变化引起的生态效应影响水体正常使用功能而提出，指水体变化产生的生态效应不影响水体正常生态功能及作用的营养物浓度或水平。营养物基准可用可靠的科学实验观测或监测数据得出水体中营养物的容许浓度及生态指标的阈值。营养物基准一般不具有法律效力，但其为富营养化控制标准制定的科学依据。

2. 营养物标准

湖库营养物标准是湖库富营养化控制及水环境管理的基础与依据，是营养物总量控制的主要依据，决定着水体允许接纳营养物量的大小，所以在湖库富营养化控制的过程中起着至关重要的作用（Naz et al.，2016；Wang et al.，2019）。营养物标准是以营养物基准为基础并考虑自然条件及区域的社会经济发展情况，经过一定的综合分析和评价制定而成的，是由国家有关管理部门或机关颁布的，一般具有法律强制性。营养物标准需通过科学的研究过程最终由政府部门以法律的形式颁布。国外湖泊的营养物标准一般都是由湖泊学家通过严谨的科学研究和数学分析之后，提交地方环保管理部门，全面综合考虑自然因素和湖库生态功能后确定的。

8.3.2　营养物基准与标准研究现状

湖泊营养物基准是湖泊富营养化控制基准的理论基础和科学依据，美国和欧洲一些发达国家和地区已经进行了地表水的营养物基准方面的研究。美国是较早开始研究水环境基准的国家之一，20 世纪 50 年代，美国加利福尼亚州发布了“水质基准”报告，随后，又相继发布了“绿皮书”“蓝皮书”“红皮书”等一系列水质基准报告，制定了湖泊水质基准的限值。美国于 1998 年开始制定区域性营养物基准，美国环境保护署根据影响湖库营养物负荷的各种因素，如地貌、土壤、植被及土地利用等将美国大陆划分为 14 个生态分区。分析了 14 个生态分区地理特征及河流、湖泊的营养物水质基准，分别于 2000 年、2001 年和 2006 年编制完成了湖泊/水库、河流、河口海岸和湿地营养物基准技术指南，并制定了一级湖泊营养物基准。美国的水质标准体系由“指定用途”“水质基准”“反降级政策”三个部分组成。各州以美国环境保护署发布的水质基准为基础，结合自然、社会、经济及技术等条件，制定了不同用途水体的具有法律效力的营养物标准。

我国对营养物标准的早期研究主要是对国外的一些资料进行收集、整合，目前对湖库富营养化的管理主要根据《地表水环境质量标准》（GB 3838—2002）中规定的 TN、TP 范围。我国于 1988 年制定了地表水水质标准，经过两次修订，于 2002 年发布了最新的《地表水环境质量标准》（GB 3838—2002），其是我国水环境污染治理与控制的重要依据，该标准在水环境保护管理与执法工作中发挥着至关重要的作用。近年来，我国部分学者也开始对湖库营养物基准与标准进行研究，以东部湖区和云贵湖区以及抚仙湖为例探讨了湖库营养物标准制定的技术与方法，提出了三个湖区的营养物标准值，并对其标准进行了评估。

8.3.3 我国营养物基准与标准存在的问题

我国湖泊营养物基准的研究尚属于起步阶段，缺乏系统的深入研究。富营养化问题是较复杂的水环境污染问题，是生态系统的稳态及功能受到人类活动的干扰下产生巨大变化之后而出现的灾害。我国一直以来应用的湖库营养物控制标准主要参考《地表水环境质量标准》（GB 3838—2002），该标准是一个综合性标准，依据地表水域的保护目标及其使用功能，以高功能高要求与低功能低要求为原则，对饮用水源地、自然保护区、工业、农业及渔业五类功能区分别赋予 I 类至 V 类的水质标准。该标准在我国地表水环境的评价、保护和管理工作中发挥着至关重要的功能与作用，但由于其自身规定过于笼统，未全面考虑流域气候和生态系统的差异性，因此，难以从根本上解决湖库水质、水生态及水资源之间的矛盾，更无法满足未来我国水资源及湖库水环境的保护和管理需求。

目前，我国在湖泊营养物基准与标准研究方面已经开展了大量工作，但仍存在较多问题。我国湖泊营养物基准与标准的研究尚处于起步阶段，缺乏系统科学的研究方法；我国有关湖库营养物基准与标准一般都照搬其他发达国家的研究成果，而忽略了我国湖库区域差异性和生态系统的特异性。

8.4 研究内容、研究方案及技术路线

8.4.1 研究内容

1. 水质及富营养化水平变化规律与 Chl-a 的相关关系

收集新立城水库 2011～2015 年常规水质指标监测数据，包括水温（WT）、pH、DO、TP、TN、Chl-a、高锰酸盐指数（PMI）与透明度（SD）水质指标，分析各指标的年际与季节性变化规律，找出各指标产生变化的原因，并分析其变化规律对富营养化水平的影响。同时，通过综合营养状态指数法对新立城水库进行富营养化评价，找出富营养化水平的年际变化规律与季节性变化规律，分析富营养化水平变化规律的根本原因。

2. 不同季节富营养化关键指标的确定

分季节对新立城水库各理化指标与 Chl-a 浓度进行多元逐步回归分析，逐步筛选出春季、夏季、秋季与富营养化关系最为密切的环境因子，并建立 Chl-a 浓度与水质因子之间的相关回归模型，最终确定不同季节防止富营养化现象发生所需控制的最关键指标。

3. 营养物基准与标准的制定

应用两种方法确定新立城水库不同季节的营养物标准。第一种方法应用国际 Chl-a 分级法，采用频率分布方法直接制定营养物标准。第二种方法收集新立城水库与东北地区尼尔基水库、桃山水库、石头口门水库、星星哨水库、龙虎泡水库、磨盘山水库、大庆水库和红旗水库 2011～2015 年水质监测数据，运用湖泊法、湖泊群分析法及三分法确定新立城水库春季、夏季与秋季的营养物基准，并在所制定的基准值基础上应用卡尔森模型确定不同季节的营养物标准。对比两者之间的差距，通过实验室模拟验证两种方法的科学性。

4. 营养物标准的实验验证

针对所制定的标准，采集新立城水库水样进行验证，主要探讨营养物浓度水平与 Chl-a 的动态响应关系。实验分为春季、夏季及秋季三组，采用加热棒与冰水循环的方式调节水温，日光灯提供光照，模拟不同季节的光照时间、光照强度及水温，根据所制定标准值设置不同营养盐浓度梯度，对藻类进行培养。在培养期间，定时监测 Chl-a 浓度，分析春季、夏季及秋季在不同标准营养盐浓度下藻类的生长规律，并对比 Chl-a 浓度与所制定标准中的 Chl-a 浓度，进而验证所制定标准的准确性。

8.4.2　研究方案与技术路线

本章以新立城水库水质及富营养化季节性变化为基础，以新立城营养物标准的制定为目的，以提高新立城水库水环境管理能力为依据，以对新立城水库水质监测数据进行统计分析为手段，探索制定新立城水库营养物基准与标准的有效技术方法。在搜集和整理新立城水库“十二五”期间（2011～2015 年）水质指标监测数据的基础上，对库区的富营养化状况进行评价，科学制定新立城水库营养物标准，为新立城水库水体富营养化研究以及水库的管理决策提供相应的技术支撑。研究方案与技术路线如图 8-1 所示。

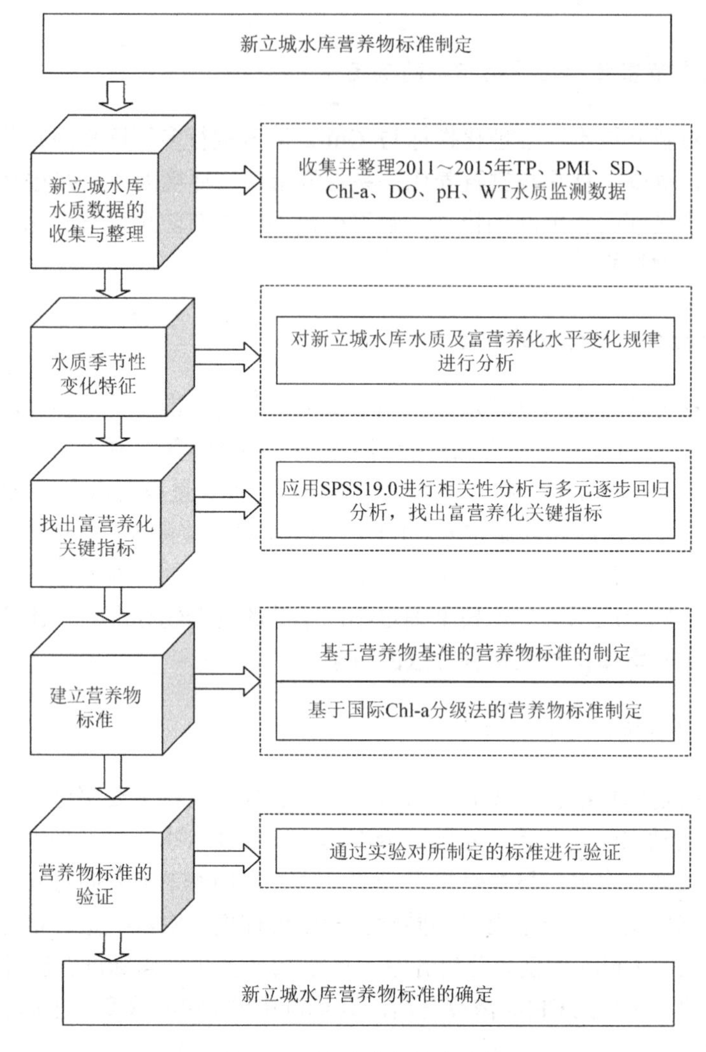

图 8-1 研究方案与技术路线

8.5 地理位置及自然概况

8.5.1 地理位置

新立城水库位于吉林省长春市，水库距离长春市中心近 16km，是拦截伊通河干流而形成的丘陵型水库，是长春市主要的水源地之一。新立城水库位于长春市以南（125°19′E～125°24′E，43°33′N～45°41′N），属于东北-平原山地湖区，新立城水库属于河道型水库，是具有向长春市供水、防洪、旅游、灌溉等重要功能的大型水库。水库最大库容 $5.92\times10^8m^3$，集水面积 $1970km^2$，平均水深约为 7.6m，拥有控制流域面积 $1970km^2$，正常情况下日供水能力 $1.8\times10^5m^3$。

8.5.2　自然概况

1. 土壤植被

新立城水库汇水区的大部分土壤为盐渍化土壤，20 世纪 60 年代，新立城水库建造初期的森林面积覆盖率达 46%，随着人口的快速增长及经济的快速发展，人们盲目地开发利用土地，流域的河谷平地基本已经全部被开垦，森林面积覆盖率大幅度减小，至 90 年代末期，森林覆盖率面积已经减至 21%。

新立城水库流域的天然植被有草甸草原植被、沼泽草甸植被和草甸植被。草甸草原植被由中旱生禾草组成，并广泛分布于坝下区域，以羊草为主，野古草、冰草、薹草及隐子草次之，伴有 30%左右的杂草。库区周围以林业、农业为主，伴有部分荒地与草地，水土流失现象基本得到了控制。

2. 气候特征

新立城水库属于北温带大陆性季风气候，受大气环流影响，一年中寒暑温差较大，在冷暖气团相互交替的作用下，四季气候变化明显。库区年均气温 4.6℃，11 月至次年 3 月为冰冻期，年平均降水量近 600mm，主要集中在 6～9 月，其 6～9 月平均降水量为 463.lmm，占全年平均降水量的 78%。冰封期在 140～150d，11 月中旬至次年 3 月上旬几乎均为冰封期。其季节性气候变化特征为春季大风且干燥，夏季炎热且多雨，秋季天高气爽，昼夜温差大，冬季严寒且漫长。

8.6　样品采集与检测方法

2011～2015 年每月对水库水体采样监测一次，以新立城水库取水口为监测点（43°42′02″N，125°20′57″E），在水面以下 0.5m 处采集水样，冰封期，若冰层厚度超过 0.5m，需刨开冰层后取水层以下 0.5m 水样，主要监测项目为：WT、pH、SD、DO、TN、TP、PMI 和 Chl-a。其中，pH 采用玻璃电极法进行现场检测，WT 和 DO 浓度采用 WTW Multi3430/1304147 便携式多参数监测仪进行现场检测，SD 采用透明度盘进行现场检测，其他指标均进行现场采样后实验室测定，其中，TN 浓度采用过硫酸钾氧化-紫外分光光度法进行检测，TP 浓度的检测方法为过硫酸钾消解-钼酸铵分光光度法，Chl-a 浓度的检测方法为丙酮萃取分光光度法，PMI 采用酸性高锰酸钾法进行检测。具体检测方法参照《水和废水监测分析方法（第四版）》。

8.6.1 数据分析方法

采用 SPSS19.0 软件对 Chl-a 与其他水质指标进行双变量相关性分析与多元逐步回归分析，确定影响浮游植物生长的最关键指标。双变量相关性分析与多元逐步回归分析均需要进行显著性检验，若显著性检验结果 P 不大于 0.01，说明 Chl-a 浓度与相关的水质指标呈极显著相关性，若 P 不大于 0.05，说明 Chl-a 浓度与相关的水质指标呈显著相关性。否则，Chl-a 浓度与相关的水质指标无显著相关性。用显著性方法检验方程时，回归方程应该具备两个条件：①方程方差分析 F 值的显著水平 P 不大于 0.05；②各回归系数的偏相关系数的显著水平也应当不大于 0.05。所有的水质监测结果分三个季节进行分析：春季（3～5 月）、夏季（6～8 月）以及秋季（9～11 月），由于冬季（12 月至次年 2 月）冰层以下平均 WT 均值为 0.3℃，冬季水体中 Chl-a 浓度均值为 1.56μg/L，冬季几乎不能暴发水体富营养化，因此，本章不考虑冬季。冰封期，冰层中的营养盐浓度大于水体中的营养盐浓度，同时，库区 3 月冰雪开始融化，由于温度差水体产生热分层现象使水层发生交换。因此，本章春季所采用的分析数据开始于 3 月。

8.6.2 富营养化评价方法

富营养化状态评价是湖库水体富营养研究的基础，目前广泛应用的富营养化评价方法较多，如特征法、卡尔森指数法、修正卡尔森指数法、生物学方法、评分法以及综合营养指数法等，近年以数理统计为基础的模糊法、灰色预测法以及神经网络法等在评价中的准确性和合理性上都体现出极大的优势。目前为止，应用较多的水体富营养化级别评价方法为以 SD 为基础的卡尔森综合营养状态指数，以及以 Chl-a 浓度为基础的修正卡尔森综合营养状态指数。其后的综合营养状态指数以更多的生物、化学及物理因子为基础，为富营养化评价提供更加适用的方法。然而，卡尔森综合营养状态指数法是目前为止应用最为广泛的富营养化级别评价方法。

综合营养状态指数法需计算各指标的营养状态指数，计算方法如下：

$$\mathrm{TLI}(\Sigma)=\sum_{j=1}^{m}W_j\times\mathrm{TLI}(j) \tag{8-1}$$

$$W_j=\frac{R_{1j}^2}{\sum_{j=1}^{m}R_{1j}^2} \tag{8-2}$$

式中，$\mathrm{TLI}(\Sigma)$ 为综合营养状态指数；$\mathrm{TLI}(j)$ 为第 j 种参数的营养状态指数；W_j 为

第 j 个参数对营养状态指数的相关权重；R_{1j}（$j = 1, 2, \cdots$）为第 j 个参数与 Chl-a 的相关关系；m 为主要参数数量。

对于我国的湖泊（水库）富营养化评价方法，Chl-a 与各指标的相关系数是根据中国 26 个湖泊（水库）计算而得的，结果见表 8-1。

表 8-1　Chl-a 与其他参数之间的相关系数

	Chl-a	TP	TN	SD	PMI
r_{ij}	1	0.84	0.82	–0.83	0.83
r_{ij}^2	1	0.7056	0.6724	0.6889	0.6889

各指标营养状态指数的计算公式如下：

$$\mathrm{TLI(Chl\text{-}a)} = 10(2.5 + 1.086 \ln \mathrm{Chl\text{-}a}) \tag{8-3}$$

$$\mathrm{TLI(TP)} = 10(9.463 + 1.624 \ln \mathrm{TP}) \tag{8-4}$$

$$\mathrm{TLI(TN)} = 10(5.453 + 1.694 \ln \mathrm{TN}) \tag{8-5}$$

$$\mathrm{TLI(SD)} = 10(5.118 - 1.94 \ln \mathrm{SD}) \tag{8-6}$$

$$\mathrm{TLI(COD)} = 10(0.109 + 2.661 \ln \mathrm{COD}) \tag{8-7}$$

式中，Chl-a 的单位为 μg/L；SD 的单位为 m；其他指标的单位为 mg/L。

综合营养状态指数分级方法如表 8-2 所示。TLI≤30，贫营养；30＜TLI≤50，中营养；50＜TLI≤60，轻度富营养；60＜TLI≤70，中度富营养；70＜TLI，重度富营养。

表 8-2　综合营养状态指数分级方法

营养级别	TLI 范围
贫营养	TLI≤30
中营养	30＜TLI≤50
轻度富营养	50＜TLI≤60
中度富营养	60＜TLI≤70
重度富营养	TLI＞70

8.7　水质指标年际变化与季节性变化规律

8.7.1　pH 年际变化与季节性变化

如图 8-2 所示，在 2011～2015 年内 pH 变化范围为 7.00～8.72，平均值为 7.93，偏碱性，春季、夏季和秋季 pH 平均值分别为 7.77、8.03 和 7.99。2014 年平均值最低，为 7.07，其他年份平均值均超过 8.0。本章中 pH 与 Chl-a 浓度呈显著正相关，相关系数为 0.331（$P<0.05$），浮游植物对二氧化碳的消耗导致 pH 升高。夏季与秋季 pH 高于春季主要是由于浮游植物进行更多光合作用吸收二氧化碳的量增加。2014 年 pH 平均值最低的主要原因是 2014 年 Chl-a 含量最低，浮游植物含量较低，光合作用强度较弱。

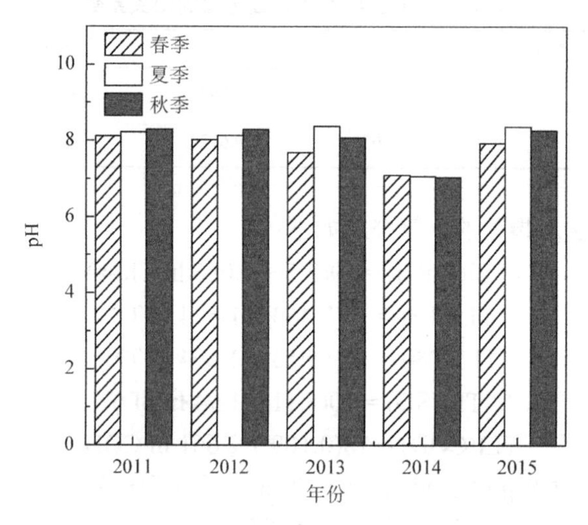

图 8-2　2011～2015 年 pH 的季节性变化分析

8.7.2　水温年际变化与季节性变化

如图 8-3 所示，春季、夏季和秋季水温（WT）的平均值分别为 4.9℃、22.6℃和

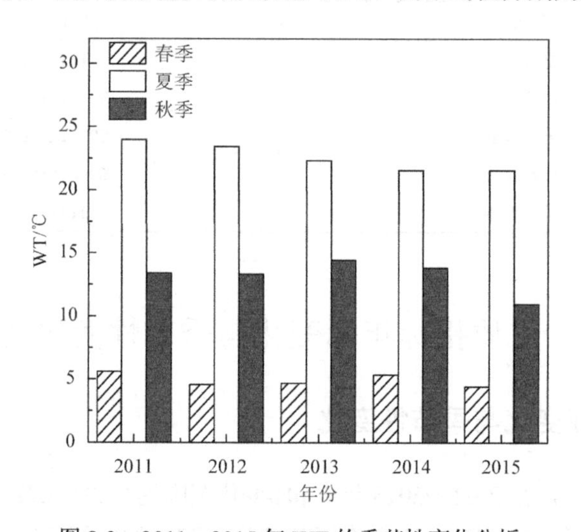

图 8-3　2011～2015 年 WT 的季节性变化分析

13.2℃，有显著的季节性变化规律。夏季 WT 平均值最高，春季 WT 平均值最低，春季 Chl-a 浓度与 WT 呈显著正相关，相关系数为 0.624（$P<0.05$），2011～2015 年 5 年内 WT 与 Chl-a 浓度呈显著正相关，WT 的升高促进了浮游植物的生长。在夏季与秋季，Chl-a 浓度与 WT 的相关性并不显著，主要是由于夏季与秋季 WT 达到了浮游植物生长的最适温度，其他的水质指标相对于 WT 对 Chl-a 浓度的影响更大。

8.7.3　溶解氧年际变化与季节性变化

如图 8-4 所示，溶解氧（DO）浓度的平均值为 8.14mg/L。其中，夏季 DO 平均浓度最低，为 7.52mg/L，春季与秋季 DO 平均值相近，春季为 8.52mg/L，秋季为 8.37mg/L。浮游植物的光合作用会导致 DO 浓度的增加，然而，在 2011～2015 年 Chl-a 浓度与 DO 浓度呈显著负相关，由此可以看出，除了浮游植物的代谢作用外，还有其他因素对 DO 浓度影响较大，如水生植物生产与消耗 DO 作用及水温、水流等因素均有可能会影响 DO 浓度。

夏季 DO 浓度较低的主要原因可能是外源有机废水任意排放带入大量有机污染物，同时，底泥释放大量的有机污染物进入水体中也会增加水体中有机物浓度，而大量有机物的降解会消耗水体中的氧气，从而会使夏季 DO 浓度降低。此外，夏季水体高温降低氧气在水体中的溶解度也是 DO 浓度较低的重要原因。因此，低 DO 浓度可以促进水体中浮游植物的生长，高 DO 浓度可能由藻类和水生植物过量生长而发生的光合作用循环引起，而中等范围内的 DO 浓度通常是水生态系统健康的指标。

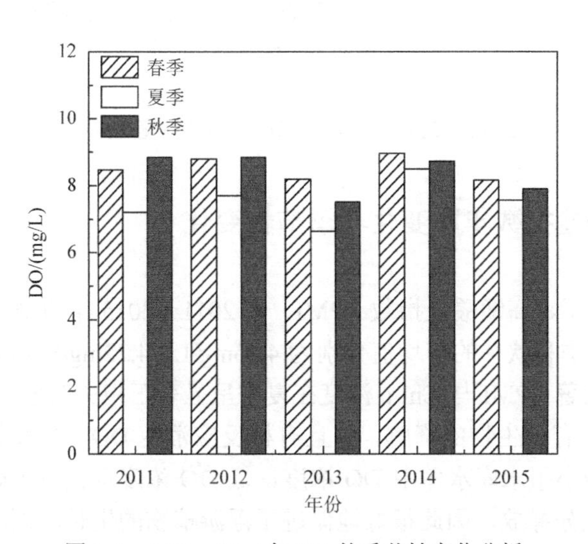

图 8-4　2011～2015 年 DO 的季节性变化分析

8.7.4　透明度年际变化与季节性变化

如图 8-5 所示，透明度（SD）2011～2015 年的平均值为 70.0cm，春季、夏季与秋季 SD 平均值分别为 81.5cm、79.6cm 与 68.4cm。然而，SD 在不同年份的季节性均值变化规律不同，2011 年及 2014 年 SD 的季节性变化规律为夏季＞春季＞秋季，2012 年、2013 年 SD 的季节性变化规律为春季＞秋季＞夏季，2015 年 SD 的季节性变化规律为春季＞夏季＞秋季，因此，SD 的季节性变化不显著。透明度与 Chl-a 浓度没有显著相关性，说明本章中浮游植物对 SD 的贡献率较小，而外源不溶性悬浮颗粒对 SD 贡献率较大。

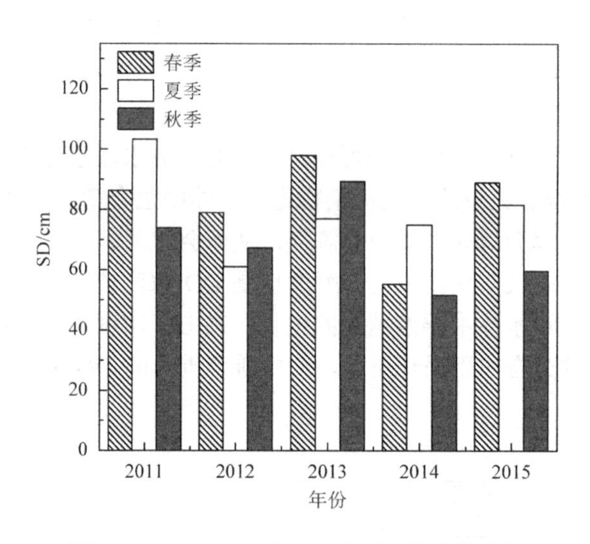

图 8-5　2011～2015 年 SD 的季节性变化分析

8.7.5　高锰酸盐指数年际变化与季节性变化

如图 8-6 所示，高锰酸盐指数（PMI）在 2011～2015 年的平均值为 4.6mg/L。其中，春季、夏季和秋季的平均值分别为 4.66mg/L、4.22mg/L 和 4.55mg/L，季节性变化规律不显著。PMI 与 Chl-a 浓度在夏季呈显著正相关关系。由此可以看出，夏季高温促进了有机生物的降解，并且有机反应消耗 DO，高温状态下 DO 在水中的低饱和度减小了水库水体中 DO 浓度，低 DO 浓度也促进了磷营养盐及氮营养盐在底泥中充分释放，因此很好地促进了浮游植物的生长。同时，有机物氧化也会为浮游植物光合作用提供二氧化碳。

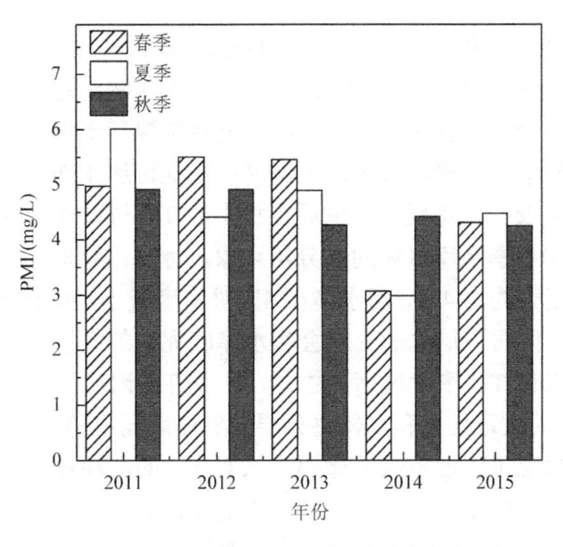

图 8-6　2011～2015 年 PMI 的季节性变化分析

8.7.6　TN 与 TP 年际变化与季节性变化

如图 8-7 所示，2011～2015 年 TN 的变化范围为 0.47～3.76mg/L，平均浓度为 1.61mg/L，总体呈现春季＞夏季＞秋季的变化规律，春季、夏季和秋季的平均值分别为 1.78mg/L、1.57mg/L 和 1.35mg/L，根据《地表水环境质量标准》(GB 3838—2002) 规定限值，2011～2015 年 TN 监测数据中 68%超过地表水水环境质量标准的Ⅲ类标准限值。在 2014 年 TN 平均浓度明显高于其他年份，平均浓度为 2.95mg/L，超过地表水的水环境Ⅴ类标准限值的质量标准。

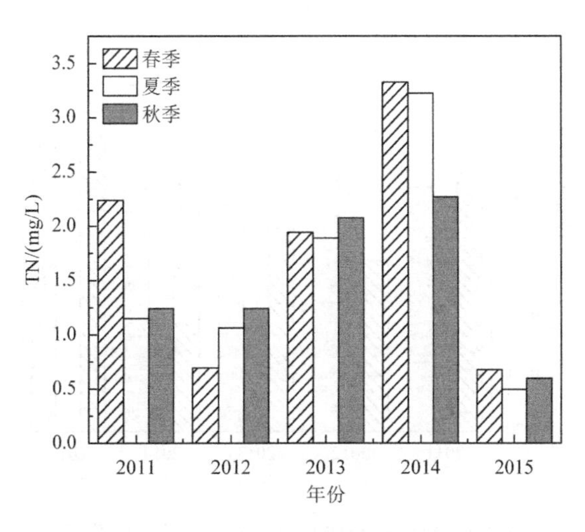

图 8-7　2011～2015 年 TN 的季节性变化分析

春季入库水流主要来自积雪融化以及较小的降水强度，主要以渗流经过土壤进入水库。TN 浓度最高主要原因有以下几点：①农作物对肥料的利用率大部分低于 30%，其余部分全部残留在土壤中，经过反复冻融后土壤中氮磷的释放率是没有冻融过土壤释放率的 3 倍，最大冻土深度在当地可达 172cm，冰雪融化与小强度降水而产生的地表径流将反复冻融后土壤中的 TN 与春季农耕施肥残留的氮营养盐带入水库。②春季水库水体的热分层现象，冰层融化时的水温为 0℃，冰层下部分的水体温度大约为 4℃，而水体在 4℃时密度最小，此现象会导致表层水与下层水进行交换，同时下层水的上流会将水库底泥中的大量氮污染物带入水体上层，会导致春季水体 TN 浓度过高。总之，春季 TN 浓度过高的主要原因是土壤的反复冻融、肥料的大量使用和水体热分层现象使底泥中的大量营养物进入水体，并且在春季低温情况下浮游植物的微弱生长对 TN 的消耗量极小，使氮营养盐剩余过多。在我国北方的夏季，降水而产生的地表径流会将大量的外源氮营养物带入水库，同时，进入水库中的大量水体也会对氮营养盐进行稀释，因此夏季总氮含量小于春季。在我国北方的秋季，气候干燥，降水量少，进入水库中的氮营养盐也会大量减少，因此秋季 TN 浓度最低。

如图 8-8 所示，2011～2015 年 TP 的变化范围为 0.02～0.09mg/L，平均浓度为 0.04mg/L，2011～2015 年 TP 监测数据中 35%超过地表水水环境质量标准的Ⅲ类标准限值。春季与秋季 TP 浓度相对较高，夏季 TP 浓度相对较低，2015 年 TP 平均值相对其他年份最高，为 0.06mg/L。研究表明，新立城水库 TP 浓度的季节性变化规律不同于 TN，主要是由于畜牧养殖业对 TP 的贡献率相对较大，而农业面源

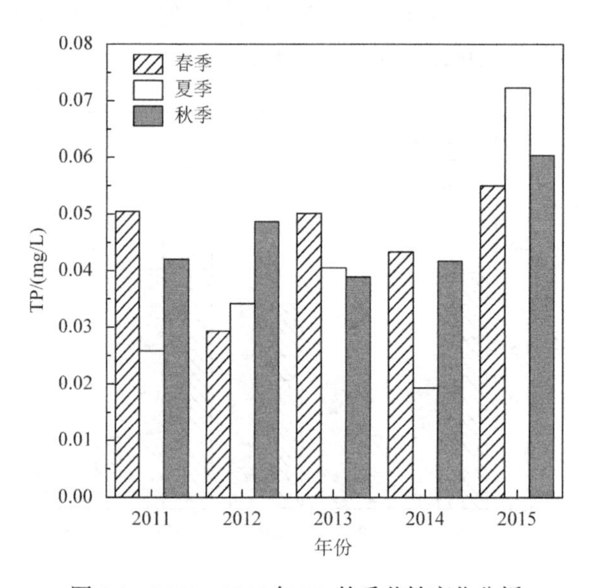

图 8-8　2011～2015 年 TP 的季节性变化分析

污染对 TN 的贡献率较大，宋树东和尹华 2012 年对新立城水库研究表明，畜牧养殖业排放物对新立城水库磷营养物的贡献率为 70.10%，而农业种植对磷营养盐的贡献率只有 21.10%；农业种植对氮营养盐的贡献率为 76.31%，而畜牧养殖业对氮营养盐的贡献率只有 19.40%。并且底泥释放 TP 对 DO 的不同响应主要归因于水体酸碱度的改变，对 TP 而言，高 pH、低 DO 会显著增加底泥中磷的释放。2015 年，新立城水库的平均 pH 为 8.19，高于 2011～2015 年的平均值 7.93，DO 平均浓度为 7.88mg/L，低于 2011～2015 年的平均值 8.14mg/L，因此，2015 年 TP 浓度偏高可能是高 pH 低 DO 情况下底泥大量释放营养盐而引起的。

8.7.7　TN/TP 与 Chl-a 浓度年际变化与季节性变化

水体中的氮磷营养盐是限制湖库水体中浮游植物生长的关键因素，藻类的组成可以用经验公式 $C_{106}H_{263}O_{110}N_{16}P$ 进行表示，由此可以看出，TN 与 TP 对藻类生长的最佳比例是 7.2∶1。因此，当 TN/TP 大于 7.2 时，磷营养盐会成为藻类生长的主要限制因子，反之，氮营养盐是藻类生长的限制因子。新立城水库 TN/TP 变化情况如图 8-9 所示，TN/TP 的变化范围为 6.8～170.4，平均值为 47.1。2014 年 TN/TP 平均值明显高于其他年份，TP 为浮游植物生长的限制营养盐。2015 年 TN/TP 平均值最低，为 6.8，TN 为浮游植物生长的限制营养盐。除 2015 年夏季以外，新立城水库水体中的 TN/TP 均高于浮游植物生长对氮、磷的最佳吸收比例 7.2。生长代谢过程中的浮游植物对氮营养盐的吸收速率小于对磷营养盐的吸收速率，由此可以看出新立城水库氮营养盐相对丰富，足以满足浮游植物的生长需求，控制 TN/TP 值也同样是控制富营养化的关键。

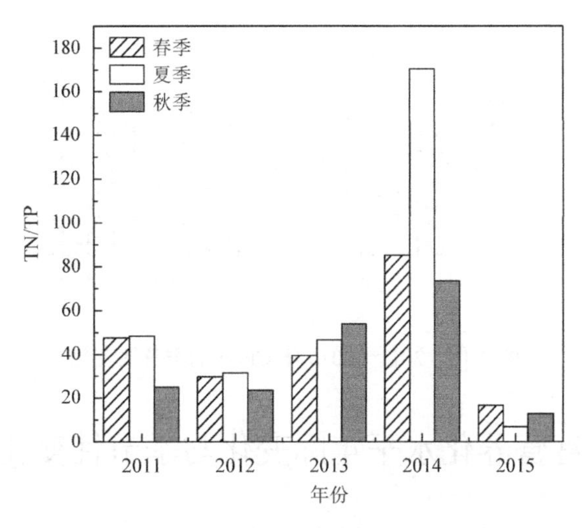

图 8-9　2011～2015 年 TN/TP 的季节性变化

如图 8-10 所示，Chl-a 浓度季节性变化规律为秋季＞夏季＞春季，Chl-a 浓度最高出现在初秋，即 8 月的后几天与 9 月的前几天。新立城水库春季平均水温为 4.9℃，此温度不适于藻类生长，因此，春季 Chl-a 浓度相对较低。该流域夏季降水丰富，能够满足农作物生长需要，不需要灌溉，因此，因农业灌溉而产生的非点源农业污染减少，水库中的外源营养盐污染也会减少。同时，由暴雨产生的地表径流也会增加悬浮物质浓度及营养物浓度。然而，降水的同时也会增加水库中的水量，会对雨水径流带入的大量营养盐进行稀释，最终降低浮游植物生长所需营养物的浓度。同时，夏季水体分层发育逐渐成熟稳定，硅藻等不具备悬浮机制的藻类会大量沉降。夏末秋初，水温持续升高，湖库底部生长的蓝藻开始大量上浮、聚集，生长速率高于硅藻和绿藻。吉林省水文水资源局监测结果表明：新立城水库藻类暴发之际，蓝藻生物量所占有的比例最大（78%），可能是秋季夏季水温较高、峰值出现在夏末秋初的主要原因。秋季 Chl-a 浓度最高主要是由于 TN/TP 值为 62.75，TP 为浮游植物生长的限制营养盐，并且此时的 TP 浓度相对较高。在 2011～2015 年 TN 浓度与 Chl-a 浓度呈显著负相关，TP 浓度与 Chl-a 浓度呈显著正相关。不同季节 TN 浓度与 Chl-a 浓度没有显著相关性，而 TP 浓度与 Chl-a 浓度呈显著正相关，由此可以看出 TP 相对于 TN 对浮游植物的生长更加关键，说明 TP 为浮游植物生长的限制营养盐。

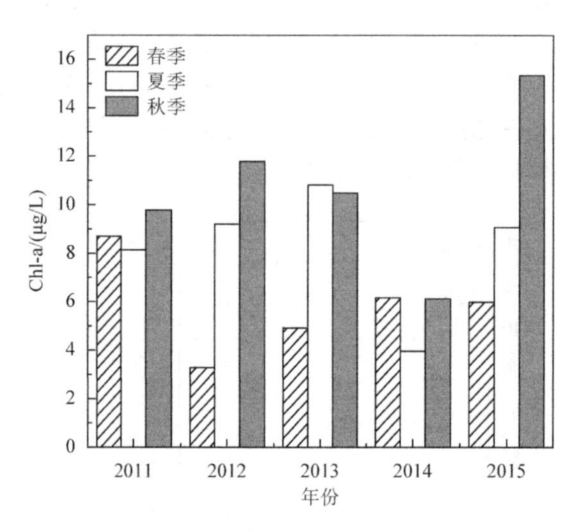

图 8-10　2011～2015 年 Chl-a 的季节性变化

8.8　富营养化水平年际变化与季节性变化规律

应用综合营养状态指数法对新立城水库进行富营养化评价，结果如图 8-11

所示。综合营养状态指数的变化范围为 44.39～54.31，2015 年秋季综合营养状态指数最高，为 54.31，处于轻度富营养状态。2014 年夏季综合营养状态指数最低，为 44.39，处于中营养状态。2011～2015 年综合营养状态指数的平均值为 50.65，新立城水库基本处于轻度富营养状态。春季、夏季和秋季的平均综合营养状态指数分别为 49.90、50.07 和 51.98，春季处于中营养状态，夏季与秋季处于轻度富营养状态。

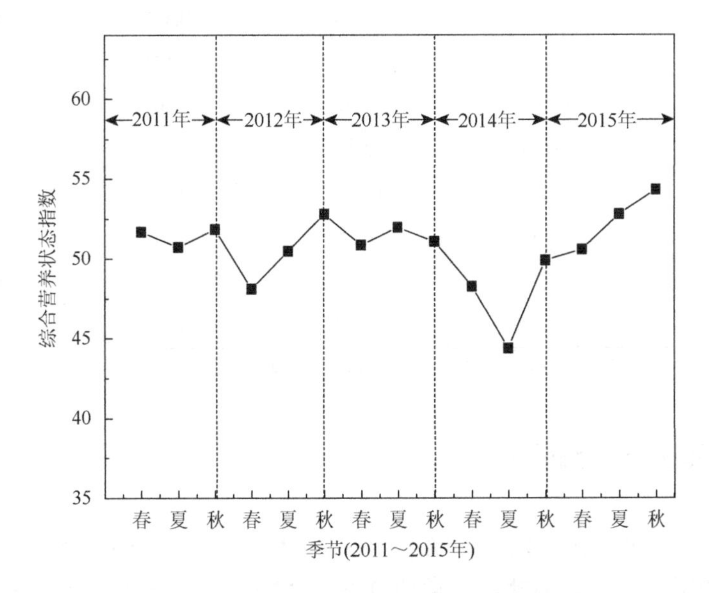

图 8-11　2011～2015 年综合营养状态指数季节变化

8.9　不同季节富营养化关键指标的确定

8.9.1　相关性分析

Chl-a 浓度的变化是湖库理化因子变化的综合反映，与湖库富营养化有着密切关系。本章以 2011～2015 年春季、夏季、秋季以及湖库总体理化因子与 Chl-a 进行相关性分析的数理统计方法对新立城水库各水质因子进行分析。

新立城水库春季、夏季、秋季以及考察周期内水库总体的 Chl-a 与环境理化因子的 Pearson 相关性及显著性分析结果见表 8-3。不同季节呈现出不同的相关关系：春季 Chl-a 浓度主要与 WT 和 TP 有显著的正相关关系，相关系数分别为 0.624 和 0.537；夏季 Chl-a 浓度与 PMI 呈显著正相关，相关系数为 0.554，与 TN/TP 呈显著负相关，相关系数为–0.544；秋季的 Chl-a 浓度只与 TP 呈极显著相关，相关系数为 0.526。对湖库 2011～2015 年所有数据进行相关性分析，结果表明，与 Chl-a 呈显著正相关的指标有 WT、pH 和 TP，呈显著负相关的指标有 DO、TN 和 TN/TP。

表 8-3 新立城水库 Chl-a 与各理化指标的相关性分析

指标	春季	夏季	秋季	2011～2015 年
pH	0.050	0.446	0.360	0.331*
WT	0.624*	0.456	0.177	0.380*
DO	0.278	−0.366	−0.427	−0.370*
SD	−0.057	−0.038	−0.361	−0.194
PMI	−0.238	0.554*	0.103	0.138
TN	0.040	−0.374	−0.480	−0.314*
TP	0.537*	0.385	0.526**	0.335*
TN/TP	−0.159	−0.544*	−0.445	−0.348*

注：*（$P<0.05$）相关显著，**（$P<0.01$）相关极显著（双尾检验）。

8.9.2 多元逐步回归分析

内源污染、外源污染以及气候条件等差异性导致不同季节各环境因子对藻类生长状况的影响不同。因此，本章通过逐步回归分析方法找出不同季节对 Chl-a（叶绿素 a）生长的关键影响因子，建立多元逐步回归模型，并进行显著性检验。

Chl-a 与理化因子的多元逐步回归模型建立结果如表 8-4 所示。不同季节促进浮游植物生长的关键因子不同，TP（总磷）浓度入选春季、秋季及 2011～2015 年内的 Chl-a 生长回归模型，与 Chl-a 浓度的相关关系如图 8-12～图 8-14 所示，TP 是所研究的水质指标中对 Chl-a 浓度影响最重要的指标。

表 8-4 Chl-a 与理化因子的多元逐步回归模型

时段	入选指标	回归模型
春季	WT、TP	Chl-a = 114.119×TP + 0.394×WT−1.439（R = 0.767，P = 0.004）
夏季	PMI	Chl-a = PMI×1.637 + 0.546（R = 0.554，P = 0.032）
秋季	TP	Chl-a = 281.666×TP−1.442（R = 0.526，P = 0.044）
2011～2015 年	WT、TP	Chl-a = 159.594×TP + 0.239×WT−1.682（R = 0.767，P = 0.001）

注：PMI 表示高锰酸盐指数；WT 指水温。

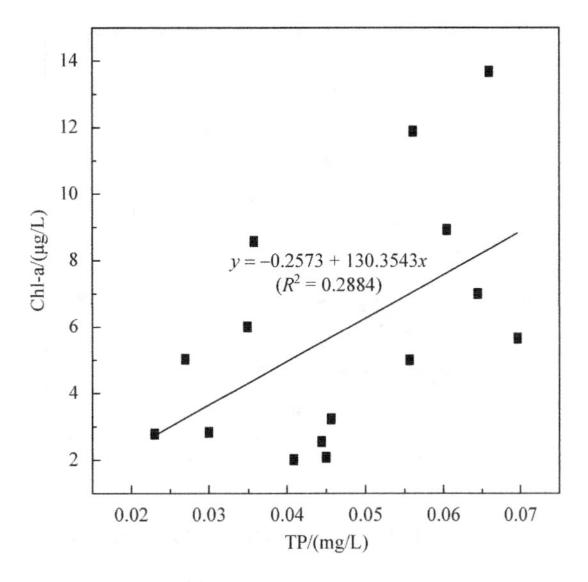

图 8-12　春季 Chl-a 与 TP 相关关系

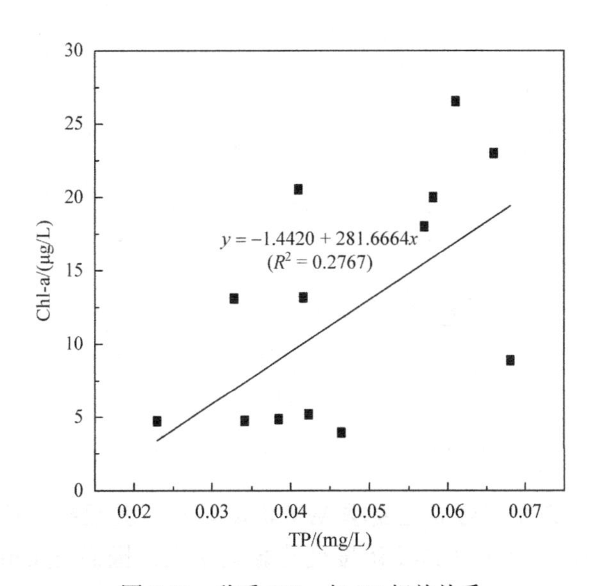

图 8-13　秋季 Chl-a 与 TP 相关关系

WT 入选为春季和水库总体 Chl-a 生长模型的主导因子，相关关系如图 8-15 和图 8-16 所示。研究表明，WT 通过控制浮游植物的光合作用与呼吸代谢速率而影响 Chl-a 的浓度，随着 WT 上升，浮游植物的生长速率加快，温度对浮游植物的生长具有一定的促进作用。藻类生长的最佳 WT 在 20～30℃，虽然新立城水库的春季 WT 在 1～12℃，夏季 WT 在 19～25℃，但是温度没有入选夏季

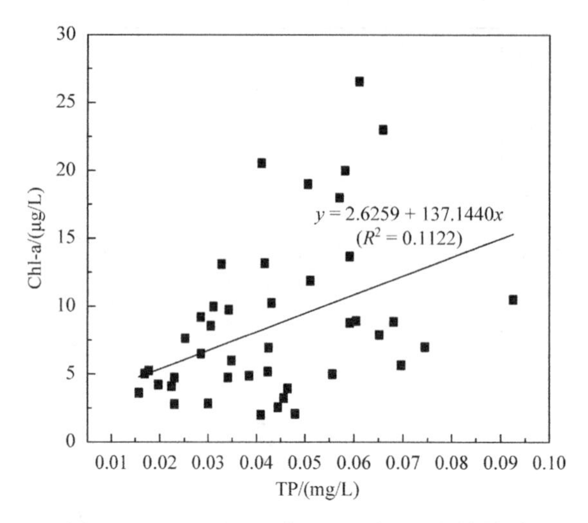

图 8-14　2011～2015 年 Chl-a 与 TP 相关关系

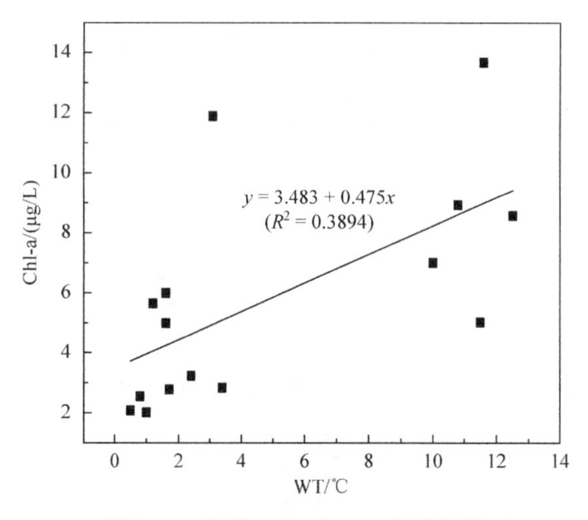

图 8-15　春季 Chl-a 与 WT 相关关系

Chl-a 生长模型，其原因可能是夏季 WT 波动较小，且已接近或达到藻类生长的最佳温度范围，因此对 Chl-a 浓度变化影响不大，因而与 Chl-a 浓度相关关系不明显。

PMI 入选夏季 Chl-a 生长回归模型，相关关系如图 8-17 所示。夏季较高的 WT 促进了植物残体与有机氮磷生物降解，使氮磷无机盐浓度升高，促进浮游植物生长。有机物质的生物降解氧化会消耗水中的 DO 并释放二氧化碳，被浮游植物光合作用吸收，从而为浮游植物生长提供碳源。浮游植物的腐烂会转而产生新的有机物增加 PMI。此循环使夏季 PMI 与 Chl-a 浓度密切相关，并入选夏季 Chl-a 生长回归模型。

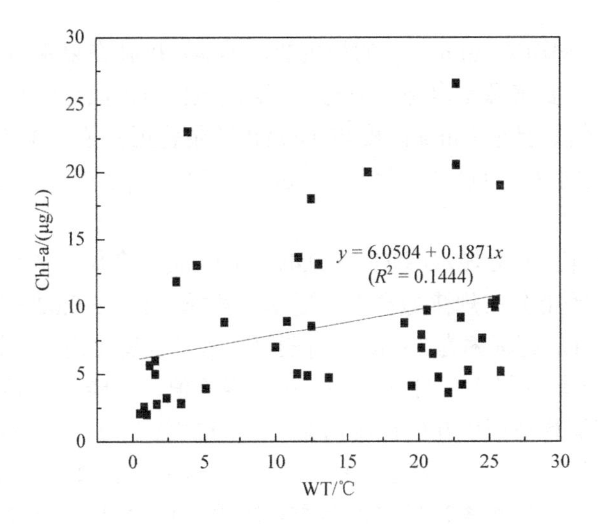

图 8-16　2011～2015 年 Chl-a 与 WT 相关关系

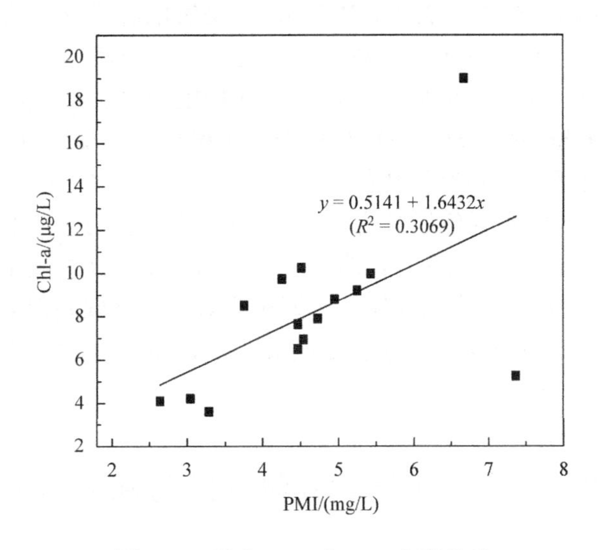

图 8-17　夏季 Chl-a 与 PMI 相关关系

SD 和 TN 是与 Chl-a 浓度密切相关的两个指标，在之前的研究中会经常入选 Chl-a 的生长模型。但是在本章中它们没有入选 Chl-a 生长的回归模型。SD 没有入选本章中 Chl-a 生长模型主要是因为影响 SD 的因素较多，并且浮游植物不是影响 SD 的主要因素，地表径流带入水库中的不溶性悬浮颗粒对 SD 的贡献率较大。TN 没有入选 Chl-a 生长的回归模型主要原因是氮营养盐在该水库中浓度较大，足够满足浮游植物生长，因此不是浮游植物生长的关键因子。

在所研究的所有水质指标中，2011～2015 年 WT 与 TP 在春季与 Chl-a 浓度呈正相关。TP 是秋季影响 Chl-a 生长的最主要营养盐。PMI 在夏季为 Chl-a 浓度增长的关键因子，其主要来源是内源污染与污废水排放。TP 虽然没有入选夏季 Chl-a 生长回归模型，但是夏季 Chl-a 浓度与 TN/TP 呈显著正相关，并且夏季 TN/TP 平均值大于 7.2，此时 TP 为限制性营养盐，因此，TP 为该水库水体富营养化的最关键营养盐。

2011～2015 年，新立城水库 TN 在 0.47～3.76mg/L 变化，平均值为 1.61mg/L，超标率为 68%，季节分布规律为春季＞夏季＞秋季。TP 在 0.02～0.09mg/L 变化，平均值为 0.04mg/L，超标率为 35%，没有明显的季节性变化规律，主要是由于畜牧养殖业对 TP 的贡献率最大。TP 在 2015 年出现峰值，可能是高 pH、低 DO 的特殊水环境促进底泥释放而引起的内源污染。TN/TP 在 6.8～170.4 变化，从 TN/TP 值可以看出，磷营养盐是新立城水库的限制因子。Chl-a 在 2.55～26.54μg/L 变化，呈明显的季节分布，即秋季＞夏季＞春季。应用综合营养状态指数法评价水库，结果表明，全库基本处于轻度富营养状态。

多元逐步回归分析结果表明，WT 和 TP 是影响春季浮游植物生长的主要环境因子。因此，流域库区应合理规划土地，最大限度地控制地表径流带来的农业面源污染，并在农田排水的入库口处种植净水植被等，加强磷排放量的控制和湖库净化带的建设。PMI 是夏季浮游植物生长模型的关键环境因子。因此，在夏季应严格控制有机物的输入量，严格管制水库排放源，尤其是新立城水库库区上游汇水区伊通县内的生活及生产排污。TP 是影响秋季浮游植物生长的主要环境因子。由于 TP 的主要来源为农田以及村屯畜牧和生活污染物，因此需严格控制 TP 排入水体，必要时应对水库采取底泥清淤等方法进行富营养化的控制。总体来看，影响新立城水库 Chl-a 浓度的主要环境因子为 WT、TP 与 PMI。

8.10 新立城水库营养物基准与标准的制定

根据 Chl-a 与其他各环境因子相关性分析与多元逐步回归分析结果，TP 与 PMI 是新立城水库 Chl-a 生长的关键因子。有效控制新立城水库的富营养化进程，有针对性地制定新立城水库营养物基准与营养物控制标准，对新立城水库富营养化控制与治理至关重要。根据发达国家对湖库富营养化现象的防控经验，在制定湖库营养物基准过程中，合理确定湖库营养物基准指标及其参照状态是营养物基准的制定基础，营养物基准指标一般选择 TN、TP、Chl-a 和 SD 等。而本章中 PMI 也是 Chl-a 生长的关键因子，因此本研究基准与标准包括 PMI。

由于各湖库所处的地理位置、地形、地势及气候等区域性特征差异显著，国家近年也强调“一湖一策”的治理理念，并提出对单个湖库制定富营养化管理与控制方案。因此，对新立城水库制定合适的营养物评价标准、参照状态、营养物基准以及营养物标准至关重要。在获得新立城水库水质因子季节性变化规律以及与 Chl-a 相关性分析的基础上，按照国际 Chl-a 分级法，采用统计学方法，应用 SPSS19.0 制定新立城水库春季、夏季以及秋季的富营养化评价标准。同时，应用频率分布统计学方法得出新立城水库营养物参照状态，提出营养物基准以及营养物控制标准，综合两种方法得出的结论最后得出新立城水库富营养化控制标准。

8.10.1　基于国际叶绿素 a 分级法的营养物评价标准制定

2011 年调查表明，我国范围内（73°40′E～135°2′E）有 2693 个单个面积大于 1.0km^2 的天然湖泊，不同地区的湖泊由于地理位置的多样性（如气候、地质及海拔）和湖库本身因素（如深度、面积、颜色、水化学和水文）可表现为不同的营养盐-藻类生长关系。而且，Chl-a 水平往往取决于水环境中的浮游植物生物量及物种组成，而浮游植物生物量和物种组成很大程度上受季节交替的气候、水文和污染物来源等影响（Mohammadi et al.，2019；Wicaksono and Lazuardi，2018；Yuthawong et al.，2019；Zhou and Lucas，1995），因此，建立不同季节营养物标准是极其必要的。

基于国际 Chl-a 分级法制定新立城水库不同季节营养物标准方法如下：在同一营养级别以内，25%分布频率表示水质处于较好状态，50%分布频率表示水质处于中等水平，75%分布频率表示水质相对较差。根据反降级政策，各营养级别各自的平均浓度（即 50%）可以被视为富营养状态之间的界限。根据国际叶绿素 a 分级法定级：0～1.6μg/L，贫营养；1.6～10μg/L，中营养；10～26μg/L，轻度富营养；26～64μg/L，中度富营养；64～160μg/L，高度富营养；＞160μg/L，极端富营养。

春季富营养化级别主要为中营养状态，夏季富营养化级别主要为中营养状态，秋季富营养化级别包括中营养状态与轻度富营养状态，因此，需要建立两个营养级别的营养物标准。虽然不同季节均含有中营养级别，但是不同季节中同一营养级别的营养物标准有较大差别，由此说明水体富营养化现象受不同季节数据量的大小以及各指标之间的相互作用影响。因此，建立基于不同季节营养物标准能够为富营养化现象的保护与控制提供更加准确的科学依据。

基于公认的国际 Chl-a 分级法得到春季、夏季以及秋季各指标统计特征值，见表 8-5～表 8-7。

表 8-5　基于公认的国际 Chl-a 分级法的春季各指标统计特征值

Chl-a/(μg/L)	分布频率/%	TP/(mg/L)	TN/(mg/L)	SD/cm	PMI/(mg/L)
1.6～10	25	0.032	0.705	74.5	4.106
	50	0.044	1.098	84.0	4.726
	75	0.058	3.096	92.0	5.520

表 8-6　基于公认的国际 Chl-a 分级法的夏季各指标统计特征值

Chl-a/(μg/L)	分布频率/%	TP/(mg/L)	TN/(mg/L)	SD/cm	PMI/(mg/L)
1.6～10	25	0.022	0.703	72.5	3.636
	50	0.030	1.310	81.0	4.500
	75	0.053	2.554	96.3	5.295

表 8-7　基于公认的国际 Chl-a 分级法的秋季各指标统计特征值

Chl-a/(μg/L)	分布频率/%	TP/(mg/L)	TN/(mg/L)	SD/cm	PMI/(mg/L)
1.6～10	25	0.022	0.725	65.0	3.755
	50	0.052	0.803	64.5	4.327
	75	0.051	2.399	91.0	5.250
10～26	25	0.041	0.584	52.0	3.868
	50	0.057	0.821	62.5	4.327
	75	0.061	1.964	83.4	5.616

取春季、夏季以及秋季各营养级别的 50%分布频率特征值，得出各营养级别不同指标的标准，如表 8-8 所示。

表 8-8　基于国际叶绿素 a 分级法制定新立城水库不同季节营养物标准

季节	营养级别	Chl-a/(μg/L)	各指标的标准值			
			TP/(mg/L)	TN/(mg/L)	SD/cm	PMI/(mg/L)
春季	中营养	1.6～10	0.044	1.088	84.0	4.726
夏季	中营养	1.6～10	0.030	1.31	81.0	4.50
秋季	中营养	1.6～10	0.052	0.803	64.5	4.327
	轻度富营养	10～26	0.057	0.821	62.5	4.327

如表 8-8 所示，虽然春季、夏季与秋季同时包含相同的营养状态，但不同季节所得的中营养状态标准值水平随不同季节变化而变化。这表明富营养化受较多因素影响，并且这些影响因素之间在不同季节会存在不同的相互关系。

基于以不同季节监测的水质因子的季节性变化规律，应用统一的富营养化评价标准对新立城水库进行富营养化评价是不够的，并且没有说服力，建立不同季节的富营养化评价标准可以更具体与科学地对富营养化进行防治。此外，如表 8-8 所示，秋季含有中营养和轻度富营养化两个营养级别，然而两个营养级别的营养物标准限值差距不大，说明除了常见的因素，如 TN、TP、SD 和 PMI 以外，还有其他因素对浮游植物的生长起着至关重要的作用，从而导致 Chl-a 浓度增加。

将本研究制定的标准与其他研究制定的标准进行比较，对于轻度富营养状态级别的标准，TP 与 SD 的标准值差别较小，TN 与 PMI 标准值差别较大，产生较大差别的主要原因是该水库农业污染输入的氮源较多，废水排放输入的有机物较多，人类活动的影响以及气候差异。这说明单独水库分季节建立富营养化标准具有重要意义。

8.10.2　基于营养物基准的标准确定

1. *理论及方法*

首先，采用不同的方法选取新立城水库富营养化水平相关的各水质指标，包括 Chl-a、TN、TP、SD 及 PMI 待处理的数据组，营养物的参照状态即指受影响最小的状态。然而，地球上的水体基本上都或多或少受到人类活动的影响，但是很难获悉湖库水质受到人类活动的影响程度。因此，往往需要建立湖泊的参照状态，通过参照湖泊法、湖泊群分析法及三分法找出新立城水库春季、夏季以及秋季的参照状态。将所得出的参照状态进行对比分析，取其平均值作为新立城水库各指标的基准值。最后，根据 Carlson 模型计算分析出新立城水库春季、夏季与秋季 TP 的控制标准。

新立城水库参照状态与基准的制定需要应用以下具体方法。

1）参照湖泊法

根据所收集的资料和数据，分析该地区湖泊/水库受外界影响状况，确定参照湖泊的条件，挑选出水环境质量最好的湖库（Annalaura et al.，2020；Batabyal and Chakraborty，2015）。然后根据现有数据选择这个参照湖泊各个指标的频数分布的 75%分位点（上 25%点）所对应的浓度值作为新立城水库的营养物参照状态值，这个水平可最大地保护湖泊生物多样性。

2）湖泊群分析法

湖泊群分析法是指当生态分区内的参照湖泊数量较少时，选整个研究区域内的主要湖库为样本，选取各指标频数分布的下 25%为研究区域的湖泊营养物基准参照值。使用频数分布法的前提是在区域湖泊群体中至少有高质量的湖泊存在，可从单个变量的数值中反映出来。当生态分区内没有足够数量的参照湖泊时，可采用湖泊群体分布法代替频数分布法，两种方法所得的结果在理论上应一致。在数据量充足的情况下，同样可采用这两种方法计算湖泊参照状态，以便得到一个对湖库有保护性的方法来计算参照状态。本章中采用整个东北地区部分湖库为样本群，包括尼尔基水库、桃山水库、新立城水库、星星哨水库、石头口门水库、龙虎泡水库、磨盘山水库、大庆水库和红旗水库 2011～2015 年监测数据，应用频率统计分析法取 25%分布频率值为参照状态（Guo et al.，2018）。

3）三分法

三分法是在湖泊群分析法的基础上建立起的湖泊参照状态的方法。它与湖泊群体分析法相同之处在于所选的样本均是针对整个研究区域内的主要湖库，不同之处在于三分法选择的样本是水质较好的 1/3 作为受人类影响较小的水体，再取这 1/3 数据样本中频数分布的 50%点位作为所研究区域湖库的参照状态。

2. 营养物参照状态与基准的确定

应用三种方法确定该地区的营养物基准。

参照湖泊法：采用该地区水质最好的湖库（未受人类影响或影响最小的湖库）为样本，应用频率统计分析法取 75%分布频率值为营养物基准。春季、夏季与秋季的频率分析结果见表 8-9～表 8-11。

表 8-9　参照湖泊法春季各指标频率分布值

项目		SD/cm	TN/(mg/L)	PMI/(mg/L)	TP/(mg/L)	Chl-a/(μg/L)
样本数	有效/个	31	31	31	31	31
	缺失/个	0	0	0	0	0
百分位数	25/%	40.00	1.47	3.50	0.02	0.70
	50/%	70.00	2.01	3.80	0.030	5.20
	75/%	90.00	2.38	4.90	0.04	6.20

表 8-10　参照湖泊法夏季各指标频率分布值

项目		SD/cm	TN/(mg/L)	PMI/(mg/L)	TP/(mg/L)	Chl-a/(μg/L)
样本数	有效/个	31	31	31	31	31
	缺失/个	0	0	0	0	0
百分位数	25/%	40.00	1.49	3.90	0.03	2.70
	50/%	60.00	1.87	4.80	0.03	6.30
	75/%	105.00	2.19	5.40	0.05	14.30

表 8-11　参照湖泊法秋季各指标频率分布值

项目		SD/cm	TN/(mg/L)	PMI/(mg/L)	TP/(mg/L)	Chl-a/(μg/L)
样本数	有效/个	31	31	31	31	31
	缺失/个	0	0	0	0	0
百分位数	25/%	40.00	1.21	4.00	0.02	1.00
	50/%	60.00	1.63	5.10	0.02	4.20
	75/%	100.00	2.29	5.90	0.03	4.80

湖泊群分析法：以整个东北地区部分湖库 2011～2015 年监测数据为湖泊群分析法的样本群体，包括尼尔基水库、桃山水库、石头口门水库、星星哨水库、新立城水库、龙虎泡水库、磨盘山水库、大庆水库和红旗水库的监测数据，应用频率统计分析法取 25%分布频率值为新立城水库春季、夏季与秋季的营养物基准，春季、夏季与秋季的频率分析结果见表 8-12～表 8-14。

表 8-12　湖泊群分析法春季各指标频率分布值

项目		SD/cm	TN/(mg/L)	PMI/(mg/L)	TP/(mg/L)	Chl-a/(μg/L)
样本数	有效/个	168	168	168	168	168
	缺失/个	0	0	0	0	0
百分位数	25/%	55.0000	0.7699	4.1000	0.0333	2.5159
	50/%	75.0000	1.4329	5.0141	0.0510	6.0000
	75/%	89.0000	2.1783	6.0000	0.1000	13.0000

表 8-13　湖泊群分析法夏季各指标频率分布值

项目		SD/cm	TN/(mg/L)	PMI/(mg/L)	TP/(mg/L)	Chl-a/(μg/L)
样本数	有效/个	166	166	166	166	166
	缺失/个	0	0	0	0	0
百分位数	25/%	50.0000	0.9183	4.5113	0.0317	4.1615
	50/%	63.5000	1.2000	5.1000	0.0525	9.7430
	75/%	85.0000	1.6025	6.0300	0.1000	14.3943

表 8-14　湖泊群分析法秋季各指标频率分布值

项目		SD/cm	TN/(mg/L)	PMI/(mg/L)	TP/(mg/L)	Chl-a/(μg/L)
样本数	有效/个	170	170	170	170	170
	缺失/个	0	0	0	0	0

续表

项目		SD/cm	TN/(mg/L)	PMI/(mg/L)	TP/(mg/L)	Chl-a/(μg/L)
百分位数	25/%	53.0000	0.7503	4.3495	0.0400	4.6067
	50/%	66.0000	1.0690	5.1058	0.0612	7.0246
	75/%	82.0000	1.6799	6.0250	0.1100	12.0000

基于湖泊群分析法的三分法：取湖泊群分析法样本群数据中的前 1/3 较好数据作为本分析方法的样本群，应用频率统计分析法取 50%分布频率值为春季、夏季以及秋季的营养物基准。春季、夏季与秋季的频率分析结果见表 8-15～表 8-17。

表 8-15　三分法春季各指标频率分布值

项目		SD/cm	TN/(mg/L)	PMI/(mg/L)	TP/(mg/L)	Chl-a/(μg/L)
样本数	有效/个	56	56	56	56	56
	缺失/个	0	0	0	0	0
百分位数	25/%	89.0000	0.4900	3.1911	0.0200	1.3000
	50/%	91.0000	0.6490	3.8495	0.0271	1.6236
	75/%	100.0000	0.7757	4.1000	0.0334	2.5477

表 8-16　三分法夏季各指标频率分布值

项目		SD/cm	TN/(mg/L)	PMI/(mg/L)	TP/(mg/L)	Chl-a/(μg/L)
样本数	有效/个	47	47	47	47	47
	缺失/个	0	0	0	0	0
百分位数	25/%	86.0000	0.6500	3.4097	0.0200	1.3000
	50/%	100.0000	0.7700	4.2653	0.0252	2.7000
	75/%	115.0000	0.8750	4.4632	0.0300	3.6188

表 8-17　三分法秋季各指标频率分布值

项目		SD/cm	TN/(mg/L)	PMI/(mg/L)	TP/(mg/L)	Chl-a/(μg/L)
样本数	有效/个	57	57	57	57	57
	缺失/个	0	0	0	0	0
百分位数	25/%	81.5000	0.5296	3.9754	0.0170	1.5000
	50/%	85.0000	0.6190	4.2000	0.0300	3.4000
	75/%	100.0000	0.7570	4.3495	0.0402	4.6712

参照湖泊法、湖泊群分析法及三分法所制定基准的平均值即为区域湖库的营

养物基准，新立城水库区域湖库春季、夏季与秋季营养物基准如表 8-18 所示。根据国际 Chl-a 分级法，本方法建立的营养物基准中 Chl-a 浓度均在中营养状态范围以内，每个季节只有一个营养级别。因此，春季 TP、TN、SD 和 PMI 的基准分别为 0.034mg/L、1.27mg/L、78.7cm 和 4.28mg/L；夏季 TP、TN、SD 和 PMI 的基准分别为 0.031mg/L、0.90mg/L、74.9cm 和 4.08mg/L；秋季 TP、TN、SD 与 PMI 的基准分别为 0.031mg/L、0.94mg/L、81.5cm 和 4.07mg/L。夏季 TN 与 TP 基准均低于春季，主要原因是春季 TP 与 TN 输入量较高，而 WT 较低，没有达到藻类生长的最适温度，所以浮游植物并不能对大量输入的营养物质做出较快速的响应，因此春季营养物基准相对较高。夏季与秋季营养物基准较为接近，主要是由于夏季与秋季营养盐与浮游植物的生长关系已经稳定，当采用大量的数据进行统计分析时，其结果相差较小，说明该地区湖库富营养化机理与水平相近，气候条件对水体富营养化现象影响较大。

表 8-18　新立城水库不同季节营养物基准

季节	各指标的基准				
	Chl-a/(μg/L)	TP/(mg/L)	TN/(mg/L)	SD/cm	PMI/(mg/L)
春季	3.45	0.034	1.27	78.7	4.28
夏季	2.53	0.031	0.90	74.9	4.08
秋季	2.54	0.031	0.94	81.5	4.07

3. 基于营养物基准的标准确定

相关性分析和多元逐步回归分析表明，TP 为新立城水库富营养化的最关键营养盐指标，根据 Carlson 模型制定控制新立城水库春季、夏季与秋季 TP 营养物控制标准，首先确定不同季节各参数指标的权重系数（W_i），如表 8-19 所示。

表 8-19　新立城水库各参数指标的权重系数

季节	$W_{Chl\text{-}a}$	W_{TP}	W_{TN}	W_{SD}	W_{PMI}
春季	0.741	0.214	0.001	0.002	0.042
夏季	0.626	0.093	0.088	0.001	0.192
秋季	0.607	0.168	0.140	0.079	0.006

通过单因子卡尔森营养状态（TSI）指数计算公式分别计算春季、夏季与秋季不同指标的 TSI 指数，见表 8-20。

表 8-20　新立城水库各参数指标 TSI 指数

季节	TSI（Chl-a）	TSI（TN）	TSI（SD）	TSI（PMI）
春季	38.45	58.58	56.00	42.17
夏季	35.08	52.75	56.79	40.79
秋季	35.12	53.48	55.15	40.71

根据卡尔森营养指数确定总磷的控制标准值，卡尔森指数计算公式如下：

$$\text{TSI-Combined} = \sum W_i \times \text{TSI}(i) \tag{8-8}$$

将表 8-19 中各指标相关权重系数与表 8-20 中各指标 TSI 指数代入式（8-8），得下式：

春季：　$\text{TSI-Combined} = 52.113 + 3.475 \times \ln\text{TP} + 3.475 \times \ln\text{TN}$　（8-9）

夏季：　$\text{TSI-Combined} = 43.423 + 1.510 \times \ln\text{TP} + 1.491 \times \ln\text{TN}$　（8-10）

秋季：　$\text{TSI-Combined} = 44.499 + 2.728 \times \ln\text{TP} + 2.372 \times \ln\text{TN}$　（8-11）

通过对新立城水库多年 TN/TP 值统计，春季、夏季和秋季 TN/TP 平均值分别为 43.55、33.34 与 35.38，将卡尔森理论中中营养平均状态时的 TSI-Combined = 40 代入式（8-9）～式（8-11），得到春季 TP 为 0.038mg/L，夏季 TP 为 0.047mg/L，秋季 TP 为 0.032mg/L。因此，新立城水库春季、夏季与秋季的 TP 控制标准值分别为 0.038mg/L、0.047mg/L 与 0.032mg/L。朱欢迎（2015）制定滇池草海 TP 控制标准值为 0.016mg/L，相对于本湖库偏小，说明新立城水库发生富营养化所需的 TP 浓度更高，相对于草海的纳污自净能力更强，草海的生态系统更加脆弱，产生此结果的主要原因可能是北方相对于南方年均气温较低。陈小华等（2017）分季节制定洱海富营养化控制标准，结果表明，洱海春季 TP 控制标准值为 0.018mg/L，夏季为 0.027mg/L，秋季为 0.026mg/L，冬季为 0.020mg/L，春季、夏季与秋季的总磷控制标准均小于本书的控制标准，说明洱海比新立城水库更容易发生富营养化，三个季节中夏季 TP 标准值最高，与本书研究结果相同，主要是由于夏季营养盐与浮游植物含量均较高，应用统计学方法得出的营养物标准值也较高。由于夏季 WT 较高，发生的生化反应更加复杂，虽然 Chl-a 浓度相对较高，但同时水库的水体自净能力更强。

8.11　新立城水库营养物标准的验证

浮游植物是湖库中主要的初级生产者，浮游植物的生长受到氮磷营养盐的限制，并且其限制作用受到时空变化的影响。鉴于本书的研究结果，TP 是新立城水库富营养化的最关键营养盐指标。基于国际 Chl-a 分级法得出 TP 的富营养化限值与基于营养物基准法得到的 TP 营养物限值进行浓度梯度设计，分别得到春季、夏季及秋季 TP 浓度梯度，通过实验模拟新立城水库生态环境对所制定营养物标准进行验证，从而确定最适合于新立城水库的营养物标准限值。

8.11.1　藻类培养方案

实验应用全光谱灯模拟太阳光，应用不透光纸箱进行遮光处理，将全光谱灯放入暗箱内部进行照明。其光照时间及 WT 控制主要依据新立城水库区域的气候条件，春季光照时间为 12h，水温控制在 4～6℃，应用水循环控制水温；夏季光照时间控制在 14h，水温控制在 22～24℃，应用水温加热棒控制水温；秋季光照时间控制在 12h，水温控制在 12～14℃。应用 500mL 三角瓶为反应器，K_2HPO_4 提供磷源，$NaNO_3$ 提供氮源，按照所制定的标准设计氮源与磷源的加入量。

每个季节按照营养盐浓度梯度设计三组对比实验，主要按 TP 的浓度梯度进行设计，由于 TP 需要控制的浓度差较小，配置 TP 储备液再对实验水样营养盐浓度进行调整。基于国际 Chl-a 分级法制定的新立城水库春季、夏季及秋季富营养化评价标准得到的 TP 控制标准值分别为 0.044mg/L、0.030mg/L 及 0.052mg/L。基于营养物基准方法确定的新立城水库春季、夏季及秋季的 TP 控制标准值分别为 0.038mg/L、0.047mg/L 及 0.032mg/L。根据所需验证 TP 标准的浓度差，需控制 TP 的浓度梯度，每个季节设置三个浓度梯度，分别为 0.030mg/L、0.040mg/L 及 0.050mg/L。由于基于国际 Chl-a 分级法制定的标准更加符合水质实际情况，因此 TN 的控制浓度应用国际 Chl-a 分级法中得出的浓度，即春季、夏季及秋季 TN 的控制浓度分别为 1.10mg/L、1.13mg/L 及 0.081mg/L。设置具体方法如表 8-21 所示。

表 8-21　实验分组方法

季节	分组	控制条件			
		TP/(mg/L)	TN/(mg/L)	光照时间/h	WT/℃
春季	A1	0.030	1.10	12	4.9
	A2	0.040	1.10	12	4.9
	A3	0.050	1.10	12	4.9
夏季	B1	0.030	1.13	14	22.6
	B2	0.040	1.13	14	22.6
	B3	0.050	1.13	14	22.6
秋季	C1	0.030	0.81	12	13.2
	C2	0.040	0.81	12	13.2
	C3	0.050	0.81	12	13.2

8.11.2 培养液的配制

取新立城水库水体作为实验用水样，并将水样稀释 1 倍，稀释后水样的 Chl-a 本底浓度为 5.6μg/L，TN 本底浓度为 0.78mg/L，TP 本底浓度为 0.03mg/L。每组实验取 2L 水样进行实验溶液的配置，分装于透光塑料瓶中。由于 TP 及 TN 浓度梯度过小，故配置 TP 及 TN 储备液提供磷源与氮源。实验溶液的具体配置方法如下。

春季 A1 组：水样 TN 浓度与本组 TP 浓度一致。不需要外加磷源。外加氮源需配置储备液，取 0.416g $NaNO_3$ 稀释至 1000mL 作为氮源储备液，取 10mL 加入 2L 水样中得到 A1 组实验水样。

春季 A2 组：TP 浓度为 0.04mg/L，需要外加磷源。由于浓度梯度过小，因此需配置 TP 储备液，称取 1.170g K_2HPO_4 稀释至 1000mL 为磷源储备液 1，从磷源储备液 1 中取出 10mL 稀释至 1000mL 为磷源储备液 2，再从磷源储备液 2 中取 10mL 加入至 2L 水样中。外加氮源需配置储备液，取 0.416g $NaNO_3$ 稀释至 1000mL 作为氮源储备液，取 10mL 加入 2L 水样中，得到 A2 组实验水样。

春季 A3 组：TP 浓度为 0.05mg/L，需要外加磷源。由于浓度梯度过小，因此需配置 TP 储备液，称取 2.340g K_2HPO_4 稀释至 1000mL 为磷源储备液 1，从磷源储备液 1 中取出 10mL 稀释至 1000mL 为磷源储备液 2，再从磷源储备液 2 中取 10mL 加入至 2L 水样中。外加氮源需配置储备液，取 0.416g $NaNO_3$ 稀释至 1000mL 作为氮源储备液，取 10mL 加入至 2L 水样中，得到 A3 组实验水样。

夏季 B1 组：水样 TP 浓度与本组 TP 浓度一致。不需要外加磷源。外加氮源需配置储备液，取 0.455g $NaNO_3$ 稀释至 1000mL 作为氮源储备液，取 10mL 加入 2L 水样中得到 B1 组实验水样。

夏季 B2 组：TP 浓度为 0.04mg/L，需要外加磷源。由于浓度梯度过小，因此需配置 TP 储备液，称取 1.170g K_2HPO_4 稀释至 1000mL 为磷源储备液 1，从磷源储备液 1 中取出 10mL 稀释至 1000mL 为磷源储备液 2，再从磷源储备液 2 中取 10mL 加入 2L 水样中。外加氮源需配置储备液，取 0.455g $NaNO_3$ 稀释至 1000mL 作为氮源储备液，取 10mL 加入 2L 水样中，得到 B2 组实验水样。

夏季 B3 组：TP 浓度为 0.05mg/L，需要外加磷源。由于浓度梯度过小，因此需配置 TP 储备液，称取 2.340g K_2HPO_4 稀释至 1000mL 为磷源储备液 1，从磷源储备液 1 中取出 10mL 稀释至 1000mL 为磷源储备液 2，再从磷源储备液 2 中取 10mL 加入 2L 水样中。外加氮源需配置储备液，取 0.455g $NaNO_3$ 稀释至 1000mL 作为氮源储备液，取 10mL 加入 2L 水样中，得到 B3 组实验水样。

秋季 C1 组：水样 TP 浓度与本组 TP 浓度一致。不需要外加磷源。水样 N 浓度与本组 TN 浓度一致，不需要外加氮源。

秋季 C2 组：TP 浓度为 0.04mg/L，需要外加磷源。由于浓度梯度过小，因此需配置总磷储备液，称取 1.170g K_2HPO_4 稀释至 1000mL 为磷源储备液 1，从磷源储备液 1 中取出 10mL 稀释至 1000mL 为磷源储备液 2，再从磷源储备液 2 中取 10mL 加入 2L 水样中。水样的 TN 浓度与本组 TN 浓度一致，不需要外加氮源。

秋季 C3 组：TP 浓度为 0.05mg/L，需要外加磷源。由于浓度梯度过小，因此需配置 TP 储备液，称取 2.340g K_2HPO_4 稀释至 1000mL 为磷源储备液 1，从磷源储备液 1 中取出 10mL 稀释至 1000mL 为磷源储备液 2，再从磷源储备液 2 中取 10mL 加入 2L 水样中。水样的 TN 浓度与本组 TN 浓度一致，不需要外加氮源。

分期对实验水样 Chl-a 浓度进行检测。最后分析 Chl-a 在不同磷营养盐浓度下的生长速率与最终浓度，验证两种标准制定方法的科学性，最后确定新立城水库最终的营养物标准。

8.11.3　检测指标方法

取样检测频次为 2d 一次，检测天数为 10d，检测水质指标 Chl-a。采用丙酮萃取分光光度法进行实验室检测，具体检测参照《水和废水监测分析方法（第四版）》。

8.11.4　营养盐与叶绿素 a 生长速率关系

通过 10d 藻类培养，检测 Chl-a 浓度，检测频次为一天一次，每组实验得到 10 组数据，最后对每组 Chl-a 的生长状况与生长速率进行分析。

1. 春季营养盐与叶绿素 a 生长速率的关系

春季 Chl-a 浓度变化如图 8-18 所示。A1 组 Chl-a 浓度在 1～3d 生长速率均比较缓慢，为 0.431μg/(L·d)，8d 时 Chl-a 浓度出现最大值，随后 Chl-a 浓度开始逐渐下降。A2 组 Chl-a 浓度前期生长较缓慢，1～2d 内生长速率为 0.700μg/(L·d)，2～4d 内的生长速率为 3.653μg/(L·d)，7d 时 Chl-a 浓度达到最大值，随后 Chl-a 浓度开始逐渐下降。A3 组 Chl-a 浓度整体增长比较缓慢，在 8d 时出现最大值，1～8d Chl-a 的生长速率为 1.184μg/(L·d)。三组实验结果表明，A2 组相对于其他两组 Chl-a 浓度峰值最大，其 Chl-a 生长速率也最大，本实验结果与基于营养物基准制定的 TP 标准最为接近。因此，将新立城水库春季 TP 营养物标准限值定为 0.038mg/L。

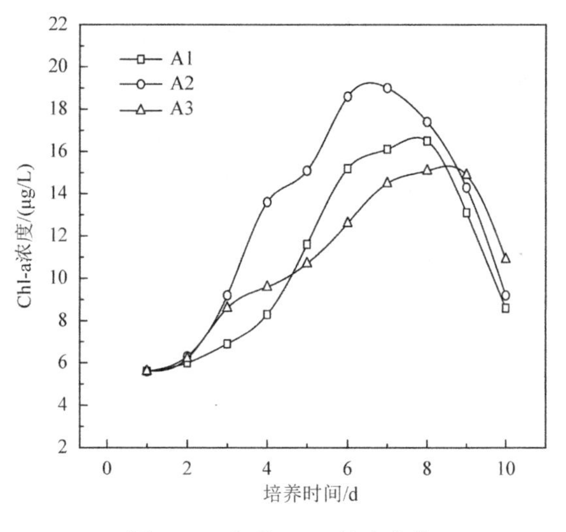

图 8-18　春季 Chl-a 浓度变化

2. 夏季营养盐与叶绿素 a 生长速率的关系

夏季 Chl-a 浓度变化如图 8-19 所示。B1 组 Chl-a 浓度在 1～2d 生长速率相对比较缓慢，生长速率为 0.912μg/(L·d)，第 3d 生长速率为 3.942μg/(L·d)，主要原因可能是夏季温度较适宜浮游植物的生长，8d 时 Chl-a 浓度出现最大值，随后 Chl-a 浓度开始逐渐下降。B2 组 Chl-a 浓度前 1～4d 生长较缓慢，生长速率为 0.950μg/(L·d)，6d 时 Chl-a 浓度达到最大值，随后 Chl-a 浓度开始逐渐下降。B3 组 Chl-a 浓度整体增长比较缓慢，在 8d 时出现最大值。三组实验结果

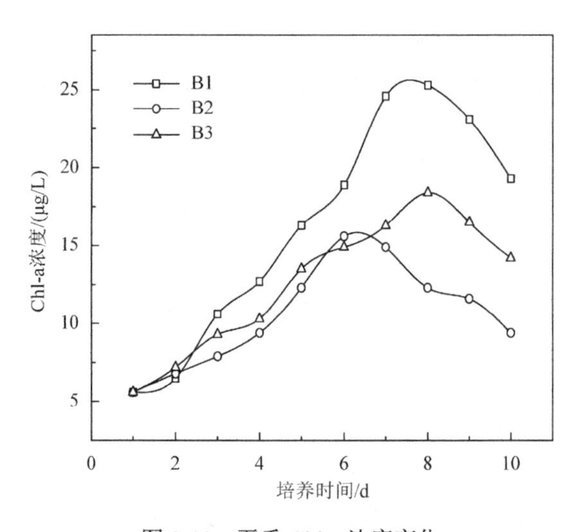

图 8-19　夏季 Chl-a 浓度变化

表明，B1 组相对于其他两组 Chl-a 浓度峰值最大，本实验结果与基于国际 Chl-a 分级法制定的 TP 标准最为接近。因此，将新立城水库夏季 TP 营养物标准限值定为 0.030mg/L。

3. 秋季营养盐与叶绿素 a 生长速率的关系

秋季 Chl-a 浓度变化如图 8-20 所示。C1 组 Chl-a 浓度整体生长速率比较缓慢，8d 时 Chl-a 浓度出现最大值，随后 Chl-a 浓度开始逐渐下降。C2 组 Chl-a 浓度前期生长较缓慢，1～4d 内生长速率为 0.900μg/(L·d)，8d 时 Chl-a 浓度达到最大值，随后 Chl-a 浓度开始逐渐下降。C3 组 Chl-a 前期生长较缓慢，生长速率为 1.410μg/(L·d)，在 7d 时出现最大值。三组实验结果表明，C3 组相对于其他两组 Chl-a 浓度峰值最大，其 Chl-a 生长速率也最大，本实验结果与基于营养物基准制定的 TP 标准最为接近。因此，将新立城水库秋季 TP 营养物标准限值定为 0.052mg/L。

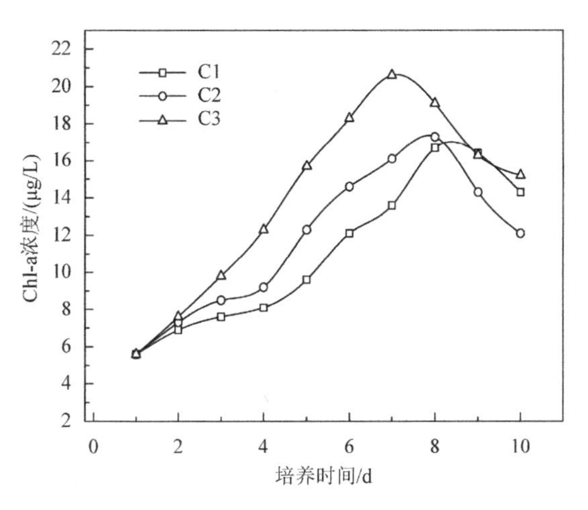

图 8-20　秋季 Chl-a 浓度变化

8.12　本 章 小 结

新立城水库位于长春市东南部，是长春市的主要饮用水源地之一。近年来，新立城水源保护区出现了诸多水环境问题，水库受到了严重污染。例如，2007 年及 2008 年汛期，蓝藻大量暴发，尤其在 2007 年暴发了大规模的水华和富营养化。2008～2013 年，水体大多时期处于中营养水平，水库污染直接威胁长春市民的饮用水安全。本章在分析“十二五”期间（2011～2015 年）水库的 8 个水质指标：WT、pH、DO、SD、TN、TP、PMI 和 Chl-a 的变化趋势的基础上，评价了水库的富营养化水平，并进一步利用相关性分析和多元逐步回归对水体中Chl-a浓度与理化因子的关系进行了探讨，更加科学地制定了营养物标准体系，本章研究得到以下结论。

（1）2011～2015年，新立城水库TN在0.47～3.76mg/L变化，平均值为1.61mg/L，超标率为68%，季节分布规律为春季＞夏季＞秋季。TP在0.02～0.09mg/L变化，平均值为0.04mg/L，超标率为35%，没有明显的季节性变化规律，主要是由于畜牧养殖业对TP的贡献率最大。TP在2015年出现峰值，可能是高pH、低DO的特殊水环境促进底泥释放而引起的内源污染导致的。从TN/TP值可以看出，磷营养盐是新立城水库的限制因子。Chl-a呈明显的季节分布，即秋季＞夏季＞春季。应用综合营养状态指数法评价水库，结果表明，全库基本处于轻度富营养状态。

（2）相关性分析和多元逐步回归分析结果表明，WT和TP为影响春季浮游植物生长的主要环境因子。因此，应合理规划土地，最大限度地控制地表径流带来的农业面源污染，并在农田排水的入库口处种植净水植被等，加强磷排放量的控制和湖库净化带的建设。PMI为夏季浮游植物生长模型的主要环境因子。因此，夏季应严格控制有机物的输入量，严格管制水库排放源，尤其是新立城水库上游汇水区伊通县内的生活和生产排污。TP为影响秋季浮游植物生长的主要环境因子。由于TP的主要来源为农田以及村屯畜牧和生活污染物，因此需严格控制TP排入水体，必要时应对水库采取底泥清淤等对富营养化进行控制。总体来看，影响新立城水库Chl-a浓度的主要环境因子为WT、TP、PMI。

（3）建立不同季节的富营养化评价标准可以更具体与科学地对富营养化进行防治。同时，未来对富营养化的研究应该更多关注各种生物和非生物与富营养化之间的关系，如温度、光、风、降水、水生动物和植物与浮游植物的生长对富营养化状态的影响。基于国际Chl-a分级法制定的新立城水库春季、夏季及秋季富营养化评价标准得到的TP控制标准值分别为0.044mg/L、0.030mg/L及0.052mg/L。通过参照湖泊法、湖泊群分析法及三分法确定了新立城水库春季、夏季及秋季的参照状态、营养物基准及营养物标准限值。新立城水库春季、夏季及秋季的总磷控制标准值分别为0.038mg/L、0.047mg/L及0.032mg/L。

（4）经过实验室模拟新立城水库春季、夏季及秋季水环境状况，对本章所制定的标准进行验证，得出春季、夏季与秋季磷营养盐的营养物标准分别为0.038mg/L、0.030mg/L和0.052mg/L。

目前，对新立城水库水质及富营养化评价的研究较多，但是没有针对富营养化机理及营养物标准的研究。国内目前大部分应用全国统一或地区单独的营养物标准，只有部分学者单独对某个湖库进行营养物标准制定，如洱海、太湖及呼伦湖等，但是只有针对洱海分季节制定了营养物标准。本章分析富营养化发生机理，分季节制定了新立城水库营养物标准，充分考虑了该库区四季气候特征差异对湖库富营养化的影响。本章研究主要有以下不足：①所应用的数据量过少，尤其主要研究方式是数据分析，数据的局限性会使研究结果的准确性降低。②研究主要制定新立城水库的营养物标准，同时为东北山地湖区湖库富营养化治理提供参考，综合考虑其他湖库的水质状况才能更加科学地为该区域湖库富营养化现象的治理提供指导。③研究中营养物标准的验证实验条件没有完全模拟新立城水库的气候环境，会对实验验证结果产生误差。在今后的湖库营养物标准的研究与制定过程中应尽可能多地收集有效的数据，提高标准制定的准确性。同时，在实验验证的过程中要在现场进行实地实验，与当地的气候条件一致，才能更加科学地对所制定的标准进行验证。

第 9 章　松辽流域重要水库水环境调查

按照《水利部办公厅关于进一步明确全国重要饮用水水源地安全保障达标建设年度评估工作有关要求的通知》（办资源函〔2018〕204 号）要求，本章以饮用水水源地达标建设现场巡查及水源地日常监督管理等工作为基础，开展了 2018 年度松辽流域全国重要饮用水水源地安全保障达标建设抽查评估工作。评估工作包括现场调查和信息汇总评估两部分，在现场调查工作结束后，对各水源地达标建设取得的工作成效和上年度存在问题整改落实情况进行了汇总，分析了当前存在的主要问题及原因，列出问题清单和整改要求，以问题为导向，编制完成松辽流域 2018 年度全国重要饮用水水源地安全保障达标建设抽查评估报告。

9.1　技术依据及评估重点内容

9.1.1　技术依据

（1）《中华人民共和国水法》。

（2）《中华人民共和国水污染防治法》。

（3）《地表水环境质量标准》（GB 3838—2002）。

（4）《地下水质量标准》（GB/T 14848—2017）。

（5）《地表水资源质量评价技术规程》（SL 395—2007）。

（6）《水环境监测规范》（SL 219—2013）。

（7）《地下水监测规范》（SL 183—2005）。

（8）《关于开展全国重要饮用水水源地安全保障达标建设的通知》（水资源〔2011〕329 号）。

（9）《全国重要饮用水水源地安全保障评估指南（试行）》，2015 年 4 月。

（10）《水利部关于印发全国重要饮用水水源地名录（2016 年）的通知》（水资源函〔2016〕383 号）。

（11）《水利部　住房城乡建设部　国家卫生计生委关于进一步加强饮用水水源保护和管理的意见》（水资源〔2016〕462 号）。

（12）《水资源司关于健全全国重要饮用水水源地信息报送机制的通知》（资源保函〔2017〕16 号）。

（13）《水利部办公厅关于进一步明确全国重要饮用水水源地安全保障达标建设年度评估工作有关要求的通知》（办资源函〔2018〕204 号）。

9.1.2　评估重点内容

本章抽查评估重点为水源地年度开展的水量保证、水质达标、安全监控及管理四大方面 25 个小项达标建设情况，以及水资源管理专项检查中要求的达标建设方案编制实施、信息系统建设应用等情况。

9.2　重要水源地基本情况

松辽流域列入全国重要饮用水水源地名录的有 48 个（表 9-1），设计总供水人口 5153.9 万人，供水城市包括黑龙江省、吉林省、辽宁省、内蒙古自治区（松辽流域片）供水人口超过 20 万以上的地级市、县级市共 40 个（地级市 37 个）。

表 9-1　松辽流域全国重要饮用水水源地名录（2016 年）

序号	水源地名称	水源地类型	供水目标地级市（县级市）
1	磨盘山水库水源地	水库	哈尔滨市
2	齐齐哈尔市嫩江浏园水源地	河道	齐齐哈尔市
3	哈达水库水源地	水库	鸡西市
4	团山子水库水源地	水库	鸡西市
5	细鳞河水库水源地	水库	鹤岗市
6	五号水库水源地	水库	鹤岗市
7	寒葱沟水库水源地	水库	双鸭山市
8	大庆水库水源地	水库	大庆市
9	红旗水库水源地	水库	大庆市
10	东城水库水源地	水库	大庆市
11	龙虎泡水库水源地	水库	大庆市
12	佳木斯市江北水源地	地下水	佳木斯市
13	桃山水库水源地	水库	七台河市
14	牡丹江市牡丹江西水源地	河道	牡丹江市
15	黑河市黑龙江小金厂水厂水源地	河道	黑河市
16	肇东水库水源地	水库	绥化市

续表

序号	水源地名称	水源地类型	供水目标地级市（县级市）
17	引松入长水源地	河道	长春市
18	新立城水库水源地	水库	长春市
19	石头口门水库水源地	水库	长春市
20	吉林市松花江水源地	河道	吉林市
21	下三台水库水源地	水库	四平市
22	卡伦水库水源地	水库	四平市（公主岭）
23	杨木水库水源地	水库	辽源市
24	桃园水库水源地	水库	通化市
25	海龙水库水源地	水库	通化市（梅河口）
26	曲家营水库水源地	水库	白山市
27	哈达山水库水源地	水库	松原市
28	老龙口水库水源地	水库	延边朝鲜族自治州（珲春）
29	五道水库水源地	水库	延边朝鲜族自治州（延吉）
30	大伙房水库水源地	水库	沈阳市、大连市、鞍山市、抚顺市、营口市、辽阳市、盘锦市
31	桓仁水库水源地	水库	沈阳市、本溪市、锦州市、阜新市、铁岭市、朝阳市、葫芦岛市
32	碧流河水库水源地	水库	大连市
33	英那河水库水源地	水库	大连市
34	松树水库水源地	水库	大连市
35	朱隈水库水源地	水库	大连市
36	刘大水库水源地	水库	大连市
37	汤河水库水源地	水库	鞍山市、辽阳市
38	观音阁水库水源地	水库	本溪市
39	铁甲水库水源地	水库	丹东市
40	闹德海水库水源地	水库	阜新市
41	白石水库水源地	水库	阜新市、朝阳市
42	柴河水库水源地	水库	铁岭市
43	宫山咀水库水源地	水库	葫芦岛市
44	葫芦岛市六股河水源地	河道	葫芦岛市
45	赤峰市地下水水源地	地下水	赤峰市
46	通辽市科尔沁区集中式饮用水水源地	地下水	通辽市
47	呼伦贝尔市中心城区集中饮用水水源地	地下水	呼伦贝尔市
48	乌兰浩特市一、二水源地	地下水	兴安盟

按类型分，48 个重要水源地中水库型水源地 37 个，河道型水源地 6 个，地下水水源地 5 个，类型分布情况见图 9-1。

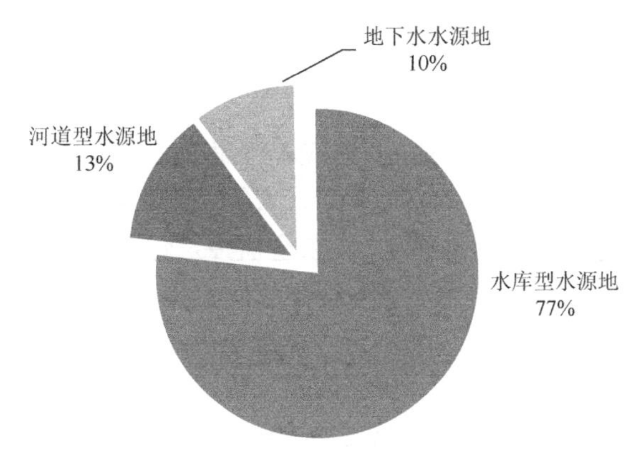

图 9-1　水源地类型分布情况

按省（自治区）分，48 个重要水源地中黑龙江省 16 个，吉林省 13 个，辽宁省 15 个，内蒙古自治区 4 个，分布情况见图 9-2。

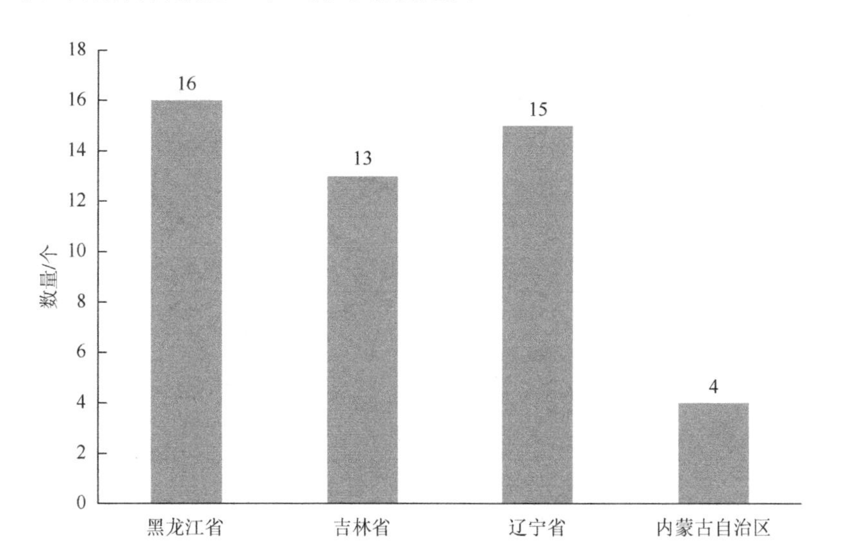

图 9-2　水源地各省（自治区）分布情况

其中，由于鸡西市、七台河市供水工程已于 2016 年 7 月末投入使用，鸡西市团山子水库水源地已不再继续承担城市供水任务。2018 年 2 月，黑龙江省水利厅向水利部水资源司行文，申请鸡西市团山子水库水源地退出国家重要饮用水水源地名录。

9.3　重要水源地达标建设工作开展情况

9.3.1　工作开展情况

按照《全国重要饮用水水源地安全保障评估指南（试行）》（以下简称《指南》）及水资源管理的有关要求，采取实地查看、查阅资料、座谈等方式，对流域全国重要饮用水水源地水量保证、水质达标、安全监控及管理四大方面 25 个小项建设情况，以及水资源管理要求的达标建设方案编制实施、信息系统建设应用情况等重点内容进行调查和评估。在现场调查工作过程中，调查组还使用了无人机等高科技手段，对抽查水源地的水源保护区内相关情况进行了调查拍摄，获取了大量第一手资料，为评估工作的顺利完成提供了有利条件。调查结束后，工作组结合现场调查填写了全国重要饮用水水源地安全保障达标建设信息表。

9.3.2　重点抽查情况

1. 重点抽查水源地清单

2018 年度，组织抽查了流域内 11 个全国重要饮用水水源地，其中，黑龙江省 3 个，吉林省 4 个，辽宁省 3 个，内蒙古自治区 1 个，涵盖了水源地全部三种类型，并兼顾了新纳入名录与原名录中的水源地。具体见表 9-2。

表 9-2　松辽流域 2018 年重点抽查水源地信息表

省（自治区）	水源地名称	水源地类型	供水目标地级市（县级市）
黑龙江省	磨盘山水库水源地	水库	哈尔滨市
	细鳞河水库水源地	水库	鹤岗市
	黑河市黑龙江小金厂水厂水源地	河道	黑河市
吉林省	下三台水库水源地	水库	四平市
	杨木水库水源地	水库	辽源市
	桃园水库水源地	水库	通化市
	五道水库水源地	水库	延边朝鲜族自治州（延吉）
辽宁省	松树水库水源地	水库	大连市
	朱隈水库水源地	水库	大连市
	铁甲水库水源地	水库	丹东市
内蒙古自治区	赤峰市地下水水源地	地下水	赤峰市

2. 重点抽查情况

1）水量满足供水需要，应急水源建设加速推进

抽查的 11 个水源地，从年初至抽查时段，供水保证率均能达到 95%以上，供水设施基本完好，取水和输水工程运行较安全。

除延吉市和赤峰市外，其余 8 个供水城市都已建成应急备用水源，能够满足特殊情况下一定时间内生活用水需求，并具有完备的接入自来水厂的供水配套设施。延吉市和赤峰市在 2018 年度都不同程度地推进备用水源地建设工作，其中，赤峰市已经完成三座店水库主体建设，配套引供水工程正在建设中，近期将完工，建成后近期每年可向赤峰城区供水 4465 万 m^3，远期可达 6000 万 m^3，将彻底改善赤峰市水源类型单一的问题。

2）水质达标情况较好，区域综合整治仍需加强

抽查的 11 个水源地，除黑河市黑龙江小金厂水厂水源地和下三台水库水源地外，其他 9 个水源地年度取水口水质达到或优于《地表水环境质量标准》（GB 3838—2002）或《地下水质量标准》（GB/T 14848—2017）Ⅲ类标准的次数均大于 80%；全部 11 个水源地保护区内均未发现入河排污口；6 个水源地实现了一级保护区全封闭管理；各水源地都能加大保护区综合整治力度，但部分水源地一、二级保护区和准保护区内潜在风险源治理工作仍需进一步加强。

3）监控体系基本完善，仍存在一定提升空间

抽查的 11 个水源地，对取水口及重要供水工程设施均实现 24h 自动视频监控；均对一级保护区实现逐日巡查，二级保护区实行不定期巡查，巡查记录完整；除细鳞河水库水源地、下三台水库水源地、桃园水库水源地、五道水库水源地外，其余 7 个水源地均开展了营养状况监测和排查性监测；除细鳞河水库和松树水库未安装、黑河市黑龙江小金厂水厂水源地运行存在问题外，其余 8 个水源地均建立水质水量安全信息监控系统并正常运行。

4）管理体系建设效果明显，能够为达标建设提供保证

抽查的 11 个水源地，全部完成了饮用水水源保护区的划分，除松树水库水源地由辽宁省环境保护厅批复外，其他都得到了省级人民政府批复；涉及的 10 个地市均建立了水源地安全保障部门联动机制；各水源地管理单位均组织开展了年度应急演练，除赤峰市地下水水源地外，其余 10 个水源地均建立应急物资储备保障体系，组织开展年度人员培训；除黑河市黑龙江小金厂水厂水源地外，其余 10 个水源地均建立了稳定的资金投入机制。

9.4 主要问题

水量达标建设方面：抽查的水源地中，有两个水源地所在地市应急备用水源建设未达到要求；一个水库水源地未制定特殊情况下的区域水资源配置和供水联合调度方案。详见表 9-3。

表 9-3　水量达标建设存在问题的重要饮用水水源地

一级指标	二级指标	存在问题水源地
水量达标建设	应急备用水源建设	延吉市五道水库水源地（备用水源未建成） 赤峰市地下水水源地（现有备用水源类型单一，新备用水源未建成）
	水量调度管理	细鳞河水库水源地（未编制联合调度方案）

水质达标建设方面：抽查的水源地中，黑河市黑龙江小金厂水厂水源地和下三台水库水源地取水口部分月份水质不达标；细鳞河水库水源地没有达到地表水 2 次/月的监测数据报送要求。有 5 个水源地保护区没有实现全封闭式管理；有 4 个水源地一级保护区内存在与供水设施和保护水源无关的建设项目，或存在畜禽饲养场、旅游等可能污染饮用水水体的活动；有 6 个水源地在二级保护区内存在非保护水源建设项目、农业面源污染、加油站、污水处理厂、尾矿库等潜在风险源；有 3 个水源地在准保护区内存在加油站、尾矿库、垃圾填埋场等对水体产生严重污染的建设项目；有 2 个水源地保护区内未采取禁止或限制使用含磷洗涤剂、农药、化肥以及限制种植养殖等措施；有 8 个水源地保护区范围内公路事故环境污染防治措施不健全；赤峰市地下水水源地保护区植被覆盖率不能达到标准。详见表 9-4。

表 9-4　水质达标建设存在问题的重要饮用水水源地

一级指标	二级指标	存在问题水源地
水质达标建设	取水口水质达标	黑河市黑龙江小金厂水厂水源地（6～8 月水质不达标，主要超标因子为高锰酸盐指数，全年达标频次不满足要求） 下三台水库水源地（7～11 月水质不达标，主要超标因子为总磷，全年达标频次不满足要求） 细鳞河水库水源地（监测频次未达到每月至少 2 次）
	封闭管理及界标设立	杨木水库水源地（在原一级保护区界限进行封闭，在 2017 年末批复的新一级保护区未封闭） 桃园水库水源地（未全封闭） 松树水库水源地（未全封闭） 朱限水库水源地（未全封闭） 铁甲水库水源地（未全封闭）

续表

一级指标	二级指标	存在问题水源地
水质达标建设	一级保护区综合治理	下三台水库水源地（一级保护区有 12 户居民未搬迁） 杨木水库水源地（一级保护区内有村屯及农田） 桃园水库水源地（一级保护区内有耕地，有长春沟渡口，有长春沟零散居民居住） 赤峰市地下水水源地（一级保护区存在截污干管）
	二级保护区综合治理	黑河市黑龙江小金厂水厂水源地（二级保护区内存在农业面源污染问题） 下三台水库水源地（二级保护区有村民，污水未集中收集） 杨木水库水源地（二级保护区有畜禽养殖活动） 朱隈水库水源地（二级保护区内存在 1 座加油站） 铁甲水库水源地（二级保护区内存在 2 座加油站，1 座尾矿库，1 座选冶厂） 赤峰市地下水水源地（二级保护区内存在民用建筑，未采取清理措施）
	准保护区综合治理	松树水库水源地（准保护区内存在 2 座加油站） 铁甲水库水源地（准保护区内存在 1 座加油站，1 座尾矿库） 赤峰市地下水水源地（准保护区内有对水体产生严重污染的建设项目、生活垃圾堆放场所等）
	含磷洗涤剂、农药和化肥等使用	下三台水库水源地（保护区内未采取禁止或限制使用含磷洗涤剂、农药、化肥等措施） 赤峰市地下水水源地（保护区内未采取禁止或限制使用含磷洗涤剂、农药、化肥等措施）
	保护区交通设施管理	下三台水库水源地（保护区内道路设立宣传警示牌，但事故环境污染防治措施不健全） 杨木水库水源地（保护区内公路设置宣传警示牌，但无事故环境污染防治措施） 桃园水库水源地（保护区内公路设置宣传警示牌，但无事故环境污染防治措施） 五道水库水源地（保护区内道路设立宣传警示牌，但事故环境污染防治措施不健全） 松树水库水源地（保护区内仍有部分公路未进行交通警示，并且无环境风险防范措施） 朱隈水库水源地（保护区内道路设立宣传警示牌，但事故环境污染防治措施不健全） 铁甲水库水源地（保护区内公路设置宣传警示牌，但无事故环境污染防治措施） 赤峰市地下水水源地（保护区内公路设置宣传警示牌，但无事故环境污染防治措施）
	保护区植被覆盖率	赤峰市地下水水源地（植被覆盖率不能达到 80%以上）

安全监控达标建设方面：抽查的水源地中，有 4 个水源地未开展特定指标监测；有 3 个水源地未建设在线监测或运行管理上存在问题；有 3 个水源地未建设信息监控系统或运行管理上存在问题。详见表 9-5。

表 9-5　安全监控达标建设存在问题的重要饮用水水源地

一级指标	二级指标	存在问题水源地
安全监控达标建设	特定指标监测	细鳞河水库水源地（未开展营养状况监测和排查性监测） 下三台水库水源地（未开展营养状况监测和排查性监测） 桃园水库水源地（未开展排查性监测） 五道水库水源地（未开展营养状况监测和排查性监测）
	在线监测	细鳞河水库水源地（取水口附近无水质在线监测） 黑河市黑龙江小金厂水厂水源地（虽已建设，但需加强管理和维护） 松树水库水源地（取水口附近无水质在线监测）
	信息监控系统	细鳞河水库水源地（未建立水质水量安全信息监控系统） 黑河市黑龙江小金厂水厂水源地（已建成，需进一步进行管理及信息汇总） 松树水库水源地（未建立水质水量安全信息监控系统）

管理体系达标建设方面：一是辽宁省松树水库水源地不是由省级人民政府批准的，而是由辽宁省环境保护厅批准的。二是赤峰市地下水水源地未建立物资储备机制、人员培训不到位。三是黑河市黑龙江小金厂水厂水源地尚未建立稳定的资金投入机制。详见表 9-6。

表 9-6　管理体系达标建设存在问题的重要饮用水水源地

一级指标	二级指标	存在问题水源地
管理体系达标建设	保护区划分	松树水库水源地（饮用水水源地区划方案由省环保厅批复，而不是省政府批复）
	应急预案及演练	赤峰市地下水水源地（未建立应急物资储备保障体系）
	管理队伍	赤峰市地下水水源地（未开展人员培训）
	资金保障	黑河市黑龙江小金厂水厂水源地（尚未建立稳定的资金投入机制）

其他方面：抽查的水源地中，黑河市黑龙江小金厂水厂水源地、细鳞河水库水源地尚未完成饮用水水源地安全保障达标建设方案编制工作。

9.5　本 章 小 结

经过多年建设，流域全国重要饮用水水源地安全保障达标建设水平有了显著提升，尤其是在水利部门和生态环境部门联合开展全国集中式饮用水水源地环境保护专项督查工作后，各相关水源地所在地政府均加大水源保护区的整治力度，一些保护区内居民搬迁、污水垃圾集中处理等长期难以整治的问题得到了彻底解决，饮用水水源水质明显向好。但通过本次抽查评估可以发现，一些水源地在达标建设中存在的问题仍然需要继续加大财力和物力解决，通过对本年度评估问题的分析，总结如下。

（1）一些新纳入名录中的水源地刚开展水源地安全保障达标建设工作，时间短，基础薄弱，饮用水水源地达标建设的资金投入不足。

（2）个别水源地水源保护区范围刚进行调整，原保护区范围内安全保障达标建设才基本完成，而保护区调整后部分区域尚未开展相关工作，仍需时间和投入才能达到目标要求。

（3）地方政府对水源地达标建设关注程度差异较大。一些重点城市，尤其是省会城市、特大城市的水源地，由于关注度高、基础设施好，达标建设一直保持较高水平，水源地能够得到地方政府在政策法规、污染治理、资金投入等方面的关注，而一些县级城市，由于地方政府财政困难、技术水平有限，给予饮用水水源地达标建设物质和政策支持相对薄弱，水源地达标建设水平无法达到要求。

第10章　拉林河流域水生生态调查评价

拉林河为松花江干流右岸的一级支流，发源于黑龙江省五常市东南张广才岭山脉的老爷岭，自东南向西北流经黑龙江省的尚志市、五常市、阿城区、双城区和吉林省的舒兰市、榆树市、扶余市，于哈尔滨以上 150km 处注入松花江，拉林河河长 450km，其中省界河长约 265km。流域位于 125°34′E～128°34′E、44°00′N～45°30′N，东临牡丹江流域，北侧为蚂蚁河、阿什河及松花江干流流域，西南与西流松花江流域为邻，流域面积 19923km^2，其中，黑龙江省流域面积 11222km^2，占全流域面积的 56.33%；吉林省流域面积 8701km^2，占全流域面积的 43.67%。本章重点介绍拉林河流域水生生态调查评价方面的内容。

10.1　评 价 范 围

（1）流域水生态环境影响回顾性评价。

（2）规划实施后流域资源开发利用和水生态环境问题演变趋势分析。

（3）环境影响预测与评价，其中，重点预测水利枢纽水资源调控对鱼类及其余水生生物时空变化的影响、拦河建筑物对洄游鱼类的阻隔和生境破碎化影响、水文情势与水环境影响及河道防洪工程对鱼类生境的影响。

（4）规划方案环境合理性论证与优化调整建议。

10.2　调查与评价方法

本节调查内容主要包括浮游植物、浮游动物、底栖动物、鱼类、水生维管束植物。

生态环境与水生生物资源监测依据《内陆水域渔业自然资源调查手册》，并参照《渔业生态环境监测规范 第 3 部分：淡水》（SC/T 9102.3—2007）进行。

1. 浮游植物

1）定性样品的采集

浮游植物的定性样品采集采用 25 号浮游生物网（孔径 0.064mm），在表层以“∞”形循环缓慢拖网 5min 左右，样品用 4%福尔马林固定。

2）定量样品的采集

在断面的左、中、右的采样点分别采集表层水（离水面 0.5m 处）和底层水（离泥面 0.5m 处）各 1000mL，混匀后取 1L，加入鲁氏碘液 15mL 固定。

3）室内观察与鉴定

定量水样带回实验室后，在分析前先置入分液漏斗中静置 48h，用虹吸法吸取上清液，浓缩至 40mL，放入 50mL 的定量样品瓶中，用少量上清液冲洗沉淀器 2～3 次，定容至 50mL 以备计数。

将定量样品充分摇匀，迅速吸出 0.1mL，置于 0.1mL 计数框内（面积 20mm×20mm）。盖上盖玻片后，在高倍镜下选择 3～5 行逐行计数。每瓶标本计数两片取平均值，同一样品的两片标本计数结果与其平均值之差小于 10%为有效计数，否则需测第三片，直至符合要求。

1L 水中的浮游植物个数（密度）用以下公式计算：

$$N_{植} = \frac{N_0}{N_1} \times \frac{V_1}{V_0} \times P_n \tag{10-1}$$

式中，$N_{植}$为 1L 水样中浮游植物的数量（个/L）；N_0为计数框总格数；N_1为计数过的方格数；V_1为 1L 水样经浓缩后的体积（mL）；V_0为计数框容积（mL）；P_n为计数的浮游植物个数（个）。

浮游植物可直接采用体积换算成重量（湿重），大多数藻类的细胞形状较规则，可用形状相似的几何体积公式计算其体积，测量必要的长度、高度、直径等，每一种类至少随机测定 50 个，求出平均值。所有藻类生物量的和即为 1L 水样中浮游植物的生物量，单位为 mg/L。

2. *浮游动物*

1）定性样品的采集

选择不同的水域区域，用 25 号或 13 号浮游生物网（孔径 0.112mm）在水面下 0.5m 水深处缓慢作“∞”形循环拖动 2～3min，将采得的水样装入编号瓶，原生动物和轮虫每升水样加鲁哥氏液 15mL，枝角类和桡足类加 5%福尔马林固定。

2）定量样品的采集

原生动物和轮虫定量样品可用浮游植物定量样品。枝角类和桡足类定量样品应在定性采样前用采水器采集，每断面的各采样点均采集水样 10L，用 25 号浮游生物网过滤浓缩，过滤物放入 1L 标本瓶中，并用滤出水洗过滤网三次，所得过滤物也放入上述瓶中，加 5%福尔马林固定。

3）室内观察与鉴定

水样的沉淀和浓缩同浮游植物。原生动物和轮虫的计数与浮游植物计数合用一个样品，其中，原生动物计数时吸出 0.1mL 样品，置于 0.1mL 计数框内，在 10×

20 倍显微镜下全片计数；轮虫计数时吸出 1mL 样品，置于 1mL 计数框内，在 10×10 倍显微镜下全片计数；枝角类和桡足类计数时用 5mL 计数框将样品分数次全部计数。每瓶样品均计数两片，取其平均值。

单位体积水样中浮游动物的数量按以下公式计算：

$$N_{动}=\frac{V_S}{V}\times\frac{n}{V_a} \tag{10-2}$$

式中，$N_{动}$ 为 1L 水样中浮游动物的数量（个/L）；V 为采样的体积（L）；V_S 为样品浓缩后的体积（mL）；V_a 为计数样品体积（mL）；n 为计数所获得的个体数（个）。

3. 底栖动物

在采样点附近选取具有代表性的河滩，选取 1m^2，将此 1m^2 内的护坡石块上的底栖动物用镊子小心夹取，如底质为沙或泥则用铁铲铲出泥沙，用 40 目分样筛洗和筛选出样本。河道采样采用改良彼得生采泥器（开口面积 1/16m^2）采集，将采得的泥样全部放入塑料盆内，经 40 目分样筛筛洗后捡出筛上可见的全部动物。所有样品放入编号的样品瓶中用 5%甲醛溶液固定。将每个断面采集到的底栖动物样品，按采集编号逐号进行整理，所采标本鉴定到属或种，再分种逐一进行种类数量统计，用电子天平称重，称重前需将标本放在吸水纸上，吸去表面的水分，称出每种的湿重，再换算成每平方米的种类密度及生物量（湿重）。

4. 水生维管束植物

1）定性样品的采集

采集水深 2m 以内的物种和优势种，挺水植物用手采集；浮叶植物和沉水植物用水草采集耙采集；漂浮植物直接用手或带柄手抄网采集。采集的样品尽量完整。

2）定量样品的采集

选择密集区、一般区和稀疏区采样。挺水植物用 1m^2 采样方框采集，采集时，将方框内的全部植物从基部割取。沉水植物、浮叶植物和漂浮植物用采样面积为 0.25m^2 的水草定量夹采集。每个采样点采集两个平行样品。

5. 鱼类

1）资料收集

选用 20 世纪 80 年代作为历史基点。调查评估河流流域鱼类历史调查数据或文献，主要参考《东北地区淡水鱼类》《黑龙江省鱼类志》等，基于历史调查数据分析统计评估河流的鱼类种类数，在此基础上，开展专家咨询调查，确定河流所在水生态分区的鱼类历史背景状况，建立鱼类指标调查评估预期。采取实地踏勘、走访等方式，获取第一手资料。

2）鱼类区系组成

根据鱼类区系的调查方法，采取定点捕捞、市场收集、走访相结合的方法，对保护区调查范围内的鱼类资源进行全面调查，采集鱼类标本，搜集有关的历史文献资料。通过对标本的分类鉴定，历史资料的分析整理，依分类学的方法研究鱼类的种属名称、地位、种类组成、地理分布及种类演变情况，编制出鱼类种类组成名录。

3）鱼类资源现状

鱼类资源量的调查采取社会捕捞渔获物统计分析，结合现场调查取样进行。采用访问调查和统计表调查方法，调查资源量和渔获量。向当地渔业主管部门、渔政管理部门及渔民调查了解渔业资源现状以及鱼类资源管理中存在的问题。对渔获物资料进行整理分析，得出各站点主要捕捞对象及其在渔获物中所占比重，以判断鱼类资源状况。

4）物种多样性测度

采用物种多样性测度的 *G-F* 指数分析不同河段鱼类在科属水平上的多样性。

（1）*F* 指数（科的多样性）：

$$D_F = \sum_{K=1}^{m} D_{FK} \tag{10-3}$$

式中，D_{FK} 为 K 科中的物种多样性，计算公式为

$$D_{FK} = -\sum_{i=1}^{n} p_i \ln p_i \tag{10-4}$$

式中，p_i 为鱼类中 k 科 i 属中的物种数占 k 科物种总数的比值；n 为 k 科中的属数。

（2）*G* 指数（属的多样性）：

$$D_G = -\sum_{j=1}^{p} q_j \ln q_j \tag{10-5}$$

式中，q_j 为鱼类中 j 属的物种数与总物种数之比；p 为鱼类的属数。

（3）*G-F* 指数：

$$D_{G\text{-}F} = 1 - D_G / D_F$$

10.3 现 状 分 析

10.3.1 水资源及水生态保护规划

拉林河流域水功能区划范围主要包括两部分：一是由国务院批复的全国重要江河湖泊水功能区；二是吉林省、黑龙江省批复的主要水功能区。拉林河流域水功能区共有 36 个，总长度 1504.2km。其中，国务院批复的全国重要江河湖泊水功

能区 16 个，长度 766km，地方政府批复的主要水功能区 20 个，长度 738.2km。按水功能区类型统计，拉林河流域划定保护区 8 个，长度 336.2km；保留区 5 个，长度 177.5km；缓冲区 8 个，长度 352.1km；饮用水源区 2 个，长度 51.7km；工业用水区 1 个，长度 7km；农业用水区 12 个，长度 579.7km。

参与本次规划的水功能区 17 个，包括国务院批复的全国重要江河湖泊水功能区 16 个，吉林省批复的主要水功能区 1 个。由于目前掌握的资料有限，本次水资源保护的规划范围仅包括参与水质现状及达标评价的 17 个水功能区。按照双指标进行水质现状及达标评价，现状水质为Ⅲ类（优于Ⅲ类）的水功能区有 16 个，占比为 94.1%。双指标现状水质达标的水功能区 12 个，占比为 70.6%。

10.3.2　拉林河水生态现状

拉林河干流磨盘山水库以上河源区以水文支持功能为主，需重点开展河源区森林资源保护及冷水鱼生境保护；拉林河干流中下游段以水资源支持和生境维持功能为主，需在保证工农业生产、生活用水的同时，保证河流水质及生态需水，保护河岸带植被及鱼类生境，以满足鱼类产卵、索饵和越冬需求；保护拉林河中下游鲤、鲫、鲢和鳙等渔业资源。

拉林河上游支流细鳞河、牤牛河等河流冷水性鱼类资源相对丰富，是流域冷水性鱼类重要分布区，其水生态功能以流域生物多样性维持、生境维持功能为主，并在经济社会发展的需求下承担水资源支持功能。其水生态保护需重点保护河源区植被、湿地及河流鱼类水生生境，保证河流纵向连通性，保护雷氏七鳃鳗、细鳞鲑、江鳕等鱼类产卵场、索饵场；规划的水库和电站需建设鱼道等过鱼设施保证河流纵向连通性，并保证水库下游河流生态需水、水质及水生生境条件，保护冷水鱼索饵场、越冬场等生境条件。

拉林河支流卡岔河和大荒沟等分布鱼类以青、草、鲢、鳙、鲤等温水性鱼类为主，河流现状及纵向连通性较好，具备保护价值，其水生生态功能主要为水资源支持、生物多样性维持功能。该类河流需在满足农业生产用水的同时，保证河流生态用水，保护河流水质与水生生境，修复受损的河流水生态系统，保护河道纵向连通性，保护温水性鱼类生境及鱼类资源。

10.4　水生生物现状调查与评价

10.4.1　调查时间及断面

流域内鱼类、浮游生物、底栖动物和水生维管束植物资源现状调查共计 3 次，分别是 2011 年 4 月 25 日至 5 月 12 日，2015 年 9 月 15～21 日，2017 年 4 月 15～29 日，共计 40d。

调查评估范围为拉林河干流及主要支流。根据控制性、代表性原则，拉林河流域水生生物调查布设 17 个监测断面，调查断面主要分布于拉林河干流、卡岔河、溪浪河、牤牛河等主要支流。鱼类资源量、鱼类生物学特性调查及渔获物统计分析以现场和调研为主（调查期间联系当地渔业行政主管部门，在当地渔民的配合下开展鱼类调查）。捕捞工具为地笼、张网和挂网，鱼类“三场一通道”调查为现场调查结合河道形态及相关人员走访，以历史资料为参考。各调查断面分布见表 10-1。

表 10-1 拉林河采样点分布

河流	站名	东经	北纬	海拔/m
霍伦河	开原镇	127°13′28″	44°25′49″	242
大荒沟	高台桥	126°24′29″	44°57′14″	192
苇沙河	苇沙河	127°49′57″	43°26′28″	232
牤牛河	胜利桥	127°33′55″	44°54′37″	207
卡岔河	石砬桥	126°42′08″	45°02′51″	157
	高家桥	126°38′28″	44°51′12″	198
细鳞河	腰岭子	127°09′46″	44°14′45″	342
	舒兰市区	126°58′07″	44°24′29″	251
拉林河干流	拉林河口	125°41′47.4″	45°30′27.1″	118
	齐船口	125°56′09.4″	45°11′58.4″	129
	拉林河大桥	126°10′04″	45°08′26″	142
	牛头山大桥	126°45′48″	45°10′24″	165
	团山子桥	127°04′16″	44°54′23″	173
	向阳镇	127°25′27″	44°37′16″	218
	磨盘山 1＃	124°19′20.74″	46°44′11.36″	291
	磨盘山 2＃	124°22′58.98″	46°41′55.76″	291
	磨盘山 3＃	124°25′52.96″	46°39′47.24″	291

10.4.2 河流生境描述

拉林河流域调查断面生境描述见表 10-2。

表 10-2 拉林河流域调查断面生境描述

河流	断面	断面
拉林河干流	 **拉林河口**：流速 0.2～0.4m/s，水温 12℃，平均水深 0.8m，河宽 380m，透明度 0.25m。底质主要为细砂，河道平坦地段有淤泥层，周边有农田	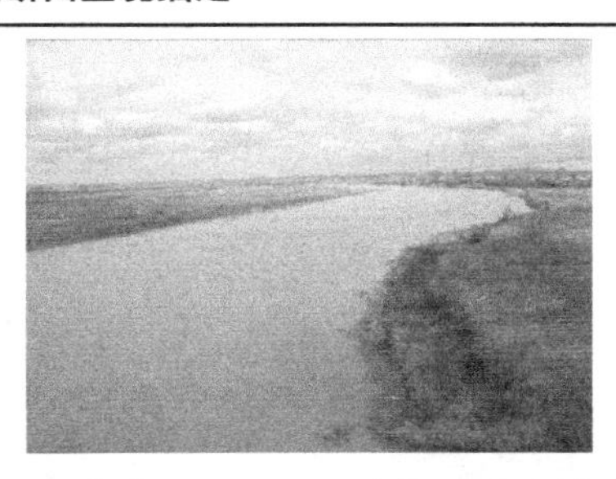 **齐船口**：流速 0.3～0.6m/s，水温 13℃，平均水深 1.8m，河宽 190m，透明度 0.22m，底质主要为细砂，周边有农田、大桥
	 **向阳镇**：流速 0.21～0.31m/s，水温 14℃，平均水深 1.5m，河宽 30m，透明度 0.25m，底质主要为小卵石、细砂，河道平坦地段有淤泥层，周边有农田、城镇	 **团山子桥**：流速 0.11～0.54m/s，水温 9℃，平均水深 1.5m，河宽 175m，透明度 0.22m，底质主要为粒径较大的石块和细砂，周边有农田、大桥和沙场
	 **牛头山大桥**：流速 0.2～0.22m/s，水温 10℃，透明度 0.15m，平均水深 5m，河宽 174m，底质主要为细砂，周边大桥和大片沙场	 **拉林河下游（拉林河大桥）**：流速 0.2～0.47m/s，透明度 0.2m，水温 10℃，平均水深 3m，河宽 450m，底质主要为淤泥和细砂，周边有大桥、大片耕地和沙场
细鳞河	 **舒兰市区**：透明度 0.4m，流速 0.11～0.25m/s，水温 9℃，平均水深 0.5m，河宽 106m，底质主要为卵石和石砾，周边有大桥，位于城区内	 **腰岭子**：透明度 0.4m，流速 0.22～0.45m/s，水温 8℃，平均水深 0.8m，河宽 7m，底质主要为泥沙，流速较快的地方为硬泥块，周边有小桥和大片耕地

续表

卡岔河	 **石砬桥**：透明度 0.15m，流速 0.28～0.59m/s，水温 12℃，平均水深 1.5m，河宽 21m，底质为厚厚的淤泥层，周边为大片农田	 **高家桥**：透明度<0.3m，流速 0.03～0.27m/s，水温 11℃，平均水深 1.0m，河宽 23m，底质为淤泥，有少量卵石和石砾，分布在原桥址周围，周边为大片耕地
牤牛河	 **胜利桥**：透明度 0.7m，流速 0.2～1.06m/s，水温 6℃，平均水深 1.5m，河宽 83m，底质为细砂，沿岸有很多大块石砾，周边为大片农田，有沙场和用于灌溉的水闸	
苇沙河	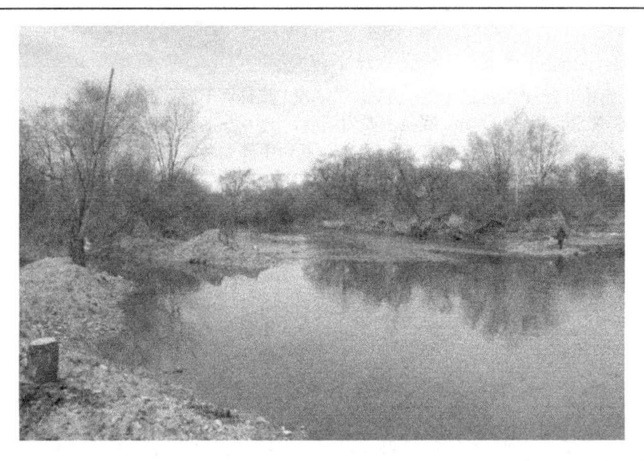 **苇沙河**：透明度 0.6m，流速 0.11～0.29m/s，水温 6.5℃，平均水深 1.5m，河宽 23m，底质为细砂和卵石，周边为大片林地和农田	

续表

大荒沟	 **高台桥**：透明度 0.4m，流速 0.2～0.45m/s，水温 8℃，平均水深 0.4m，河宽 7m，底质为泥沙和很多石砾，周边为大片农田
霍伦河	 **开原镇**：透明度 0.7m，流速 0.03～0.35m/s，水温 9℃，平均水深 1.5m，河宽 66m，底质为泥沙底，周边为大片耕地

10.4.3　浮游植物调查情况

1. 种类组成

调查期间拉林河浮游植物经鉴定共计 8 门 70 种属。其中，硅藻门的种类最多，35 种属，绿藻门次之，15 种属，蓝藻门 10 种属，裸藻门 5 种属，隐藻门 2 种属，黄藻门、金藻门、甲藻门的种类相对较少，均 1 种属（表 10-3 和图 10-1）。

表 10-3　拉林河浮游植物种类名录

门	种
硅藻门	扭曲小环藻
	具星小环藻
	颗粒直链藻最窄变种
	变异直链藻
	脆杆藻
	钝脆杆藻
	短线脆杆藻
	针杆藻
	肘状针杆藻
	肘状针杆藻窄变种
	尖针杆藻
	双头针杆藻
	偏凸针杆藻小头变种
	美丽星杆藻
	等片藻
	舟形藻
	喙头舟形藻
	双头舟形藻
	放射舟形藻
	椭圆舟形藻
	胡斯特桥弯藻
	箱形桥弯藻
	环状扇形藻
	环状扇形藻缢缩变种
	羽纹藻
	异极藻
	微细异极藻
	菱形藻
	双菱藻
	窄双菱藻
	布纹藻
	曲壳藻

续表

门	种
硅藻门	双头辐节藻
	卵形藻
	弧形蛾眉藻
绿藻门	普通小球藻
	蛋白核小球藻
	椭圆小球藻
	衣藻
	弯曲栅藻
	四尾栅藻
	四角十字藻
	丝藻
	多芒藻
	鼓藻
	四刺顶棘藻
	三角四角藻
	针形纤维藻
	镰形纤维藻
	弓形藻
蓝藻门	胶球藻
	微小色球藻
	小色球藻
	束缚色球藻
	针晶蓝纤维藻
	针晶蓝纤维藻镰刀型
	不整齐蓝纤维藻
	颤藻
	鱼腥藻
	小席藻
隐藻门	尖尾蓝隐藻
	啮蚀隐藻
黄藻门	小型黄丝藻

续表

门	种
金藻门	分歧锥囊藻
裸藻门	梭裸藻
	三星裸藻
	扁裸藻
	梨形扁裸藻
	颗粒囊裸藻
甲藻门	光甲藻

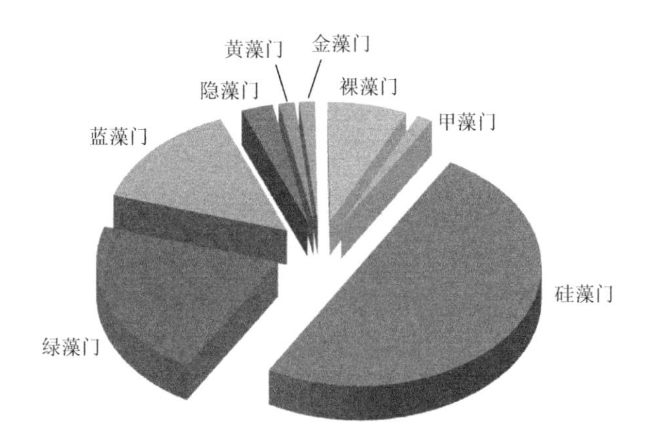

图 10-1　浮游植物种类组成

2. 优势种类

2011 年 4～5 月拉林河浮游植物的优势种，以硅藻为主，有肘状针杆藻、脆杆藻、舟形藻等，硅藻出现频率为 75.0%。另外，还有绿藻门的普通小球藻。

2017 年 4 月拉林河浮游植物的优势种分布在硅藻门、绿藻门、蓝藻门一级隐藻门。它们分别有硅藻门的扭曲小环藻、尖针杆藻、美丽星杆藻；绿藻门的普通小球藻，蛋白核小球藻；蓝藻门的小色球藻以及隐藻门的尖尾蓝隐藻。

3. 数量

2011 年 4～5 月拉林河浮游植物以绿藻门为主（607.570×10^4ind./L），占 54.5%，硅藻门次之（496.508×10^4ind./L），其余还有裸藻门（8.490×10^4ind./L）和隐藻门（1.625×10^4ind./L）（表 10-4）。

表 10-4　2011 年 4～5 月拉林河浮游植物数量（单位：$\times 10^4$ind./L）

种类	哈拉河大桥	牛头山大桥	沿江	齐船口	拉林河口	平均
绿藻门	87.425	252.200	140.725	78.000	2479.500	607.570
硅藻门	67.600	457.925	406.250	102.213	1448.550	496.508
裸藻门	0.000	3.250	26.325	3.088	9.788	8.490
隐藻门	0.000	0.000	6.825	1.300	0.000	1.625
总计	155.025	713.375	580.125	184.601	3937.838	1114.193

2017 年 4 月拉林河浮游植物的数量总计均值为 310.61$\times 10^4$ind./L。其中，绿藻门的数量最多（145.58$\times 10^4$ind./L），硅藻门次之（107.30$\times 10^4$ind./L），其余还有蓝藻门（30.75$\times 10^4$ind./L）、隐藻门（16.52$\times 10^4$ind./L）、黄藻门（6.48$\times 10^4$ind./L）、金藻门（2.30$\times 10^4$ind./L）、裸藻门（1.46$\times 10^4$ind./L）（表 10-5）。

表 10-5　2017 年 4 月拉林河浮游植物数量分布　（单位：$\times 10^4$ind./L）

断面	硅藻门	绿藻门	蓝藻门	隐藻门	黄藻门	金藻门	裸藻门	合计
向阳镇	20.08	7.53	25.1	0	0	0	0	52.71
团山子桥	15.06	17.57	0	0	0	2.51	0	35.14
牛头山大桥	112.95	175.7	20.08	7.53	0	0	5.02	321.28
拉林河下游	105.42	240.96	5.02	37.65	0	2.51	0	391.56
细鳞河（腰岭子）	215.86	353.91	32.63	12.55	17.57	0	0	632.52
细鳞河（舒兰市区）	55.22	27.61	2.51	0	40.16	0	0	125.5
霍伦河（开原镇）	32.63	17.57	0	7.53	0	0	0	57.73
苇沙河	17.57	10.04	0	0	0	0	0	27.61
牤牛河（胜利桥）	175.7	25.1	10.04	22.59	20.08	22.59	2.51	278.61
卡岔河（高家桥）	87.85	394.07	122.99	45.18	0	0	5.02	655.11
大荒沟（高台桥）	328.81	155.62	75.3	42.67	0	0	5.02	607.42
卡岔河（石砬桥）	120.48	321.28	75.3	22.59	0	0	0	539.65
平均	107.30	145.58	30.75	16.52	6.48	2.30	1.46	310.61

4. 生物量

2011 年 4～5 月拉林河浮游植物生物量总计均值为 2.9375mg/L。以硅藻门为主（2.2504mg/L），占 76.6%，绿藻门占 12.5%，裸藻门占 10.4%，隐藻门占 0.5%（表 10-6）。

表 10-6　2011 年 4～5 月拉林河浮游植物生物量　（单位：mg/L）

种类	哈拉河大桥	牛头山大桥	沿江	齐船口	拉林河口	平均
绿藻门	0.1581	0.1762	0.1103	0.0820	1.3156	0.3684
硅藻门	0.6848	2.5347	2.3722	0.9277	4.7326	2.2504
裸藻门	0.0000	0.1300	1.0530	0.1235	0.2179	0.3049
隐藻门	0.0000	0.0000	0.0683	0.0007	0.0000	0.0138
总计	0.8429	2.8409	3.6038	1.1339	6.2661	2.9375

2017 年 4 月拉林河浮游植物的生物量总计均值为 3.9492mg/L。其中，硅藻门的生物量最高（2.9841mg/L），隐藻门次之（0.3070mg/L），其余还有绿藻门（0.2399mg/L）、黄藻门（0.1297mg/L）、蓝藻门（0.1204mg/L）、裸藻门（0.1192mg/L）、金藻门（0.0322mg/L）、甲藻门（0.0167mg/L）（表 10-7）。

表 10-7　2017 年 4 月拉林河浮游植物生物量分布　（单位：mg/L）

断面	硅藻门	绿藻门	蓝藻门	隐藻门	黄藻门	金藻门	裸藻门	甲藻门	合计
向阳镇	0.5572	0.0076	0.1908	0	0	0	0	0	0.7556
团山子桥	0.4016	0.0176	0	0	0	0.0352	0	0	0.4544
牛头山大桥	2.1587	0.1983	0.0323	0.0302	0	0	0.5020	0	2.9215
拉林河下游	2.0332	0.2962	0.0074	0.5120	0	0.0352	0	0	2.8840
细鳞河（腰岭子）	7.0030	0.7405	0.0573	0.4116	0.3514	0	0	0.2008	8.7646
细鳞河（舒兰市区）	1.9328	0.2260	0.0050	0.0000	0.8032	0	0	0	2.9670
霍伦河（开原镇）	1.2802	0.0176	0	0.2108	0	0	0	0	1.5086
苇沙河	0.4368	0.0100	0	0	0	0	0	0	0.4468
牤牛河（胜利桥）	3.0874	0.0702	0.0614	0.3614	0.4016	0.3162	0.2008	0	4.4990
卡岔河（高家桥）	2.0834	0.5948	0.5420	0.7228	0	0	0.5020	0	4.4450
大荒沟（高台桥）	12.9768	0.2987	0.1736	1.0742	0	0	0.2260	0	14.7493
卡岔河（石砬桥）	1.8575	0.4017	0.3747	0.3614	0	0	0	0	2.9953
平均	2.9841	0.2399	0.1204	0.3070	0.1297	0.0322	0.1192	0.0167	3.9492

5. 生物多样性评价

利用香农-维纳多样性指数（H）和 Pielou 均匀度指数（J）对拉林河流域浮游植物多样性进行评价。拉林河流域浮游植物多样性上游水域优于下游水域，并且不同断面的浮游植物多样性差异较大（表 10-8）。

表 10-8　拉林河流域浮游植物多样性指数

河流等级	断面	指数	
		H	*J*
拉林河干流	哈拉河大桥	2.30	0.85
	牛头山大桥	1.98	0.85
	沿江	2.32	0.76
	齐船口	1.90	0.69
	拉林河口	1.85	0.62
	向阳镇	2	0.91
	团山子桥	1.9	0.82
	牛头山大桥	2.02	0.64
	拉林河下游	1.97	0.60
拉林河支流	细鳞河（腰岭子）	2.02	0.63
	细鳞河（舒兰市区）	2.14	0.82
	霍伦河（开原镇）	1.95	0.86
	苇沙河	1.66	0.95
	牤牛河（胜利桥）	2.27	0.65
	卡岔河（高家桥）	2.11	0.62
	卡岔河（石砬桥）	2.05	0.76
	大荒沟（高台桥）	2.17	0.65

10.4.4　浮游动物调查情况

1. 种类组成

调查期间，拉林河的浮游动物经鉴定共计三门 35 种属。其中，轮虫的种类最多，18 种属，原生动物次之，14 种属，桡足类 3 种属（表 10-9 和图 10-2）。

表 10-9　拉林河浮游动物种类组成名录

门	种属
原生动物门	刺胞虫
	小筒壳虫
	异胞虫
	侠盗虫
	多核虫
	钟虫
	小口钟虫
	球形砂壳虫

续表

门	种属
原生动物门	锥形似铃壳虫
	冠砂壳虫
	长圆砂壳虫
	普通表壳虫
	斜管虫
	绿急游虫
轮虫门	曲腿龟甲轮虫
	矩形龟甲轮虫
	螺形龟甲轮虫
	晶囊轮虫
	长三肢轮虫
	前翼轮虫
	针簇多肢轮虫
	角突臂尾轮虫
	前节晶囊轮虫
	裂足臂尾轮虫
	角突臂尾轮虫
	粗壮猪吻轮虫
	对棘同尾轮虫
	似盘状鞍甲轮虫
	月形单趾轮虫
	旋轮虫
	高蹻轮虫
	二突异尾轮虫
节肢动物门	无节幼体
	桡足幼体
	剑水蚤

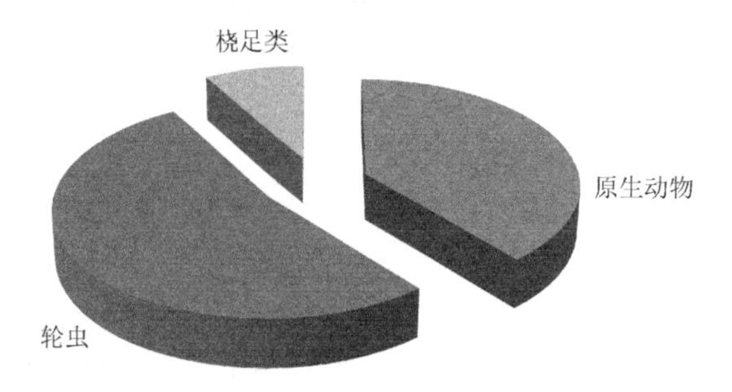

图 10-2　浮游动物种类组成

2. 优势种类

2011年4～5月拉林河浮游动物的优势及常见种有球形砂壳虫、普通表壳虫、绿急游虫、角突臂尾轮虫、螺形龟甲轮虫和无节幼体。

2017年4月拉林河浮游动物的优势种有原生动物和轮虫。它们分别有原生动物中的刺胞虫以及轮虫中的矩形龟甲轮虫、长三肢轮虫以及针簇多肢轮虫。

3. 数量

2011年4～5月拉林河浮游动物的数量总计均值为2709ind./L。其中，原生动物的数量最多（1800ind./L），轮虫次之（900ind./L），桡足类最少（9ind./L）（表10-10）。

表10-10　2011年4～5月拉林河浮游动物数量组成　（单位：ind./L）

断面	原生动物	轮虫	桡足类	合计
牛头山大桥	1500	900	9	2409
齐船口	600	600	9	1209
哈拉河大桥	900	900	3	1803
沿江	4200	1200	15	5415
平均	1800	900	9	2709

2017年4月拉林河浮游动物的数量总计均值为456.23ind./L。其中，原生动物的数量最多（475.25ind./L），轮虫次之（110.5ind./L），桡足类最少（8ind./L）（表10-11）。

表10-11　2017年4月拉林河浮游动物数量分布　（单位：ind./L）

断面	原生动物	轮虫	桡足类	合计
向阳镇	0	12	0	12
团山子桥	300	3	0	303
牛头山大桥	600	12	0	612
拉林河下游	600	9	0	609
细鳞河（腰岭子）	600	681	0	1281
细鳞河（舒兰市区）	0	18	0	18
霍伦河（开原镇）	300	6	0	306
苇沙河	303	3	0	306

续表

断面	原生动物	轮虫	桡足类	合计
牤牛河（胜利桥）	0	39	6	45
卡岔河（高家桥）	600	57	12	669
大荒沟（高台桥）	600	69	51	720
卡岔河（石砬桥）	1800	417	27	593.75
平均	475.25	110.5	8	456.23

4. 生物量

2011 年 4～5 月拉林河浮游动物的生物量总计均值为 2.163mg/L。其中，轮虫的生物量最高（2.01mg/L），桡足类次之（0.099mg/L），原生动物最低（0.054mg/L）（表 10-12）。

表 10-12 2011 年 4～5 月拉林河浮游动物生物量组成 （单位：mg/L）

断面	原生动物	轮虫	桡足类	合计
牛头山大桥	0.045	1.98	0.114	2.139
齐船口	0.018	0.18	0.132	0.33
哈拉河大桥	0.027	3.69	0.012	3.729
沿江	0.126	2.19	0.138	2.454
平均	0.054	2.01	0.099	2.163

2017 年 4 月拉林河浮游动物的生物量总计均值为 0.1312mg/L。其中，轮虫的生物量最高（0.0674mg/L），桡足类次之（0.0495mg/L），原生动物最低（0.0143mg/L）（表 10-13）。

表 10-13 2017 年 4 月拉林河浮游动物生物量分布 （单位：mg/L）

断面	原生动物	轮虫	桡足类	合计
向阳镇	0	0.0327	0	0.0327
团山子桥	0.009	0.0009	0	0.0099
牛头山大桥	0.018	0.0036	0	0.0216
拉林河下游	0.018	0.0318	0	0.0498
细鳞河（腰岭子）	0.018	0.2625	0	0.2805
细鳞河（舒兰市区）	0	0.0636	0	0.0636
霍伦河（开原镇）	0.009	0.0018	0	0.0108

续表

断面	原生动物	轮虫	桡足类	合计
苇沙河	0.0091	0.03	0	0.0391
牤牛河（胜利桥）	0	0.099	0.042	0.141
卡岔河（高家桥）	0.018	0.0495	0.126	0.1935
大荒沟（高台桥）	0.018	0.108	0.318	0.444
卡岔河（石砬桥）	0.054	0.1254	0.108	0.2874
平均	0.0143	0.0674	0.0495	0.1312

5. 生物多样性评价

与浮游植物多样性不同，除苇沙河、细鳞河（舒兰市区）和霍伦河、卡岔河（石砬桥）外，拉林河流域其他支流浮游动物多样性均优于干流，总体来看，拉林河流域的浮游动物多样性较低（表 10-14），并且明显低于浮游植物多样性（表 10-8）。

表 10-14　拉林河流域浮游动物多样性指数

河流等级	断面	指数	
		H	*J*
拉林河干流	向阳镇	1.8	0.3
	团山子桥	1.86	0.38
	牛头山大桥	1.9	0.44
	拉林河下游	1.88	0.41
拉林河支流	细鳞河（腰岭子）	2.49	1.3
	细鳞河（舒兰市区）	1.8	0.3
	霍伦河（开原镇）	1.9	0.44
	苇沙河	1.86	0.38
	牤牛河（胜利桥）	2.19	0.87
	卡岔河（高家桥）	2.18	0.65
	卡岔河（石砬桥）	1.83	0.35
	大荒沟（高台桥）	2.36	0.81

10.4.5　底栖动物调查情况

1. 种类组成

调查期间，共采集底栖动物五类（软体动物、甲壳动物、环节动物、水生昆虫、扁形动物），共计 16 目 30 科 60 种，其中，水生昆虫最多，为 30 种，隶属于 7 目 16 科；软体动物 17 种，隶属于 4 目 8 科；环节动物 9 种，隶属于 2 目 3 科；甲壳动物 3 种，隶属于 2 目 2 科；扁形动物 1 种（表 10-15 和图 10-3）。

表 10-15　拉林河底栖动物种类组成名录

门	目	科	种
软体动物	基眼目	椎实螺科	半球隔扁螺
			卵萝卜螺
			耳萝卜螺
			狭萝卜螺
	中腹足目	拟沼螺科	琵琶拟沼螺
		觿螺科	纹沼螺
		盘螺科	鱼盘螺鱼
		黑螺科	黑龙江短沟蜷
		田螺科	梨形环棱螺
			东北田螺
			中华圆田螺
			中国圆田螺
	蚌目	蚌科	褶纹冠蚌
			背角无齿蚌
			圆背角无齿蚌
			圆顶珠蚌
	帘蛤目	蚬科	河蚬
环节动物	颤蚓目	颤蚓科	前囊管水蚓
			苏氏尾鳃蚓
			霍甫水丝蚓
			奥特开水丝蚓
			克拉泊水丝蚓
			正颤蚓
	无吻蛭目	舌蛭科	宽身舌蛭
			静泽蛭
		石蛭科	八目石蛭
水生昆虫	半翅目	划蝽科	横纹划蝽
			小划蝽
		负蝽科	锈色负子蝽

续表

门	目	科	种
水生昆虫	半翅目	负蝽科	日本负子蝽
		蝎蝽科	红娘华
	蜉蝣目	扁蜉科	*Epeorus hiemalis*
			高翔蜉
			雅丝扁蚴蜉
			Ecdyonurus sp.
			Ephemerella sp.
		蜉蝣科	生米蜉
			东方蜉
		小蜉科	小蜉
	毛翅目	纹石蚕科	短线短脉纹石蚕
			纹石蛾
		毛石蛾科	*Micrasema* sp.
		齿角石蛾科	木曾裸齿角石蚕
		瘤石蚕科	瘤石蚕
	蜻蜓目	蜻科	*Symopetrum speciosum speciosum*
		春蜓科	*Davidius* sp.
	襀翅目	石蝇科	纯石蝇
	鞘翅目	龙虱科	苔龙虱
			韁绳龙虱
	双翅目	摇蚊科	泽尼寡角摇蚊
			羽摇蚊
			斑点流粗腹摇蚊
			红裸须摇蚊
			中华摇蚊
		大蚊科	短柄大蚊
			双叉巨吻沼蚊
甲壳动物	端足目	钩虾科	钩虾
	十足目	长臂虾科	秀丽白虾
			巨指长臂虾
扁形动物	三肠目	三角涡虫科	涡虫

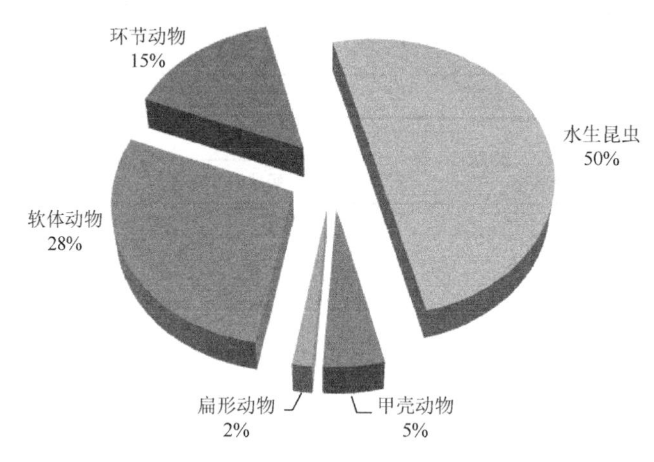

图 10-3　拉林河流域底栖动物种类组成

2. 优势种

2011 年 4～5 月拉林河底栖动物主要优势种和常见种主要有小划蝽、黑龙江短沟蜷、*Epeorus hiemalis*、苏氏尾鳃蚓、圆顶珠蚌和东北田螺。

2017 年调查期间，拉林河底栖动物优势种和常见种主要有卵萝卜螺、苏氏尾鳃蚓、宽身舌蛭、高翔蜉、东方蜉和纹石蛾。

3. 数量

2011 年调查期间，拉林河不同断面底栖动物数量现存量见表 10-16。底栖动物总平均密度为 64.768ind./m^2，环节动物数量为 4.725ind./m^2，水生昆虫为 35.115ind./m^2，软体动物为 22.795ind./m^2，甲壳动物为 0.426ind./m^2，扁形动物为 1.707ind./m^2。

表 10-16　2011 年调查期间拉林河不同断面底栖动物的数量（单位：ind./m^2）

断面	环节动物	水生昆虫	软体动物	甲壳动物	扁形动物	总计
哈拉河大桥	—	42.667	2.133	2.133	8.533	55.466
齐船口	0.8	121.6	98.4	—	—	220.8
沿江	—	10.24	5.76	—	—	16
牛头山大桥	15.36	—	1.28	—	—	16.64
拉林河口	7.467	1.067	6.4	—	—	14.934
平均	4.725	35.115	22.795	0.426	1.707	64.768

2017 年调查期间，拉林河不同断面底栖动物数量现存量见表 10-17。底栖动物总平均密度为 156.93ind./m^2，环节动物数量最多，为 70.26ind./m^2，水生

昆虫为 61.38ind./m^2，软体动物为 25.00ind./m^2，甲壳动物为 0.21ind./m^2，扁形动物为 0.08ind./m^2。

表 10-17 2017 年调查期间拉林河不同断面底栖动物的数量（单位：ind./m^2）

断面	软体动物	环节动物	水生昆虫	甲壳动物	扁形动物	平均
霍伦河（开原镇）	—	5.00	50.00	2.50	—	57.50
大荒沟（高台桥）	185.00	—	2.00	—	—	187.00
苇沙河	—	7.00	124.00	—	—	131.00
牤牛河（胜利桥）	20.00	66.67	63.33	—	—	150.00
卡岔河（石砬桥）	—	635.00	—	—	—	635.00
卡岔河（高家桥）	—	67.50	132.50	—	—	200.00
细鳞河（腰岭子）	1.50	1.00	1.00	—	—	3.50
细鳞河（舒兰市区）	—	10.00	222.00	—	1.00	233.00
向阳镇	2.50	1.67	25.00	—	—	29.17
牛头山大桥	1.00	6.00	—	—	—	7.00
团山子桥	60.00	13.33	86.67	—	—	160.00
拉林河下游	30.00	30.00	30.00	—	—	90.00
平均	25.00	70.26	61.38	0.21	0.08	156.93

4. 生物量

2011 年调查期间，底栖动物总平均生物量为 39.541g/m^2，软体动物为 39.126g/m^2，环节动物为 0.083g/m^2，水生昆虫为 0.328g/m^2，甲壳动物为 0.0004g/m^2，扁形动物为 0.005g/m^2，见表 10-18。

表 10-18 2011 年调查期间不同断面底栖动物的生物量 （单位：g/m^2）

断面	环节动物	水生昆虫	软体动物	甲壳动物	扁形动物	总计
哈拉河大桥	—	0.451	1.684	0.00192	0.0227	2.160
齐船口	0.259	1.090	69.263	—	—	70.612
沿江	—	0.099	3.763	—	—	3.862
牛头山大桥	0.1411	—	1.737	—	—	1.878
拉林河口	0.01290	0.0004	119.180	—	—	119.193
平均	0.083	0.328	39.126	0.0004	0.005	39.541

2017 年调查期间，底栖动物总平均生物量为 7.02g/m^2，软体动物为 4.48g/m^2，环节动物为 1.79g/m^2，水生昆虫为 0.75g/m^2，甲壳动物为 0.0003g/m^2，扁形动物为 0.0002g/m^2，见表 10-19。

表 10-19　2017 年调查期间不同断面底栖动物的生物量（单位：g/m^2）

断面	软体动物	环节动物	水生昆虫	甲壳动物	扁形动物	总计
霍伦河（开原镇）	—	0.045	1.697	0.004	—	1.75
大荒沟（高台桥）	7.949	—	0.007	—	—	7.96
苇沙河	—	0.300	0.947	—	—	1.25
牤牛河（胜利桥）	5.646	0.408	0.532	—	—	6.59
卡岔河（石砬桥）	—	11.059	—	—	—	11.06
卡岔河（高家桥）	—	0.527	1.115	—	—	1.64
细鳞河（腰岭子）	0.325	0.050	0.539	—	—	0.91
细鳞河（舒兰市区）	—	2.559	1.688	—	0.002	4.25
向阳镇	2.120	0.013	0.780	—	—	2.91
牛头山大桥	7.219	0.030	—	—	—	7.25
团山子桥	14.385	1.575	1.410	—	—	17.37
拉林河下游	16.140	4.909	0.299	—	—	21.35
平均	4.48	1.79	0.75	0.0003	0.0002	7.02

5. 生物多样性评价

2011 年、2017 年调查期间，拉林河不同断面的底栖动物多样性指数见表 10-20。从调查结果来看，拉林河底栖动物生物多样性较高，上游生物多样性高于下游，而且随着水温的上升，各断面多样性指数呈升高趋势。

表 10-20　2011 年、2017 年拉林河流域不同断面底栖动物多样性指数

时间	河流	断面	指数		
			H	*J*	*D*
2011 年	拉林河	哈拉河大桥	2.64	0.51	0.8
		齐船口	2.53	0.44	0.75
		沿江	2.58	0.58	0.76
		牛头山大桥	2.08	0.51	0.63
		拉林河口	2.42	0.58	0.77
	平均值		2.45	0.524	0.742

续表

时间	河流	断面	指数		
			H	*J*	*D*
2017 年	霍伦河	开原镇	2.19	0.06	0.70
	大荒沟	高台桥	1.98	0.04	0.60
	苇沙河	苇沙河	2.51	0.04	0.71
	牤牛河	胜利桥	2.36	0.05	0.73
	卡岔河	石砬桥	2.21	0.04	0.59
		高家桥	2.32	0.06	0.62
	细鳞河	腰岭子	2.12	0.05	0.58
		舒兰市区	2.19	0.06	0.71
	拉林河	向阳镇	2.40	0.04	0.71
		牛头山大桥	2.47	0.04	0.72
		团山子桥	2.79	0.05	0.76
		拉林河下游	2.02	0.03	0.66
	平均值		2.30	0.05	0.67

注：*D* 指 Simpson 多样性指数。

10.4.6　水生维管束植物调查情况

1. 种类组成

根据调查及资料记载，拉林河流域水生维管束植物两大类别（被子植物、单子叶植物）共计 14 科 35 种，共有浮叶植物、挺水植物、滨水植物和沉水植物四种生态类群。其中，莎草科、禾本科和眼子菜科均为 5 种，毛茛科、泽泻科和睡莲科均为 3 种，蓼科、菱科和灯心草科均为 2 种，其他各科分别只有 1 种，结果见表 10-21。

表 10-21　拉林河水生维管束植物名录

类	科	种
被子植物	蓼科	两栖蓼
		水蓼
	睡莲科	莲
		睡莲
		荇菜

续表

类	科	种
被子植物	菱科	菱
		东北菱
	毛茛科	浮毛茛
		松叶毛茛
		石龙芮
	泽泻科	泽泻
		草泽泻
		慈姑
	花蔺科	花蔺
	眼子菜科	菹草
		眼子菜
		穿叶眼子菜
		竹叶眼子菜
		龙须眼子菜
	雨久花科	雨久花
	小二仙草科	轮叶狐尾藻
单子叶植物	香蒲科	宽叶香蒲
	黑三棱科	小黑三棱
	禾本科	芦苇
		菵草
		大叶章
		小叶章
		野稗
	莎草科	水葱
		球穗苔草
		中间型荸荠
		东方藨草
		扁秆藨草
	灯心草科	细灯心草
		乳头灯心草

2. 区系地理成分

拉林河流域植物区系地理成分主要分为以下几种。

（1）世界分布种：是南北两半球各个湿润与干旱植物地理区广泛分布的植物种，如穿叶眼子菜、芦苇等是沼湿地生境中常见的世界种。

（2）泛北极成分：主要分布于滩涂湿地，如水蓼、东北菱等。

（3）古北极成分：是欧亚大陆的温带广泛分布的植物种，如两栖蓼等。

（4）东亚成分：是分布在亚洲东南部阔叶林区的区系成分，该成分在内蒙古植物区系中也占有重要地位，特别是在大兴安岭山脉等地区分布着较为丰富的东亚种属。在保护区内各植被类型中均有分布，如东方藨草、乳头灯心草、泽泻等。

3. 种类组成特点

拉林河流域水生维管束植物中多为广布种类，但其分布和优势种因水域的生态环境而发生变化，由于拉林河上游水流速较急，水温较低，河岸多为洪水冲刷、坍塌的河滩地，河底多为卵石、砂砾，不利于水生维管束植物的生长，仅在水流较缓、漫滩和河湾有泥土的河段，有少量分布，种类较少。主要优势种类为芦苇、蓼、灯芯草、眼子菜等，在各个河段中优势种有所差异。拉林河流域主要存在以下水生维管束植物群落：①香蒲群落。该群落的特点是：植物种类少，主要是香蒲科、禾本科和莎草科，有少量蓼科、泽泻科和眼子菜科植物。群落外貌整齐。香蒲为单优势种，常伴生小香蒲或芦苇及少数莎草、蓼、稗等。在积水浅的地段，常伴生菹草、眼子菜、泽泻、雨久花、慈姑等，水面上浮水生植物紫萍、荇菜，在水流较慢段，常有香蒲-芦苇群聚。②芦苇群落。伴生植物有香蒲、两栖蓼、水蓼，水面浮叶植物萍，水中沉水植物眼子菜、轮叶狐尾藻等。③水葱群落。伴生植物有芦苇、香蒲、水蓼、球穗莎草，伴生的浮叶植物有菱、浮萍、眼子菜等。④菹草群落，呈带状或斑状分布，分布于水深 0.5～3.0m 的浅水水域。菹草是眼子菜科植物，根状茎细长，多分枝，叶呈条形，边缘有细齿，常皱折或波状，叶片较柔软，在水中漂荡。常为单种群落，生物量大，是食草鱼类的饵料，也是仔稚幼鱼的庇护场所。⑤狐尾藻群落。轮叶狐尾藻占优势。伴生植物有眼子菜等。

10.5　鱼类现状调查

10.5.1　鱼类组成特点

1. 现场调查鱼类组成

调查期间，在拉林河口统计 15 次小型三层流刺网（网高 1.6m，网长 50m，网目 6～8cm）渔获物，主要渔获物有鳘、光泽黄颡鱼、银鲫、鲇、鲤、鲢、银鲴、鳊和花䱻等（表 10-22）。

表 10-22　拉林河口小型三层流刺网（俗称板黄网）渔获物组成

鱼名	尾数	捕捞量/g
鲤	10	5944
鲢	8	7667.2
鲇	12	4328.8
光泽黄颡鱼	78	3620.8
鳊	10	2283.2
花䱻	23	2833.6
银鲫	23	2902.4
鳘	82	2784.8
银鲴	30	1720
其他	34	453.6
合计	310	34538.4

调查期间，苇沙河、胜利桥、石砬桥、舒兰市区、拉林河大桥、牛头山大桥和团山子桥断面现场下地笼 42 个，渔获物组成主要有黑龙江泥鳅、北方须鳅、鲇、葛氏鲈塘鳢、洛氏鱥、真鱥、犬首鮈、棒花鱼和麦穗鱼等，同挂网相比，地笼渔获物个体集中偏小，种类较多，主要为底层小型经济鱼类，其中，数量最多的为麦穗鱼，达到 438 尾，总重约 1365.8g。黑龙江鳑鲏的渔获物重量最大，达 1963.4g。重量相对较小的为雷氏七鳃鳗、鲇、真鱥、葛氏鲈塘鳢等，其重量均低于 2250g，具体渔获物组成见表 10-23。

表 10-23　地笼主要渔获物组成

鱼名	尾数	渔获物重量/g
雷氏七鳃鳗	51	214.2
黑龙江泥鳅	98	1425.2
黑龙江鳑鲏	137	1963.4
蛇鮈	60	822.5
鲇	13	537.6

续表

鱼名	尾数	渔获物重量/g
葛氏鲈塘鳢	12	702.7
洛氏鱥	31	1393.5
棒花鱼	54	1677.3
麦穗鱼	438	1365.8
真鱥	27	68.6
北方须鳅	77	193.7
犬首鮈	47	370.0
合计	1045	10734.5

鱼类调查采用现场调查结合渔民捕捞作业，采捕网具为挂网、定置网具（地笼）等。调查期间采捕鱼类体长、体重分布见表 10-24。

2. 种类组成

根据采集鱼类标本和文献记载，拉林河鱼类有 6 目 15 科 68 种，其中，鲤科鱼类 41 种，占 60.29%，是拉林河鱼类的基本成分，鳅科鱼类 7 种，鲿科 4 种，鲑科、胡瓜鱼科、鰕虎鱼科和塘鳢科各两种，七鳃鳗科、鲇科、银鱼科、狗鱼科、鳕科、鳢科、鮨科、斗鱼科各 1 种（表 10-25）。

3. 濒危鱼类

在拉林河中濒危鱼类有 3 种，占拉林河鱼类的 4.41%，详见表 10-26。

4. 土著鱼类组成及外来种

拉林河土著鱼类有 6 目 14 科 76 种。其中，鲤科鱼类 40 种，占 52.63%，鳅科鱼类 7 种，鲿科 4 种，鲑科、鰕虎鱼科和塘鳢科各 2 种，七鳃鳗科、鲇科、银鱼科、狗鱼科、鳕科、鳢科、鮨科、斗鱼科各 1 种。其中，引进鱼类主要有 2 目 2 科 2 种，占拉林河鱼类的 2.63%，分别为大银鱼和鳙。

表 10-24　拉林河渔获物体长和体重实测值

鱼名	体长/mm		全长/mm		体重/g		成体比例/%	幼体比例/%	尾数
	平均值±标准差	变幅	平均值±标准差	变幅	平均值±标准差	变幅			
雷氏七鳃鳗	—	—	191.32±13.19	165.35～210.02	8.23±1.52	65.1～120.90	100	0	35
光泽黄颡鱼	89.16±28.48	8.70～168.12	102.82±22.42	11.82～182.05	98.82±25.53	11.60～182.40	87	13	52
棒花鱼	111.08±26.75	63.50～278.42	126.55±35.24	68.48～165.46	36.64±23.40	2.8～49.82	93	7	105
花䱻	153.09±70.44	54.48～247.60	173.97±52.10	55.86～293.89	183.9±72.4	65.9～292.91	32	68	25
黑龙江鳑鲏	64.60±10.94	40.32～87.78	71.26±9.91	31.01～86.04	6.23±3.90	0.81～14.47	76	24	82
鲇	145.93±49.66	5.80～206.50	136.58±46.08	45.8～182.39	39.47±53.86	5.80～207.50	56	44	16
鲦	68.21±26.05	41.68～198.34	56.56±18.29	33.40～167.81	2.85±4.48	0.50～44.92	58	42	125
花斑副沙鳅	107.29±18.26	88.78～121.24	125.15±3.09	103.82～130.35	15.08±5.53	7.40～23.30	88	12	25
贝氏鲦	74.31±9.80	69.75～102.65	94.98±11.54	87.64～114.21	8.83±3.76	4.10～16.02	73	27	15
银鮈	76.40±21.10	61.15～85.03	86.08±29.60	74.08～102.31	6.53±3.40	3.70～10.12	87	13	15
葛氏鲈塘鳢	88.16±49.27	37.38～108.64	103.23±37.11	65.11～136.59	67.10±43.41	3.50～107.90	92	8	25
乌苏拟鲿	152.30±131.39	26.84～283.76	172.41±172.03	37.37～236.12	86.09±182.76	31.37～218.60	30	70	20
瓦氏雅罗鱼	135.54±17.37	102.71～188.23	151.50±18.62	119.88～198.39	164.30±19.99	130.13～232.17	51	49	45
蛇鮈	98.78±32.63	47.05～171.50	117.61±44.02	38.84～183.40	19.62±14.78	0.50～74.20	41	59	29
银鲴	113.03±19.16	94.80～154.51	128.33±38.76	81.90～197.68	27.05±26.10	9.00～184.31	29	71	34
麦穗鱼	51.11±12.31	2.80～70.28	68.75±14.04	26.51～96.43	3.06±4.44	0.10～63.13	80	20	88
黄黝鱼	37.37±8.90	31.28～52.59	44.37±10.39	38.03～56.36	0.99±0.91	0.50～1.90	50	50	14
北鳅	80.20±26.53	55.16～126.84	92.99±29.73	63.06～142.70	5.99±2.73	2.63～11.80	42	58	12
黑龙江花鳅	54.81±9.67	36.63～63.67	74.18±17.95	41.71～74.28	0.96±0.74	0.3～2.39	33	67	6

续表

鱼名	体长/mm		全长/mm		体重/g		成体比例/%	幼体比例/%	尾数
	平均值±标准差	变幅	平均值±标准差	变幅	平均值±标准差	变幅			
兴凯银鮈	62.22±16.35	50.71～74.40	74.31±20.69	57.58～89.70	3.00±1.01	1.23～3.60	23	77	13
黑龙江泥鳅	67.31±20.25	38.04～158.18	79.44±22.80	46.00～183.39	2.83±3.12	0.36～32.29	86	14	209
北方泥鳅	72.12±28.54	44.19～192.41	82.25±31.56	52.87～218.83	3.99±9.19	0.73～69.50	66	34	58
马口鱼	158.25±18.06	115.07～184.83	171.99±22.22	144.61～219.11	48.01±29.20	24.47～121.15	71	29	24
突吻鮈	53.24±6.17	43.42～64.26	64.81±7.00	52.89～76.01	1.74±0.68	0.85～3.76	53	47	17
东北鳈	64.37±36.72	37.77～88.57	63.65±33.26	60.06～73.45	3.98±2.95	1.86～7.6	25	75	4
细体鮈	110.68±50.95	98.28～135.33	90.59±41.06	84.24～161.48	10.40±5.90	6.90～16.50	25	75	4
翘嘴鲌	38.64±66.40	2.8～359.1	123.98±46.71	63.93～298.52	136.95±55.24	806.40～1078.10	20	80	5
银鲫	97.29±46.16	41.74～259.37	89.91±24.84	39.09～223.84	26.0±35.8	27.60～365.70	84	16	31

表 10-25　拉林河鱼类名录

目	科	种
七鳃鳗目	七鳃鳗科	雷氏七鳃鳗
鲑形目	鲑科	哲罗鲑
		细鳞鲑
	银鱼科	大银鱼
	胡瓜鱼科	池沼公鱼
		亚洲公鱼
	狗鱼科	黑斑狗鱼
鲤形目	鲤科	马口鱼
		草鱼
		湖鱥
		洛氏鱥
		瓦氏雅罗鱼
		拟赤梢鱼
		赤眼鳟
		鳡
		䱗
		贝氏䱗
		红鳍原鲌
		翘嘴鲌
		鳊
		鲂
		银鲴
		细鳞鲴
		黑龙江鳑鲏
		彩石鳑鲏
		方氏鳑鲏
		大鳍鱊
		兴凯鱊
		东北鳈
		克氏鳈

续表

目	科	种
鲤形目	鲤科	犬首鮈
		唇䱻
		花䱻
		条纹似白鮈
		麦穗鱼
		高体鮈
		凌源鮈
		细体鮈
		银鮈
		棒花鱼
		拉林棒花鱼
		突吻鮈
		蛇鮈
		鲤
		银鲫
		潘氏鳅鮀
		鳙
		鲢
	鳅科	北鳅
		北方须鳅
		花斑副沙鳅
		黑龙江花鳅
		北方花鳅
		黑龙江泥鳅
		北方泥鳅
鲇形目	鲇科	鲇
	鲿科	黄颡鱼
		光泽黄颡鱼
		纵带鮠
		乌苏拟鲿

续表

目	科	种
鳕形目	鳕科	江鳕
鲈形目	鮨科	鳜
	塘鳢科	葛氏鲈塘鳢
		黄蚴
	鳢科	乌鳢
	鰕虎鱼科	褐栉鰕虎鱼
		波氏栉鰕虎鱼
	斗鱼科	圆尾斗鱼

表 10-26　拉林河濒危鱼类名录

目	科	种
七鳃鳗目	七鳃鳗科	雷氏七鳃鳗
鲑形目	鲑科	哲罗鲑
		细鳞鲑

5. 冷水性鱼类组成

拉林河冷水性鱼类有 4 目 8 科 15 种，占拉林河鱼类总数的 22.06%，虽然不是冷水性鱼类的主要分布区，但也有一些种群，其中，经济冷水性鱼类有 8 种，占拉林河冷水性鱼类的 53.33%，有黑斑狗鱼、哲罗鲑、细鳞鲑、瓦氏雅罗鱼、江鳕、花斑副沙鳅、大银鱼、池沼公鱼、亚洲公鱼等（表 10-27 和图 10-4）。

表 10-27　拉林河冷水性鱼类名录

目	科	种
七鳃鳗目	七鳃鳗科	雷氏七鳃鳗
鲑形目	鲑科	哲罗鲑
		细鳞鲑
	银鱼科	大银鱼
	胡瓜鱼科	池沼公鱼
		亚洲公鱼
	狗鱼科	黑斑狗鱼

续表

目	科	种
鲤形目	鲤科	洛氏鱥
		瓦氏雅罗鱼
	鳅科	北鳅
		北方须鳅
		花斑副沙鳅
		黑龙江花鳅
		北方花鳅
鳕形目	鳕科	江鳕

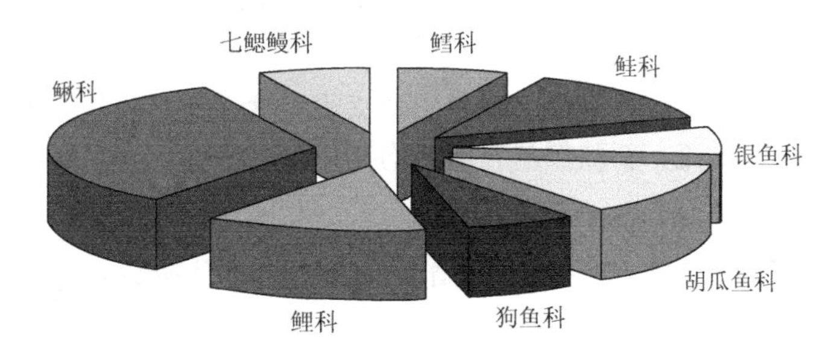

图 10-4　拉林河冷水性鱼类种类组成

6. 主要经济、珍稀、冷水性鱼类生物学

1）哲罗鲑

形态特征：背鳍Ⅲ，10～11；臀鳍条Ⅲ，8～9。鳃条骨 12～13，鳃耙 13～14；幽门盲囊 150～250。

体长为体高的 5.1～6.5（5.7±0.4）倍，为头长的 3.8～5.3（4.2±0.4）倍，为尾柄长的 7.7～8.7（8.1±0.3）倍，为尾柄高的 12.9～15.0（13.7±0.6）倍。头长为吻长的 3.6～4.5（4.1±0.3）倍，为眼径的 5.3～7.9（6.3±0.9）倍，为眼间距的 3.6～3.8 倍。尾柄长为尾柄高的 1.5～1.9（1.7±0.1）倍。背吻距为背尾距的 0.8～1.0（0.9±0.1）倍。

体形长，稍侧扁，背部略平直，头部平扁。口端位，吻尖，口裂大。上颌骨游离，其末端超过眼后线，上颌、下颌、犁骨、腭骨及舌上均有细小的齿，齿向内呈倾斜。鳞细小，侧线完全，有脂鳍，背鳍位于背部中央略前，正型尾，尾鳍浅叉。鳃盖膜不连接峡部。鳔一室。上颌骨向后延伸达眼后缘之后。

体背部苍青色，体侧下部及腹部银白色，头部及体侧散有暗色小斑点，繁殖期雌体、雄体均出现婚姻色，雄性婚姻色尤为明显。腹部、腹鳍和尾鳍下叶皆呈橙红色彩。

生活习性：栖息于水质清澈，水温最高不超过 20℃的水域中，系冷水性鱼类。夏季多生活在山林区支流中，秋末冬季进入河流深水区或大河深水中，偶尔在湖泊中发现。哲罗鲑是凶猛的掠食性鱼类，四季均摄食，冬季食欲仍很强，仅在夏季水温升高时或在繁殖期摄食强度变弱，甚至停食。在早晨和黄昏时摄食活跃，由深水游到浅水处猎捕鱼类或岸边的啮齿动物、蛇类或水禽。由于所栖居的水域环境不同，其所摄食的鱼类也不一样，有鲻类、鮈类、鳑鲏、雅罗鱼、鲫等。哲罗鲑鱼以捕食无脊椎动物为主。哲罗鲑生长速度较快，三龄鱼体长可达 315mm。

性成熟年龄为 5 年，体长大于 400mm 以上。在流水石砾底质处产卵，产卵习性似大麻哈鱼，但一生可多次繁殖，怀卵量 1.0 万～3.4 万粒，受精卵需 30～35d 孵化，产卵期在 5 月。

分布：黑龙江中上游、嫩江上游及主要支流、牡丹江、乌苏里江、松花江上游及镜泊湖的山区溪流、新疆额尔齐斯河均有分布。

2）细鳞鲑

形态特征：背鳍条Ⅶ，9～11；臀鳍Ⅳ，9～10；侧线鳞 $124\times\frac{23\sim35}{21\sim23}\times160$ 。鳃条骨 13～15；鳃耙 17～25，幽门盲囊 91～111。

体长为体高的 3.9～5.1（4.8±0.4）倍，为头长的 4.0～4.9（4.6±0.4）倍，为尾柄长（至最后鳞片后缘）的 6.4～9.1（7.4±0.9）倍，为尾柄高的 10.6～12.7 倍。头长为吻长的 3.2～4.3（3.8±0.3）倍，为眼径的 4.2～4.8（4.6±0.3）倍，为眼间距 3.0～3.6（3.3±0.2）倍。尾柄长为尾柄高的 1.2～2.2（1.7±0.3）倍。背吻距为背尾距的 0.8～1.0（0.9±0.1）倍。

体长而侧扁。吻钝，口亚下位，口裂小。宽大于长。上颌超过下颌，上颌骨后缘在眼中央垂直线以前，上颌、下颌、犁骨及腭骨均具齿。眼较大，较接近于吻端。鳞细小，侧线完全。

背鳍起点至吻端较至尾鳍基部的距离近，胸鳍低，长度不达腹鳍基部起点。背鳍与腹鳍相对，但腹鳍起点在背鳍起点之后，腹鳍有较长的腋鳞，脂鳍较大，与下方臀鳍相对。尾正型，尾鳍分叉较深。

体背部黑褐色，体侧银白或呈黄褐色及红褐色。背部及体侧散布黑色较大斑点，斑点多在背部及侧线鳞以上，背鳍及脂鳍上也有少数斑点。幼鱼体侧散布有垂直的暗斑纹。

生活习性：细鳞鲑系冷水性鱼类，喜栖息于水质澄清急流、高氧、石砾底质、水温 15℃以下、两岸植被茂密的支流。它具有明显的适温洄游习性，春季（4 月中旬至 5 月下旬）进行产卵洄游，由主流游进支流；秋季（9 月中旬至 10 月中旬）进行越冬洄游，从支流回到主流。细鳞鲑产卵期为 4 月中旬至 5 月下旬，产卵水温 5～8℃。产卵场条件为水质清澈、砂砾底质、流速 1.0～1.5m/s、两岸植被茂密的河套子处。细鳞鲑属肉食性鱼类，以无脊椎动物、小鱼等为主要摄食对象。

分布：黑龙江中上游、嫩江上游（拉林河、诺敏河、甘河等支流）、牡丹江、乌苏里江、松花江上游及镜泊湖的山区溪流、新疆额尔齐斯河均有分布。

资源现状：目前拉林河分布区域狭窄，种群数量很少。

3）雷氏七鳃鳗

形态特征：体圆柱状，尾部略侧扁。头圆，眼上位。鼻孔一个，位于头背面两眼前方。鼻孔后有透明皮斑。口下位，为漏斗状吸盘。口吸盘周围有围缘齿和光滑穗状乳突，口吸盘内分布唇齿。有上唇齿，下唇齿通常无，有时一行，弧形排列。上唇板齿两枚。下唇板齿 6～7 枚，两端齿较大，顶端分两齿尖。内侧唇齿每侧三枚，齿端有两尖。无外测唇齿。前舌齿梳状，中间和两端齿大，呈“山”字形。体表裸露无鳞。沿眼后的头两侧各有七个鳃孔。外鳃孔构造同日本七鳃鳗。无偶鳍。背鳍两个，底部相连，两背鳍间有缺刻；第二背鳍较高，呈弧形。背鳍、臀鳍和尾鳍相连，尾鳍末端呈箭状。鳍为半透明柔软的膜质状，无鳍条。最后鳃孔至臀鳍起点间肌节 59～66。生殖季节雄鱼的管状尿殖乳突露于体外。背部暗褐色，腹部灰白色。

生活习性：为淡水生活种类，喜栖于有缓流、砂质地质的溪流中，白天钻入沙内或藏于石下，夜出觅食。幼体眼埋于皮下；口呈三角形裂缝状，口缘乳突发达，穗状。成体眼发达，口呈漏斗状吸盘，口缘乳突变小。体表具大量黏液。游泳时呈鳗形扭曲摆动。幼体基本上以沙石上的植物碎屑和附着藻类为食。成体以浮游动植物为食，也营寄生生活，用吸盘吸附在其他鱼体上，凿破皮肤吮吸其血肉。为小型鱼类，记录成体最大全长 205mm，仔鳗全长可达 160mm。其生长速度不详。全长 160mm 以上达成熟。产卵期 5 月末至 9 月。产卵后部分亲体死亡，部分亲体从精疲力竭状态恢复过来继续生存。

分布：该种在中国为东北地区特有。黑龙江水系的嫩江、牡丹江、乌苏里江、兴凯湖均有分布。

资源现状：目前该物种在拉林河流域尚有一定的种群数量。

4）江鳕

形态特征：体延长，圆锥形，尾部侧扁。头平扁，眼小，吻钝，口裂不超过眼前缘。上下颌具齿，上颌较下颌略长。颌正中具颌须一根。背鳍两个，第一背鳍较第二背鳍短，第二背鳍基部向后延伸至尾柄接近尾鳍，腹鳍喉位，体被埋于皮中的小圆鳞。体色为黄褐色或灰褐色，体侧散布不规则的白色斑块。

生活习性：属典型的冷水性鱼类，栖居于江河或湖泊的深层水域，喜生活水质清澈、砂砾底质，适宜水温 15～18℃，最高不超过 23℃。夏季多在山溪，活动减弱，几乎不摄食。冬季溯入江河进行生殖洄游。白天基本不活动，夜间摄食活跃。江鳕属凶猛肉食性鱼类，以捕食小型鱼类为主。主要摄食鲫、鲇类、鲴类、黄颡鱼、鳜、杜父鱼、鱵等。

分布：国内黑龙江水系分布较广，另外在吉林鸭绿江上游和新疆额尔齐斯河水系有少量分布。

资源现状：目前该物种在拉林河流域尚存一定数量群体，但大个体很难见到。

5）黑斑狗鱼

形态特征：体长形，稍侧扁。吻长，口裂大。头较大，前部扁平。口似鸭嘴。鼻孔前微凹。眼大，侧上位。下颌较上颌稍长，前颌骨、下颌骨、犁骨和腭骨均有锐齿。背鳍后位，近尾鳍，与臀鳍上下相对。胸鳍侧位低近腹面。腹鳍腹位。正尾，浅叉。体被小圆鳞，颊部和鳃盖上部具细鳞，侧线排列不规整。

背部及两侧绿褐色或苍灰色，腹部白色，背部、体则、背鳍、臀鳍和尾鳍上均散布有卵圆形黑斑点，胸鳍、腹鳍、臀鳍和尾柄下叶暗呈黄色或橙红色。

生活习性：黑斑狗鱼栖息在河流支岔缓流浅水区，或湖泊、水库中的开阔区。春季 4～5 月集群，溯河到湖泊、水库的上游河口浅水区植物丛中，产卵于植物茎叶上。产卵后鱼群分散在河流下游沿岸带。越冬期仍不停活动，继续旺盛摄食。春季和秋季有一定的洄游规律。其幼鱼喜栖息在水域沿岸带并进入水域浑浊区，黑斑狗鱼为凶猛的掠食性鱼类，以捕食小鱼为主。因栖息的水域不同，其所捕食的种类而有不同，也有捕食水禽或蛙类的情况，黑斑狗鱼掠食其他鱼类是从头部吞入。性成熟的亲鱼在繁殖期有停食现象，除繁殖期外，全年都强烈摄食。

分布：黑斑狗鱼系高纬度（约 44°N 以北）寒冷地带河流、湖泊水域特产鱼类，在黑龙江水系分布较广，黑龙江、乌苏里江、嫩江（拉林河、诺敏河、甘河等支流）、松花江等水系支流，湖泊和水库中均有分布。

资源现状：黑斑狗鱼在拉林河主要分布于磨盘山和龙凤山水库，资源量一般。

10.5.2　鱼类区系

按世界淡水鱼类区划划分，拉林河属于北地界、全北区、中亚（中亚高山）亚区、黑龙江分区。按 1981 年李思忠教授所做的精确区划，拉林河划为北方区、华东区、华西区。从动物地理学来看，鱼类分布的亚区有：①黑龙江亚区，如雷氏七鳃鳗、哲罗鲑、细鳞鲑、黑斑狗鱼等；②额尔齐斯河亚区，如江鳕、鲤、银鲫等；③河海亚区，如鳊、鳙等；④江淮亚区，如光泽黄颡鱼等。

从表 10-28 可见，鱼类区系比较复杂，同一种鱼类在北方区有分布，在其余区也有分布，这说明拉林河所处的地理位置、气候特点的特殊性，决定了该区域鱼类组成的多样性。

表 10-28　拉林河鱼类地理分布

分布亚区	科	种（亚种）
黑龙江亚区	七鳃鳗科	雷氏七鳃鳗
	鲑科	哲罗鲑
		细鳞鲑
	狗鱼科	黑斑狗鱼
	银鱼科	大银鱼
	塘鳢科	葛氏鲈塘鳢
		黄黝
	鮨科	鳜
	鳕科	江鳕
	鲿科	黄颡鱼
		乌苏拟鲿
	鲇科	鲇
	鳅科	花斑副沙鳅
		北鳅
		黑龙江花鳅
		黑龙江泥鳅
	鲤科	鲤
		银鲫
		唇䱻
		花䱻
		麦穗鱼
		东北鳈
		高体鮈
		细体鮈
		东北颌须鮈
		犬首鮈
		棒花鱼
		蛇鮈

续表

分布亚区	科	种（亚种）
黑龙江亚区	鲤科	条纹似白鮈
		黑鳍鳈
		兴凯银鮈
		突吻鮈
		草鱼
		洛氏鱥
		湖鱥
		拟赤梢鱼
		瓦氏雅罗鱼
		鳡
		赤眼鳟
		银鲴
		细鳞鲴
		马口鱼
		䱗
		贝氏䱗
		红鳍原鲌
		翘嘴鲌
		鲂
		黑龙江鳑鲏
		大鳍鱊
		潘氏鳅鮀
		鲢
额尔齐斯河亚区	鲑科	哲罗鲑
		细鳞鲑
	鳕科	江鳕
	鲤科	鲤
		银鲫
河海亚区	鲤科	鳊
		鳙
江淮亚区	鲿科	光泽黄颡鱼

10.5.3　鱼类分布

拉林河属于寒温带和温带大陆性季风气候，冬长夏短，冬季严寒、干燥，春季多大风、降水少，夏季降水集中、温热、湿润、日照长，秋季降温急剧、常有早霜。全年有 5 个月在 0℃以下，无霜期平均 120d。全年降水量 550mm 左右。冰封期长达 150～170d。独特的地理环境和气候条件，突现出拉林河鱼类的分布特点（表 10-29）。

表 10-29　主要鱼类分布情况

种类	1	2	3	4	5	6	7
雷氏七鳃鳗	+	+	+	:	+	+	+
细鳞鲑	(+)	(+)					
大银鱼						−	
黑斑狗鱼	+	+					
马口鱼			+		+	+	+
草鱼	−	−				−	
湖鱥	+	+	+		+	+	+
洛氏鱥	+	+	+		+	+	+
瓦氏雅罗鱼					+	+	+
鳘	+	+	+	+		+	+
贝氏鳘	+	+	+	+		+	+
红鳍原鲌						+	
鳊	+	+				+	
银鲴	+	+				+	
黑龙江鳑鲏	+	+	+	+	+	+	+
彩石鳑鲏	+	+	+	+	+	+	+
方氏鳑鲏	+	+	+	+	+	+	+
大鳍鱊	+	+	+	+	+	+	+
兴凯鱊	+	+	+	+	+	+	+
东北鳈	+	+	+		+	+	+
克氏鳈	+	+	+		+	+	+
犬首鮈	+	+	+		+	+	+
花䱻						+	
条纹似白鮈						+	

续表

种类	1	2	3	4	5	6	7
麦穗鱼	+	+	+	+	+	+	+
高体鮈						+	
凌源鮈						+	
细体鮈						+	
银鮈							
棒花鱼	+	+	+	+	+	+	+
突吻鮈						+	+
蛇鮈						+	
鲤	+	+	+	+		+	+
银鲫	+	+	+	+		+	+
潘氏鳅鮀						+	
鳙	–	–				+	
鲢	–	–				+	
北鳅	+	+	+		+	+	+
北方须鳅	+	+	+		+	+	+
花斑副沙鳅						+	
黑龙江花鳅	+	+	+	+	+	+	+
北方花鳅	+	+	+	+	+	+	+
黑龙江泥鳅	+	+	+	+	+	+	+
北方泥鳅	+	+	+	+	+	+	+
鲇	+	+	+		+	+	+
黄颡鱼	+	+				+	
光泽黄颡鱼						+	
纵带鮠						+	
乌苏拟鲿						+	
江鳕	+	+					
葛氏鲈塘鳢	+	+	+		+	+	+
黄黝						+	
褐栉鰕虎鱼			+			+	+
波氏栉鰕虎鱼			+			+	+

注：1 表示磨盘山水库及以上河段；2 表示龙凤山水库及以上河段；3 表示小苇沙河；4 表示卡岔河；5 表示细鳞河；6 表示拉林河干流中下游；7 表示大泥河。“+”表示采集鱼类；“(+)”表示走访物种；“(–)”表示走访外来物种。

空间分布：从调查结果看，哲罗鲑已多年未见，细鳞鲑、江鳕仅在磨盘山和龙凤山水库上游支流分布，洛氏鱥、北方须鳅、东北鳈、克氏鳈、雷氏七鳃鳗等小型冷水性鱼类主要分布于拉林河中上游溪流中，其余种类主要分布于拉林河干流及支流中下游。

时间分布：由于拉林河地处高寒、高纬度区域，因此，鱼类时间分布比较明显。春季水温较低，一些冷水性鱼类，如瓦氏雅罗鱼、洛氏鱥、北方须鳅、雷氏七鳃鳗等主要分布于拉林河干流，而水温较高的夏季，这些鱼类主要分布于拉林河上游水温较低的一些支流中。细鳞鲑和江鳕等冷水性鱼类夏季主要栖息于磨盘山和龙凤山水库上游支流，深秋季节到水库越冬。银鲫、鲤、鲢、马口鱼等温水性鱼类，在拉林河中下游广泛分布，表现出明显的时间分布特点。秋季大个体鱼类主要在拉林河干流或松花江干流栖息。

10.5.4　鱼类生态类群

拉林河鱼类共有 6 目 15 科 68 种，其中鲤科鱼类 41 种，占优势，主要鱼类种类生态类群见表 10-30。

表 10-30　主要鱼类种类生态类群

鱼类名称		生活环境与习性	资源量
七鳃鳗科	雷氏七鳃鳗	生活于水体底层沙中，吸食浮游动物，卵埋在砂砾中	丰富
鲑科	哲罗鲑	冷水性鱼类，生活在水质澄清的干流和支流，杂食性，沉性卵落在石砾间	多年未见
	细鳞鲑	冷水性鱼类，生活在水质澄清的干流和支流，杂食性，沉性卵落在石砾间	很低
狗鱼科	黑斑狗鱼	生活在水体沿岸，肉食性种类，黏性卵粘在植物叶茎上	磨盘山、龙凤山水库有一定资源量
鲤科	马口鱼	生活在水流较缓区，以小鱼和水生昆虫为食	一般
	洛氏鱥	生活于澄清的冷水水域，以水生植物和藻类为主食，黏性卵粘在砾石上	一般
	瓦氏雅罗鱼	栖干流水势低温处，杂食性，黏性卵粘在砾石上	一般
	鳌	生活在缓流敞水区上层，食水生昆虫和藻类，漂浮性卵	丰富
	黑龙江鳑鲏	栖于缓流区，植食性小型鱼类，卵产于蚌类中	丰富
	大鳍鱊	栖于缓流区，植食性小型鱼类，卵产于蚌类中	丰富
	兴凯鱊	栖于缓流区，植食性，个体小，卵产于蚌类中	丰富
	唇䱻	栖干流低温水域，食底栖动物	很低

续表

鱼类名称		生活环境与习性	资源量
鲤科	花䱻	栖干流水下层，以底栖动物为食，黏性卵粘在植物体上	一般
	麦穗鱼	栖于水体浅水区，以浮游动物为食，黏性卵粘于树枝、石块、蚌上	丰富
	东北鳈	栖于干流水中下层，以底栖动物为食	丰富
	高体鮈	栖于水流平缓区，以底栖动物为食，个体小	一般
	犬首鮈	栖干流水河道中，以底栖动物为主食，卵产于砂质砾石处	一般
	细体鮈	栖于江河喜流水，以小型底栖动物为食，个体小	一般
	东北颌须鮈	栖于江河喜流水，以小型底栖生物为食，个体小	一般
	银鮈	栖于缓流敞水区，以双翅目幼虫为食	一般
	棒花鱼	缓流底栖，以小型底栖动物为食，保护性产卵	丰富
	突吻鮈	栖于河道中，以浮游藻类为主食，漂浮性卵	一般
	鲤	栖干流水或静水下层，杂食性，黏性卵附着植物基部	一般
	银鲫	生活干流水或静水下层，杂食性，黏性卵附着植物基部	一般
	鲢	生活于水流中上层，滤食性，以浮游藻类为食，漂浮性卵	很低
鳅科	北鳅	江河缓流底层生活，以底栖动物为食	一般
	花斑副沙鳅	栖于河道中，以底栖动物为食	很低
	黑龙江花鳅	栖干流水底层，食小型底栖动物和藻类	丰富
	黑龙江泥鳅	水域泥底生活，以底栖动物为食，黏性卵附着枯草或水草上	丰富
	北方泥鳅	与上相近	丰富
鲿科	黄颡鱼	缓流底层生活，以底栖动物或小鱼为食，保护性产卵于有水草的沙泥底质	很低
	乌苏拟鲿	纯江河鱼类，居于缓流处，以底栖生物、小鱼为食，保护性产卵	很低
鲇科	鲇	居水体底层，肉食性种类，卵微黏性粘于水草上	一般
鳜科	鳜	栖于水草丛生的缓流水域，肉食性种类，漂浮性卵	很低
塘鳢科	葛氏鲈塘鳢	栖于缓流和静水近岸区，杂食性，黏性卵	一般
鳢科	乌鳢	底栖生活，肉食性，漂浮性卵	很低

1. 生境利用类群

拉林河鱼类由四种生态类型构成。

（1）底层生活类群。生活于干流及支流流速较快水域中，包括鲑科、鲿科、鮈亚科、鲴亚科、鲤亚科、鳅科等，如鲤、鲫、黑龙江泥鳅等。

（2）中层生活类群。生活于水体中上层水域身体侧扁的鱼类，多生活于支流水体，包括鲌亚科、鳑鲏亚科等。

（3）水体上层生活鱼类。体型纺锤形，游泳能力强，游动迅速。

（4）岸边静水草滩生活类群。大多为小型鱼类，有筑巢习性，包括乌鳢、鳜、麦穗鱼、黄黝鱼等。

2. 食性生态类群

（1）浮游植物、动物食性鱼类。由于拉林河水体营养缺乏，浮游植物生物量较少，营滤食生活的鱼类不多，仅有鲢、鳙两种。

（2）着生藻类食性。拉林河中游上游均为鹅卵石底、水生植物上有一定量的着生藻类。这类鱼类有鲴亚科的细鳞鲴、鳅科的黑龙江花鳅等。

（3）维管植物食性鱼类。雅罗鱼亚科的草鱼等。

（4）底栖动物食性鱼类。鲿科、鮈亚科、沙鳅亚科等。

（5）食鱼性鱼类。鲇科、狗鱼科、鲑科、鳢科、鲈科等。

（6）杂食性鱼类。鲤、银鲫、泥鳅、鳊属等。

拉林河水流急，水质清澈，饵料生物相对匮乏，鱼类食性以杂食性和底栖动物食性为主。拉林河中上游及支流底质为石砾和鹅卵石，水生昆虫生物量较高，鱼类食性以肉食性和底栖动物食性为主。有些种类在不同的季节和不同的水域食性发生较大变化，由于拉林河高等维管植物种类和数量都相对较少，因此，食高等维管植物食性和滤食性鱼类种类少，这反映了拉林河浮游生物和高等维管植物种类较少，水体初级生产力较低，总体属于贫养型的特点。

3. 繁殖生态类群

根据亲鱼产卵位置的选择以及受精卵的性质，拉林河鱼类繁殖生态类群分为五个。

（1）流水中产黏性卵类群。包括鲴亚科、鲿科等。

（2）静水环境产黏性卵类群。包括鲤亚科、鲌亚科、鲂属等。

（3）产浮性卵类群。包括贝氏䱗、乌鳢、鳜等。

（4）筑巢产卵类群。包括鲑科鱼类等。

（5）其余产卵类群。包括产卵于软体动物外套腔中的鱊亚科鱼类。

4. 洄游生态类群

由于鱼类栖息环境、洄游性质不同，人们常把洄游鱼类分成几大类：海洋洄游鱼类、淡水洄游鱼类、河口半咸水洄游鱼类、过河口性洄游鱼类等。根据鱼类洄游的性质，把进行长距离移动和海淡水之间运动的鱼类称作洄游鱼类，把不同淡水水体之间移动或江河上下游之间移动的鱼类称作半洄游鱼类。

拉林河为冷水性河流，虽然分布有江湖半洄游性鱼类，但是拉林河并不具备鲢、鳙等江湖半洄游性鱼类的产卵场。

10.5.5 调查水域优先保护鱼类

依据《国家重点保护野生动物名录》《濒危野生动植物种国际贸易公约》《中国濒危动物红皮书 • 鱼类》等及本调查结果，建议拉林河优先保护的鱼类为 3 目 5 科 6 种（表 10-31）。

表 10-31 拉林河优先保护鱼类名录

目	科	种类
七鳃鳗目	七鳃鳗科	雷氏七鳃鳗
鲑形目	鲑科	哲罗鲑
		细鳞鲑
	狗鱼科	黑斑狗鱼
	鳅科	花斑副沙鳅
鳕形目	鳕科	江鳕

10.6 本 章 小 结

拉林河流域水资源优化配置和可持续利用，可以提高流域内灌溉保证率，完善流域内防洪体系，健全防洪预警预报系统，促进经济社会发展。因此，拉林河流域综合规划的实施，将对区域水生生态环境产生不同程度的影响，但这些不利影响可通过各项环境保护对策措施的有效落实加以防治和减缓，使之对环境的干扰降低到最低程度。建议拉林河中下游灌区，规划出水田退水水生植物缓冲区，避免水田退水直接进入拉林河干流河道，减小农田退水对流域水生生物的影响。

第11章　人工智能技术在流域水环境管理方面的应用

近年来，人工智能（artificial intelligence，AI）技术在流域水环境管理方面得到了广泛应用。由于流域水环境的因素之间有着复杂的非线性关系，与传统的数理统计方法相比，人工智能技术能够对复杂模式、非线性过程进行建模，用于模式匹配、优化、数据压缩、预测等工作，且具有明显的优势。我国流域水环境管理存在数据信息不对称，如水质、水文、气象等变化因素不确定的问题，AI技术在流域水功能区监管、水质监测与评价方面等具有广泛的应用前景。

11.1　人工智能技术在流域水环境管理方面的研究进展

传统的流域水环境管理把解决具体问题的重点放在算法程序上，在模型解释中缺乏信息传递，导致使用过程中有明显的应用限制。AI集成方法将增加决策工具对用户的价值，加快流域水环境规划管理。从国家、地区及组织采用AI技术在流域水环境管理应用方面的研究论文发表情况来看，美国发表数量占25%，处于领先水平；欧盟占21%；韩国占17.9%（图11-1）。

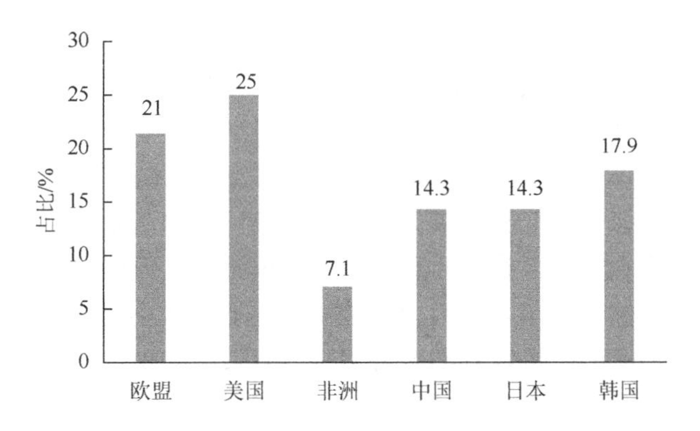

图11-1　各国及地区采用AI技术在流域水环境管理应用方面的研究论文发表情况图

11.2　流域水环境智能管理模型及应用

AI技术的进步使这些智能管理系统的开发成为可能，这些系统通过在MATLAB、

C++、Python 等已建立的开发平台来实现。AI 技术通过融合描述性知识、程序性知识和推理知识，在解决问题的过程中模拟人类在具体领域的专业知识。AI 技术的分类包括基于知识的系统（knowledge based system，KBS）、遗传算法（genetic algorithm，GA）、人工神经网络（artificial neural network，ANN）、自适应神经模糊推理系统（adaptive neuro-fuzzy inference system，ANFIS）、深度学习（deep learning，DL）、虚拟现实（virtual reality，VR）和增强现实（augmented reality，AR）技术（Mirauda et al.，2018，2017；Lindström et al.，2010；Čejka and Liarokapis，2020）。这些技术可以在不同方面对整合模型进行改进，并且优势互补。

11.2.1 基于知识的系统

基于知识的系统（KBS）是交互式计算机程序，通过提供专家建议回答问题并证明其结论。KBS 主要有河流水动力综合专家系统、基于流域规划和管理制定的决策支持系统、通过智能系统将环境模型应用于不同的水文系统等。对于二维或三维建模，将 KBS 技术引入建模系统中，使系统能够为参数和模型选择提供建议，系统会将一些代码嵌入，使模型具有“使用向导”的智能特征。

11.2.2 遗传算法

作为基于自然遗传学和生物启发操作机制的搜索技术，遗传算法（GA）属于随机搜索过程的一类，称为进化算法。GA 可以用作优化方法，它使用自然进化过程的计算模型，并结合使用自然界获取的随机遗传算子进行结构化信息交换，构成一个有效的搜索机制。GA 不受搜索空间假设的限制，在遗传算法中已经使用的各种遗传算子，包括交叉、缺失、显性、染色体内重复、倒位迁移、突变、选择、隔离、共享和易位。在水质管理的数学模拟中，模型参数的不当使用可能导致较大误差或数值不稳定。参数校准是基于现场数据及其他年份的水质成分来验证这些参数的。此外，可以将 GA 应用于具有透明知识表示的模型的演变，其有助于理解模型预测和模型行为，如河流水质模型的标定、模拟流量和水质过程的关键特征、优化流域中的污水处理。

11.2.3 人工神经网络

人工神经网络（ANN）是一种模拟人类大脑和神经系统的数学结构的计算方

法。其由许多由变量连接的处理元素组成，使用高度简化模型，形成系统的黑盒子。其中，包括三层相互连接的节点或神经元，每一层连接到下一层中的所有神经元。输入层是将数据呈现给神经网络的层，而输出层保持网络对输入的响应。隐藏层的一个或多个中间层可以存在于输入层和输出层之间，以便使这些网络能够表示和计算模式之间的复杂关联。所有隐藏和输出神经元通过将每个输入与其权重相乘来处理它们的输入以及进行求和，然后使用非线性传递函数处理并生成结果（图 11-2）。

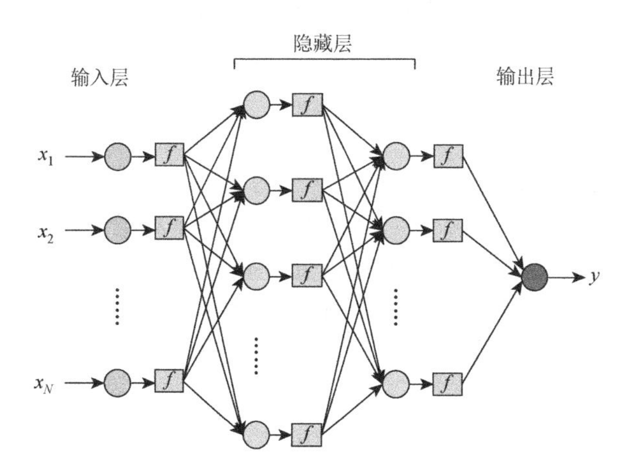

图 11-2　三层前馈感知器 ANN 的结构

人工神经网络已经被广泛应用于流域水环境管理。人工神经网络的最大优势在于它能够模拟复杂的非线性过程，调整互连的权重，而无须假设输入和输出变量之间的关系。人工神经网络是经验模型，它可以用来模拟水质变化过程，通过数学函数连接输入和输出（韩力群，2017）。

11.2.4　自适应神经模糊推理系统

根据模糊集合理论，模糊集合的元素被映射到属于 0～1 的闭区间函数全体隶属值。应用自适应神经模糊推理系统（ANFIS）的一个重要步骤是评估隶属函数一个变量，根据实际的统计调查来获得模糊集理论中的隶属函数，这些函数适合决策者的偏好建模。基于模糊逻辑的建模运行于“if-then”原则，其中，“if”是具有隶属函数的模糊集合形式的模糊解释变量或前提向量，“then”是结果，也以模糊集的形式出现。

模糊集合理论在流域水环境管理方面有很好的应用效果，该理论可以提供一种替代方法来处理目标和约束条件未明确定义的问题。在现实应用方面，可以使用模糊综合评估方法来识别河流水质；采用数据挖掘技术和启发式知识对太湖富营养化模糊逻辑进行建模；将两种模糊集合论应用于河流水质评价；根据简单水质参数（如 DO、pH 和温度等）的每日波动设计水污染预警系统。

11.2.5 深度学习

深度学习（DL）通过组合低层特征形成更加抽象的高层表示属性类别或特征，以发现数据的分布式特征表示。深度学习是机器学习研究中一个新的领域，其动机在于建立、模拟人脑进行分析学习，模仿人脑的机制来解释数据。

1. 卷积神经网络

在开展水生态环境保护规划之前，应先对相关参数进行长期变化分析，以此开展地表水或地下水水资源保护规划。设计有效的水环境生态的预测模型，需要利用数据的时间序列。在足够长的时间内分析数据会为将来的水质提供更多信息。卷积神经网络可以通过设置水流量和水位预测阈值来制定决策支持系统，以便为流域水情异常情况而应急预警，更好地进行水生态环境保护（Chen et al.，2020；Bhateria and Jain，2016）。

2. tensorflow

tensorflow 是谷歌已经开发并部署了使用数据的流程图的开源库，可以进行数值计算。默认情况下，tensorflow 经过计算、数据输入输出，并且执行这样的任务作为数据的存储，所述边缘表示节点数据之间的输出关系和动态大小的多维数据阵列的移动路径。tensorflow 可以构建基于大数据的水文时间序列预测模型，并且非常容易扩展，可以加入各种深度学习算法中。由于研究和学习数据的不确定性，需要进行误差传播以提高模型的准确性并减少计算时间。

3. 长短期记忆网络模型

长短期记忆网络（long short-term memory，LSTM）分为三种类型：遗忘、输入和输出，以保护和控制单元状态。LSTM 可以防止一般循环神经网络（recurrent neural networks，RNN）的消失梯度问题，这对于时间序列数据预测是有利的。通过深度学习的开源库中建立 LSTM 人工神经网络模型，可以进一步利用深度学习算法预测河流水位。利用上游水位数据和相对简单结构的水位预测系统来建立神经网络模型，可以预测下游水生态环境。对于高度非线性水生态环境预测中的变化状况，可以将所有影响因子数据作为输入数据，构建可以满足现有水生态环境的数学模型。数据输入模型进行学习和预测，执行重复估计，比较分析预测的结果和学习模型的结果。多重回归模型中最佳权重的观测水平——LSTM 模型，具有出色的稳定性（Best et al.，2011；Aghav et al.，2011）。

11.2.6　虚拟现实和增强现实技术

应用在流域生态管理可视化的人工智能技术主要是虚拟现实（VR）和增强现实（AR）技术。VR 技术可使用户沉浸在由计算机模拟的不可见或不存在的对象中；AR 技术采用计算机处理图像，通过真实环境与计算机生成虚拟图像的组合，生成混合图像，显示可见细节，实时增强人们对场景的感知。与 VR 技术相比，AR 技术的优势在于：AR 技术可以让用户在虚拟对象可视化的同时显示真实世界，把虚拟世界与现实世界有效地结合起来。

采用 VR 技术进行流域预警可视化研究，构建模拟真实场景三维可视化模型与水质预警数据库，并将可视化模块与预警模块结合起来直观准确地反映实时水体的水质状况；把 VR 技术应用到流域水质预警系统的构建中，可以实现水质预警的可视化。该方法可实现水质信息的实时交互，为工程管理提供决策支持，为流域水质监测与预警提供更直观、有效的途径（Danik and Wiwi，2020；Gogoi et al.，2018）。

AR 技术在流域中的应用，通过增强可见的细节、显示不可见的内容，增加非专业人员对相关复杂过程的理解，使真实的水情得到动态视频跟踪，强化数据实时交互、调查信息精准可信。这种人工智能技术有助于防洪、水环境监测等工作的顺利进行，及时应对突发性水污染事件，降低水资源监管的运行成本（Teixeira et al.，2020；Tung and Yaseen，2020；Wang et al.，2019）。以 AR 技术构建松辽流域省（自治区）界缓冲区水环境管理平台为例，AR 技术可以准确地进行追踪分析，简化水环境生态管理流程。由此可见，AR 技术的广泛应用将有效预防水环境突发性污染事件、减少洪涝灾害的损失、大幅提升水环境智能管理能力，为进一步提升数字水环境管理提供技术支撑（刘强和冯倩，2016）。

11.3　AR 技术在水环境领域应用情况

11.3.1　AR 技术在水利行业上的国内外研究进展

从各国及组织关于 AR 技术在水资源管理方面论文发表情况来看（图 11-3），欧盟的论文发表数量占比为 60%，处于领先水平；巴西占 20%；美国、中国各占 10%。AR 技术在国外水资源管理方面已有很大进展，而我国目前还没有实际应用。我国在水环境管理方面仍存在很多不足，其中，水环境监测与评价方面的缺陷尤其突出，流域水环境增强现实的研究成果很少。如今，VR 技术已广泛用于水利工程领域中（如用于对地下水中污染物迁移和扩散进行交互建模，对洪水淹没模拟进行分析应用，在水资源调配虚拟视景仿真中的应用，在水环境质量可视化分析与评价研究中的应用等），而 AR 技术在水质监测方面还没有被有效利用（Zhang et al.，2018；Zare et al.，2017；Wang and Yang，2016）。

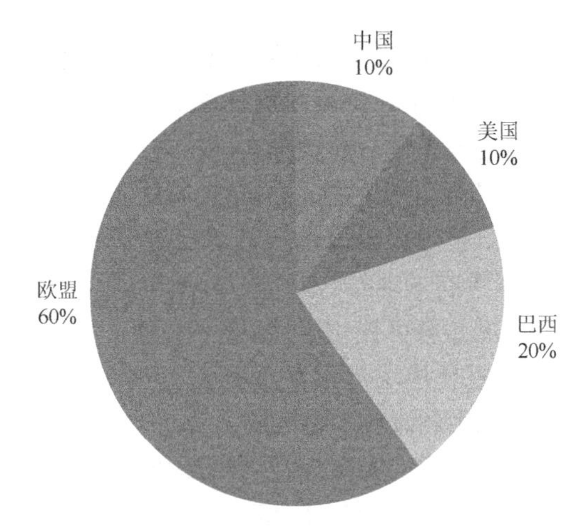

图 11-3　关于 AR 技术在水资源管理方面论文发表情况

AR 技术具有丰富的感官，通过计算机的二进制计算，能够掌握实时信息的现实世界的知识，将移动设备拍摄的真实世界视图与合成数据合并。近年来，AR 技术的不断完善，可以有效地弥补现有水质评估的缺陷。

11.3.2　AR 技术在水资源管理方面的关键性技术

1. AR 技术在水库管理中的应用

目前，可视化的信息系统是基于电脑软件来实现的，如通过使用地理信息系统（geographic information system，GIS），显示可视化的空间信息系统，但实地调查期间的资料仍然需要使用地图和报告等传统资料。因此，设计一个移动端的可视化水质监测系统，将 AR 技术与 GPS 结合，通过在移动端显示实时 3D 场景，实现移动设备虚实结合、实时交互，为高效的水资源管理提供帮助（Zhang et al.，2019；Ziaei et al.，2010；Yang et al.，2015；Kristiansen et al.，2020）。

基于 AR 的互联网生态系统采用 PC 端、移动端和云端三端交互式设计，利用基于全球导航卫星系统（global navigation satellite system，GNSS）、GIS 的 AR 引擎，实现移动设备（如手机、平板）图像可视化。通过监测数据的采集、存储、管理与共享方式，迅速建立手持移动设备的水质信息平台。设备使用标准数据层，利用云端已有的云图库，可以显示水体中的沉积物等正常情况下看不到的场景，增强对现实世界的感知。通过数字信息层，构建的可视化平台可与水质数据库相结合，研究者可实时掌握水质信息，将移动设备拍摄的真实世界视图与水质数据进行合并，迅速地分发图形、图像和音像等，实现信息资源共享最大化。由表 11-1 可知，AR 采用的技术主要有图像映射技术、多模态融合技术、场景细分层技术、智能交互技术等。

表 11-1　AR 主要采用的关键技术

关键技术	案例简介
图像映射技术	通过图像映射技术，可加强图像信息的现实结果。其中的地理信息、高精度三维影像可转化为三维坐标由图像分配自动导出，通过图像坐标及空间切除技术改善 GNSS + INS（inertial navigation system，惯性导航系统）关联的外部参数
多模态融合技术	突破视觉算法的界限，科学直观地显示流域内各种运动状态，如对水流状态的增强显示。同时，非视觉的信息可以起到重要的补充作用。在相机快速运动的情况下，图像由于剧烈模糊而丧失精准性，但此时的传感器给出的信息还是比较可靠的，可以用来帮助视觉跟踪算法渡过难关
场景细分层技术	在生成现实场景时，如果将场景中的所有模型都经精细的渲染和处理，则系统的计算量极大而难以演示。经过各个场景模型的细分，可大大降低计算量，从而使模型进行有效分配，提高场景显示效率
智能交互技术	从视觉及其他感官信息来实时理解人类的交互意图成为 AR 系统中的重要一环。计算机从图像（或者深度）数据中得到精确姿势数据，精确地计算数学模型及三维坐标，提供超现实化场景

如图 11-4 所示，AR 系统需要把各种场景进行多层次全方位的展示。目前，创建大型环境三维模型需要采用自动、半自动或手动技术，其中，包括卫星图像的三维重建、激光测距仪的三维成像和程序建模技术，场景使用标准地理标记语言（geography markup language，GML）及其衍生物（如 CityGML，专门用于三

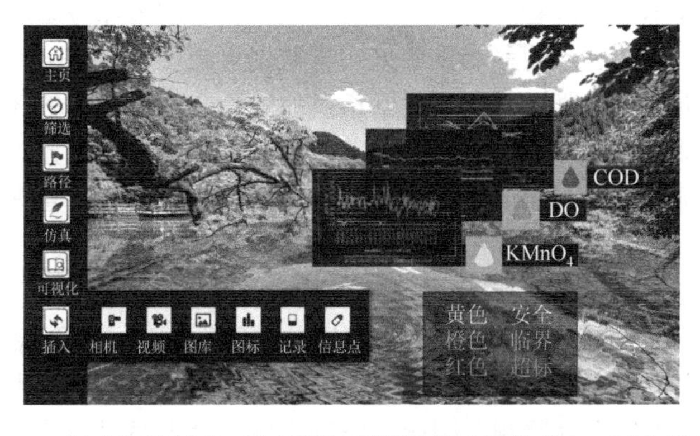

图 11-4　松花江流域省（自治区）界缓冲区水质信息 AR 平台示意图

维可视化城市模型设计）从地理空间数据库导出的数据生成模型，生成地下基础设施网络的精确模型。

AR 平台通过可视化的方式来展现松花江流域省（自治区）界缓冲区水质信息，使用户可以在所在的河流快速流动的情况下访问相关的水质信息特征（如溶解氧、高锰酸盐指数、总氮、总磷），增强了水质实时监测的数据可视化，提高了实地调查的能力，有效地减少了水质监控时间和运行成本，提高了水环境管理水平，为进一步提升流域智能管理提供了数据基础和技术支撑。

2. AR 技术在防洪方面的应用

AR 技术结合现代传感器和计算机视觉技术，使用户能够实时远程观测水位。AR 洪水灾害控制的系统开发通过连接不同的系统组件构成。一方面，洪水水位的信息需要通过计算机读取；另一方面，真实物体通过三维虚拟世界的几何信息在可视场景中显示形状和位置，使虚拟水位能够投影到现实世界中。AR 是二维和三维可视化场景的附加工具（如在现实世界中显示虚拟水位），通过使用电子地图材料和地理信息系统，生成特定区域的现实洪水场景，补充传统方法获得的信息，降低调查风险。在洪水事件期间，通过 AR 与数值模型和成像模型的快速交互，救援人员可在紧急阶段获取实时持续的增强信息情景，帮助技术人员和非技术人员在关键区域内快速移动，加快管理者决策过程，降低灾害引发的潜在危险（Rolston et al.，2017；Tang et al.，2019；Syafii et al.，2017；Wang and Xu，2015）。

11.3.3 基于 GIS 的 AR 监测系统

2017 年，图像识别技术已大范围普及，在水质检测利用方面，基于 GIS 的 AR 引擎的移动设备可以对恶劣的环境做出合理反应，帮助水质检测者查询信息（图 11-5）。从技术角度来看，系统的架构由数据共享的云服务组成，使用标准数据层以及 GPS 的 AR 引擎的移动设备来实现数据可视化。它能在用户不断走动时，使设备内部的所有传感器同时合作，以相机的视角来观察周围的环境，将计算机生成的图像信息可视化为现实世界的一部分。在移动端显示数据时，检测者能够进行交互、更新、上传。在调查特定区域时分享或修改数据，管理者可以实时快速、动态地访问该区域的地理特征，评论和其他内容的相关信息，使相关的水质数据获得全面有效的检测和分析。

此外，基于 GIS 交互式视觉技术实现通信和数据交换（如图像、表格、数据）的功能，使用户可以更好地了解全球的情况。这种尖端技术在很大程度上有助于对大片地区环境进行有效监测，因此，鼓励水质管理人员采取这种更有效的监测和管理方法。

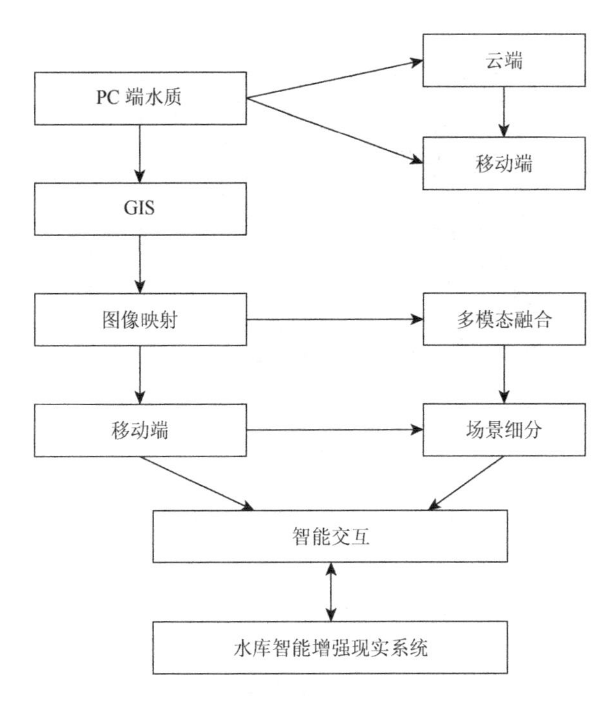

图 11-5　AR 水库智能增强现实系统

AR 技术作为一种新兴的技术，可以实现移动设备的可视化，但目前 AR 水质检测还没有应用于穿戴式设备上（如头戴式设备的谷歌 AR 眼镜）。AR 技术通过将 GIS 环境建模、云端服务与相关增强现实技术相结合，将三维图形实时叠加到真实视图中进行三维化平台显示，扩展人们对水环境的感知，达到 AR 内容与现实世界的实时交互。使用者能够获得更可靠的调查信息，克服传统技术的信息量小、交互体验弱、物联交互功能少等局限，弥补水资源使用政策的不足，预防潜在的水污染事件和洪水灾害等发生。

为进一步挖掘 AR 技术的潜力，作者发现 AR 技术不仅可以应用到水利的三维可视化中，还可以显示多维度的水资源平台（图 11-6）。如果在类似的多维可视化平台嵌入 AR 水利可视化信息，就可以准确地进行追踪分析，简化水质检测流程。随着硬件技术的不断发展，AR 技术平台可以降低运营成本，优化现有工作流程，使水质增强现实系统超越人类现有的感知世界，为探索未来水利发展提供重要的技术支撑。

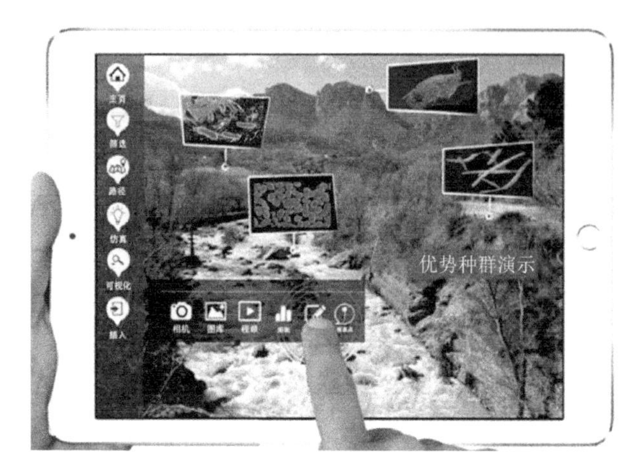

图 11-6　松花江流域省（自治区）界缓冲区微生物监测信息 AR 平台

11.4　本 章 小 结

AI 技术在松花江省（自治区）界缓冲区水环境管理中的应用，主要有基于知识的系统、遗传算法、人工神经网络、自适应神经模糊推理系统、深度学习、增强现实技术、虚拟现实技术等方面。这些技术可以在不同方面对结果演示形成互补。随着 AI 技术的不断发展，其在评估流域水质状况和识别污染源的复杂数据方面具有更好的效用。目前，研究者正在应用人工智能关键技术开展水资源研究，如深度学习在未来的应用范围更广，其利用近年已知水质数据可以预测未来几年的流域水质数据。随着神经网络技术的逐步成熟，机器自学习的准确率将会大幅度提升，利用 AR 及 VR 系统的交互性可以及时展示流域环境信息，从而实现信息交互，有利于多方面、多角度分析流域环境信息。这些 AI 关键技术可以应用于重大突发性水污染事件应急预警，满足流域管理的需求，为流域水环境管理提供决策支持。

参 考 文 献

艾铄，张丽杰，肖芃颖，等. 2018. 高通量测序技术在环境微生物领域的应用与进展[J]. 重庆理工大学学报（自然科学），32（9）：111-121.

陈建敏. 2009. 松辽流域生态需水研究[M]. 北京：中国水利水电出版社.

陈小华，李小平，钱晓雍，等. 2017. 基于分位数回归的洱海藻类对氮、磷及水温的响应特征[J]. 环境科学，38（1）：113-119.

韩力群. 2017. 人工神经网络理论及应用[M]. 北京：机械工业出版社.

何孟常，林春野. 2015. 松辽流域重要水系典型有毒有机物污染特征[M]. 北京：科学出版社.

姜丽杰，张蕾，郭静波，等. 2014. 松辽流域地下水水质监测浅议[J]. 水利发展研究，(3)：48-51.

刘驰，李家宝，芮俊鹏，等. 2015. 16S rRNA 基因在微生物生态学中的应用[J]. 生态学报，35（9）：2769-2788.

刘强，冯倩. 2016. AR/VR 与 GIS 在沿海城市灾害管理中的集成研究及应用[J]. 海洋地质前沿，（2）：59-63.

刘玉华，王慧，胡晓珂. 2016. 不动杆菌属（*Acinetobacter*）细菌降解石油烃的研究进展[J]. 微生物学通报，43（7）：1579-1589.

毛民治. 2002. 松花江志[M]. 长春：吉林人民出版社.

聂英芝，刘艳君，赵力，等. 2020. 吉林省东辽河流域劣Ⅴ类断面污染成因及污染防治对策研究[J]. 环境与可持续发展，45（3）：116-120.

施军琼，张明，杨燕君，等. 2020. 基于高通量测序探讨大宁河不同水华期真核浮游生物群落组成[J]. 西南大学学报（自然科学版），42（2）：1-7.

松辽水系保护领导小组办公室. 2003. 保护江河之路[M]. 长春：吉林人民出版社.

宋树东，尹华. 2012. 新立城水库水质现状及其富营养化防治措施分析[J]. 农业与技术，32（8）：183-184.

吴佳曦. 2013. 吉林省东辽河流域生态环境需水量的研究[D]. 长春：吉林大学.

尤志芳. 1999. 辽河志[M]. 长春：吉林人民出版社.

张建永，廖文根，史晓新，等. 2015. 全国重要江河湖泊水功能区限制排污总量控制方案[J]. 水资源保护，31（6）：76-80.

郑国臣，张静波，张军，等. 2016. 松辽流域水资源保护监管体系建设与探索[M]. 北京：科学出版社.

朱欢迎. 2015. 滇池草海富营养化和营养物磷基准与控制标准研究[D]. 昆明：昆明理工大学硕士学位论文.

朱宇，王爱新，许淑萍，等. 2019. 松花江流域生态环境建设报告（1949～2019）[M]. 北京：社会科学文献出版社.

左其亭. 2019. 中国水科学研究进展报告[M]. 北京：中国水利水电出版社.

Aghav R M，Kumar S，Mukherjee S N. 2011. Artificial neural network modeling in competitive adsorption of phenol and resorcinol from water environment using some carbonaceous adsorbents[J]. Journal of Hazardous Materials，188（1-3）：67-77.

Annalaura C，Ileana F，Dasheng L，et al. 2020. Making waves：Coronavirus detection，presence and persistence in the water environment：State of the art and knowledge needs for public health[J]. Water Research，179（4）：115907.

Batabyal A K，Chakraborty S. 2015. Hydrogeochemistry and water quality index in the assessment of groundwater quality for drinking uses[J]. Water Environment Research，87（7）：607-617.

Best M J，Pryor M，Clark D B，et al. 2011. The Joint UK Land Environment Simulator（JULES），model description-Part 1：Energy and water fluxes[J]. Geoscientific Model Development，4（3）：677-699.

Bhateria R，Jain D. 2016. Water quality assessment of lake water：A review[J]. Sustainable Water Resources Management，2（2）：161-173.

Čejka J，Liarokapis F. 2020. Tackling problems of marker-based augmented reality under water[M]// Visual Computing for Cultural Heritage. Berlin：Springer.

Chen L，Huang K，Zhou J，et al. 2020. Multiple-risk assessment of water supply，hydropower and environment nexus in the water resources system[J]. Journal of Cleaner Production，268：122057.

Danik E，Wiwi I. 2020. Media development of water cycle augmented reality media based on ICT of scientific approach for grade V[C]. International Conference on Science and Education and Technology（ISET 2019）. Paris：Atlantis Press.

Ding D，Jiang Y，Wu Y，et al. 2020. Landscape character assessment of water-land ecotone in an island area for landscape environment promotion[J]. Journal of Cleaner Production，259：120934.

Gogoi A，Mazumder P，Tyagi V K，et al. 2018. Occurrence and fate of emerging contaminants in water environment：A review[J]. Groundwater for Sustainable Development，6：169-180.

Guo J B，Zhang C J，Zheng G C，et al. 2018. The establishment of season-specific eutrophication assessment standards for a water-supply reservoir located in Northeast China based on chlorophyll-a levels[J]. Ecological Indicators，85：11-20.

Haynes P，Lange E. 2016. Mobile augmented reality for flood visualisation in urban riverside landscapes[J]. Journal of Digital Landscape Architecture，（1）：254-262.

Kristiansen T S，Madaro A，Stien L H，et al. 2020. Theoretical basis and principles for welfare assessment of farmed fish[M]//Fish Physiology. Amsterdam：Elsevier Inc.：193-236.

Lindström G，Pers C，Rosberg J，et al. 2010. Development and testing of the HYPE（Hydrological Predictions for the Environment）water quality model for different spatial scales[J]. Hydrology Research，41（3-4）：295-319.

MacDonald D D，Urquidi-MacDonald M. 1991. A coupled environment model for stress corrosion cracking in sensitized type 304 stainless steel in LWR environments[J]. Corrosion Science，32（1）：51-81.

Mirauda D，Erra U，Agatiello R，et al. 2017. Applications of mobile augmented reality to water resources management[J]. Water，9（9）：699.

Mirauda D，Erra U，Agatiello R，et al. 2018. Mobile augmented reality for flood events management[J]. Water Studies，47：418-424.

Mohammadi A A，Zarei A，Majidi S，et al. 2019. Carcinogenic and non-carcinogenic health risk assessment of heavy metals in drinking water of Khorramabad，Iran[J]. MethodsX，6：1642-1651.

Naz A，Chowdhury A，Mishra B K，et al. 2016. Metal pollution in water environment and the associated human health risk from drinking water：A case study of Sukinda chromite mine，India[J]. Human and Ecological Risk Assessment：An International Journal，22（7）：1433-1455.

Patil P N，Sawant D V，Deshmukh R N. 2012. Physico-chemical parameters for testing of water—a review[J]. International Journal of Environmental Sciences，3（3）：1194.

Pierdicca R，Frontoni E，Zingaretti P，et al. 2016. Smart maintenance of riverbanks using a standard data layer and augmented reality[J]. Computers and Geosciences，6（18）：1-27.

Rolston A，Jennings E，Linnane S. 2017. Water matters：An assessment of opinion on water management and community engagement in the Republic of Ireland and the United Kingdom[J]. PloS One，12（4）：e0174957.

Syafii N I，Ichinose M，Kumakura E，et al. 2017. Thermal environment assessment around bodies of water in urban canyons：A scale model study[J]. Sustainable Cities and Society，34：79-89.

Tang Y，Yin M，Yang W，et al. 2019. Emerging pollutants in water environment：Occurrence，monitoring，fate，and risk assessment[J]. Water Environment Research，91（10）：984-991.

Teixeira de Souza A，Carneiro L A T X，da Silva Junior O P，et al. 2020. Assessment of water quality using principal component analysis：A case study of the Marrecas stream basin in Brazil[J]. Environmental Technology，42（14）：1-21.

Tung T M，Yaseen Z M. 2020. A survey on river water quality modelling using artificial intelligence models：2000-2020[J]. Journal of Hydrology，585：124670.

Wang P，Yao J，Wang G，et al. 2019. Exploring the application of artificial intelligence technology for identification of water pollution characteristics and tracing the source of water quality pollutants[J]. Science of the Total Environment，693：133440.

Wang Q，Yang Z. 2016. Industrial water pollution，water environment treatment，and health risks in China[J]. Environmental Pollution，218：358-365.

Wang T，Xu S. 2015. Dynamic successive assessment method of water environment carrying capacity and its application[J]. Ecological Indicators，52：134-146.

Wicaksono P，Lazuardi W. 2018. Assessment of PlanetScope images for benthic habitat and seagrass species mapping in a complex optically shallow water environment[J]. International Journal of Remote Sensing，39（17）：5739-5765.

Xiao J，Wang L，Deng L，et al. 2019. Characteristics，sources，water quality and health risk assessment of trace elements in river water and well water in the Chinese Loess Plateau[J]. Science of the Total Environment，650：2004-2012.

Yang J，Lei K，Khu S，et al. 2015. Assessment of water resources carrying capacity for sustainable development based on a system dynamics model：A case study of Tieling City，China[J]. Water Resources Management，29（3）：885-899.

Yuthawong V，Kasuga I，Kurisu F，et al. 2019. Molecular-level changes in dissolved organic matter compositions in Lake Inba water during $KMnO_4$ oxidation：Assessment by orbitrap mass spectrometry[J]. Journal of Water and Environment Technology，17（1）：27-39.

Zare F，Elsawah S，Iwanaga T，et al. 2017. Integrated water assessment and modelling：A bibliometric analysis of trends in the water resource sector[J]. Journal of Hydrology，552：765-778.

Zhang D Y，Zheng G C，Zheng S F，et al. 2018. Assessing water quality of Nen River，the neighboring section of three provinces，using multivariate statistical analysis[J]. Journal of Water Supply Research and Technology-Aqua，67（8）：1-11.

Zhang J，Zhang C，Shi W，et al. 2019. Quantitative evaluation and optimized utilization of water resources-water environment carrying capacity based on nature-based solutions[J]. Journal of Hydrology，568：96-107.

Zhou J，Lucas J P. 1995. The effects of a water environment on anomalous absorption behavior in graphite/epoxy composites[J]. Composites Science and Technology，53（1）：57-64.

Zhu D，Chang Y J. 2020. Urban water security assessment in the context of sustainability and urban water management transitions：An empirical study in Shanghai[J]. Journal of Cleaner Production，275：122968.

Ziaei Z，Hahto A，Mattila J，et al. 2010. Real-time markerless Augmented Reality for Remote Handling system in bad viewing conditions[J]. Fusion Engineering and Design，86（9-11）：2033-2038.